JN412176

ENERGYPLUS

Energy Simulation Software

공조설비 이론과 함께 보는 모델링 기법

이 광 호 저
김홍욱, 임필재, 조술연, 채영태 감수

한솔아카데미 H/A/N/S/O/L//A/C/A/D/E/M/Y

공조설비이론과 함께 보는
EnergyPlus
Modeling 기법

Preface

그동안 우리나라에서의 "건물 에너지 시뮬레이션" 분야는 하나의 학문으로 분류되기는 고사하고 깊이 있는 기초연구조차 턱없이 부족했던 분야였다. 다양한 시뮬레이션 프로그램을 활용하여 부하 및 에너지 성능을 예측하는 연구는 나름대로 활발히 이루어지고 있으나, 에너지 시뮬레이션 자체에 대한 기초연구는 극히 일부 대학교나 국책 연구소의 전문가들만 이례적으로 다루었던 것이 현실이다. 미국의 경우 연방 정부기관인 에너지성(D.O.E., Department of Energy)에서 EnergyPlus 단일 프로그램에 순수 개발비용만 한화 3,000억원을 투자하여 전폭적인 지원을 받는 사실에서 확인할 수 있듯이, 미국의 에너지 시뮬레이션 분야와 비교하면 그야말로 하늘과 땅 차이다.

이러한 상황에서 미국 연방 정부의 전폭적인 지원을 받고 개발이 착수된 지 23년이 넘는 2018년 현재까지도 개발되고 있는 EnergyPlus가 차세대 건물 에너지 해석 프로그램이 될 것이라는 사실에는 이견의 여지가 없다. 이러한 EnergyPlus가 기존의 다른 프로그램들이 갖추지 못한 차별화된 성능을 갖추고 있음에도 불구하고, 전체 매뉴얼이 10,000 페이지가 넘고 입출력 절차는 모두 Text 형태로 이루어지는 데다가 고려해야 하는 사항들도 매우 많고 복잡하기에, 고도로 숙달된 사용자가 아니면 쉽게 사용하기가 어렵고, 시뮬레이션 결과를 제대로 검증할 수 있는 방법이 없는 실정이다. 필자 역시도, 필자가 몸담고 있는 학교의 대학원 과정에서 EnergyPlus를 가르치고 있지만, 한 학기 전체를 가르쳐도 턱없이 모자랄 정도로 여간 어려운 프로그램이 아니다.

하지만 초보자는 물론, 나름대로 건물 에너지 시뮬레이션 분야에서 전문가 반열에 이른 사람 중에도 EnergyPlus에 탑재되어 있는 입력 Object들을 모두 이해하기에는 어려운 부분이 있다. 왜냐하면 연구를 진행함에 있어서 실험과 실증에 버금가는 시간과 노력을 건물 에너지 시뮬레이션 해석에 투자하는 것이 당연시되는 미국과 달리, 국내에서는 건물 에너지 시뮬레이션에 그만큼의 시간과 노력을 들여야 하는 인식이 아직까지 부족한 실정이다. 대부분의 경우 아무리 길어 봐야 한 달 이내로 원하는 결과가 나오기를 기대하는 것이 국내 실정이다. 그로 인해 모든 입력 과정이 Text의 형태로 이루어지는 EnergyPlus의 냉난방 설비 모델링을 통달하기에는 현실적인 제약이 많이 따르고 있는바, 이러한 EnergyPlus에 그만큼의 공을 들여 본 경험자마저도 극히 소수에 불과하기 때문이다.

특히, EnergyPlus를 이용한 냉난방 설비 시스템 모델링(System and Plant Modeling)의 경우 Building/Zone Modeling보다 훨씬 복잡하고 입력사항이 많기 때문에 EnergyPlus 초·중급 사용자들이 어려움을 많이 호소하고 그로 인해 잦은 실수를 유발하는 부분이다. 따라서,

본 저서의 4장부터 다룰 냉난방 설비 시스템 모델링은 EnergyPlus 모델링의 진수라고 할 수 있으며 이 책을 저술하도록 동기부여를 해준 핵심이다.

하지만 필자 역시 "EnergyPlus 모델링 기법"이라는 거창한 제목을 걸고 집필을 하기에는 자격도, 능력도 부족하다 생각하기에 EnergyPlus 또는 건물 에너지 시뮬레이션 초보자들의 활용도에 초점을 맞추어 EnergyPlus 냉난방 설비(System and Plant) 모델링 기법 자체뿐만 아니라 설비 모델링 관련된 맞춤형 이론들을 중심으로 본 저서의 집필을 시작하였다. EnergyPlus의 냉난방 설비 시스템 모델링은 많은 사용자들이 어려워하는 부분이고 설비 시스템에 대한 충분한 지식 없이는 모델링이 불가능하기에, 각 설비요소들을 모델링하기에 앞서 반드시 숙지하고 있어야 할 관련 이론과 함께 설명함으로써 독자들의 이해를 증진시키고자 하였다.

한 가지 양해를 구한다면, 이 책은 기존에 발표된 선배들의 성과를 겨우 이해하는 수준으로 공부해가면서 필자의 경험을 약간씩 보충한 정도에 불과할 뿐, 건축환경설비 분야의 응용에 적극 활용할 수 있을 정도의 깊이 있는 내용은 아니라는 점이다. EnergyPlus를 공부하고자 하는 초보자들이 맞춤형 냉난방 설비 이론과 함께 EnergyPlus 설비 모델링 기법을 이해하는 데 조금이나마 도움이 될 수 있는 간단한 EnergyPlus 냉난방 설비 모델링 해설집 정도로 이해해주면 좋을 것 같다. 또한, BCVTB(Building Controls Virtual Test Bed)를 활용한 EnergyPlus와 Matlab의 연동 시뮬레이션, 입출력 절차 간소화를 위한 Excel 기반 Interface, 효율적 민감도 분석을 위한 jEPlus, 열원장치 성능식 산출 기법 등도 본 저서의 내용에 포함시켰다.

끝으로 이 책의 내용 중 미흡한 부분이 다수 있을 것으로 생각되는 바, 독자들의 아낌없는 지적을 기다리면서 그동안 집필에 많은 도움을 주신 (주)한솔아카데미 한병천 대표님과 이종권 전무님, 한국생산성본부인증원 김학인 본부장님, Able Energy 김홍욱 대표님, 삼성전자(주) 이제헌 박사와 North Carolina State 대학교 윤여범 박사께 깊은 감사의 말씀을 드리고, 수개월에 걸쳐 자료 정리와 교정, 편집을 도와주신 국립 한밭대학교 대학원 현인탁, 서병모, 유병호, 권혁주, 연상훈, 김민지, 이다영, 홍성협, 이종만 연구원들에게도 진심으로 고마운 마음을 전한다. 마지막으로, 나의 안식처가 되어주는 사랑하는 아내 민차영, 그리고 우리 개구쟁이 아들들 준원/준성이에게도 무한한 감사의 마음을 전하는 바이다

2018년 7월
李 光 鎬

Contents

Contents

1. 서론

1 서론

최근 건물 에너지 저감 측면에서 건물의 형태와 냉난방 설비시스템에 대한 최적 설계를 위하여 다방면으로 연구가 진행되고 있다. 실제로 건물을 짓고 에너지 성능을 평가하는 것이 가장 정확하고 명쾌한 해결책이 되겠지만, 현실적인 제약 조건에 부딪혀 그러지 못하는 실정이다. 이에 따라 건물을 실제로 짓지 않고 건물의 에너지 사용량을 예측 할 수 있는 기술들이 전 세계적으로 다양한 형태로 개발되고 운용되고 있다.

이와 더불어, 건물의 시스템들이 복잡해지고 상호 유기적인 연관관계를 가지는 특성이 강해지고 있으며, 태양에너지와 같은 자연에너지를 활용하는 시스템의 적용이 일반화되어 가고 있다. 따라서 과거 수작업(手作業) 위주의 기계설비시스템 용량 산정 수준을 넘어 건축계획 초기단계부터 각종 설계 대안에 대한 종합적 성능을 평가할 수 있는 도구의 필요성이 증대되고 있다[1]. 현재 공조설비설계 분야에 사용되고 있는 여러 건물 에너지 시뮬레이션 프로그램들은 각각 장단점과 고유한 특성을 가지고 있다[26].

1970~80년대에 부하산정과 건물에너지 사용량 계산을 위하여 개발되고 보급된 BLAST와 DOE-2 프로그램은 정확한 HVAC 시스템 계산, 건물 개수(Retrofit) 연구, LCC 분석, 에너지 성능 최적화 등을 수행할 수 있어, 관련 연구 분야의 종사자들이 많이 사용하고 있다. 하지만 미국 에너지성(D.O.E., Department of Energy)에서는 새롭고 다양한 건축시스템과 새로운 자연형 설계(Passive design)에 부응할 수 있는 에너지 성능 평가 도구의 개발을 위하여 EnergyPlus 개발에 착수하였다. 1990년대 중반부터 등장한 EnergyPlus 프로그램은 BLAST와 DOE-2의 장점만을 통합한 시뮬레이션 프로그램으로서 D.O.E.를 중심으로 아래의 기관들이 개발에 주로 참여하였다.

- LBNL (Lawrence Berkeley National Laboratory)
- UIUC (University of Illinois at Urbana-Champaign)
- GARD Analytics, Inc.
- NREL (National Renewable Energy Laboratory)
- FSEC (Florida Solar Energy Center)
- PNNL (Pacific Northwest National Laboratory)

위의 기관들과 함께 D.O.E.에서는 1995년에 개발 계획을 착수하여 1999년 최초의 베타버전을 출시하였다. 1999년 12월 최초 베타버전이 공개됐으며 3년 동안 7번의 업데이트를 통하여 2001년 4월 EnergyPlus Version 1.0 Build 11로 정식 버전이 공개가 되었다. 이후 매년 2번의 꾸준한 업데이트가 진행됐으며, 유일하게 2010년 10월에 공개한 EnergyPlus 6.0에서 7.0 버전이 공개되기까지 1년의 기간이 소요됐다. 현재 EnergyPlus 사이트를 통해서 최신 버전인 8.5 버전뿐만 아니라 이전 버전까지 무료로 다운로드 받을 수 있다[26].

건물에너지 시뮬레이션 기술이 어느 정도 확립되어 있고 기존의 대다수 건물에너지 해석 프로그램들이 이미 존재하였던 1990년대 후반에 새로이 착수되었다는 점, 순수 개발비용만 한화 3,000억 원을 투자한 미국 정부기관 D.O.E.의 전폭적인 지원으로 개발되었다는 점, 그리고 종래의 대표적인 건물에너지 성능 분석 프로그램인 DOE-2와 BLAST의 장점을 통합한 시뮬레이션이라는 점 등에서 전 세계적으로 매우 많은 주목을 받으며 개발이 진행되었다[1]. 미국 D.O.E.의 전폭적인 지원 하에 개발됨에 따라 EnergyPlus 프로그램은 미국 내 신축 건물 설계 시, 에너지 성능 예측을 위한 시뮬레이션 프로그램으로 공인, 사용되고 있다[26].

EnergyPlus는 건물 냉난방부하 해석에 있어 미국 냉동공조학회 (American Society of Heating, Refrigerating and Air-conditioning Engineers)에서 권장하는 열평형 (Heat Balance) 모델에 기초하고 있다. 열평형 기법이 관한 자세한 사항은 3.7절에서 다루기로 한다.

새로운 에너지 해석 프로그램이 개발이 되면 프로그램 결과 값에 대한 신뢰성 검증작업이 필요하다. EnergyPlus의 경우 가장 대표적인 동적 시뮬레이션 규약인 미국 냉동공조학회의 ASHRAE 140 가이드라인을 통해 시뮬레이션 툴 개발을 진행하여 검증을 받았다[2]. 총 3개 부문 (건물 냉난방부하, 난방기기, 냉방기기) 80개 시나리오 테스트를 거쳤다. 참고로, 미국그린빌딩협의회 (US Green Building Council)에서는 LEED 인증 시에 ASHRAE 140을 통과한 시뮬레이션 툴을 통해 예측된 결과만을 공식 문서로 인정하고 있으며, 에너지 절감 방법론 IPMVP(International Performance Measurement and Verification Protocol)에서도 역시 ASHRAE 140 가이드라인을 따른 에너지 시뮬레이션 툴을 공식적으로 인정하고 있다[2]. 또한, EnergyPlus는 국제에너지기구 (IEA, International Energy Agency)의 BESTEST (Building Energy Simulation TEST) 과정을 거쳐 결과 값의 신뢰성을 추가로 검토 받은 바 있다.

EnergyPlus 프로그램은 다른 해석 프로그램과는 달리 통합화(Integrated)된 열, 물질 평형(Heat and Mass Balance)에 기초한 존 시뮬레이션 해석이 가능하며, 다중(Multi) 존 간의 유동해석, 발생되는 오염 물질에 대한 해석, 태양광 발전(PV)과 같은 신재생에너지 시스템의 해석이 보완되었으며 꾸준히 업데이트 되고 있다[1].

EnergyPlus의 전체적인 구조는 그림 1-1과 같다. EnergyPlus는 3가지 기본 모듈 (Heat & Mass Balance 시뮬레이션 모듈, Building System 시뮬레이션 모듈, 시뮬레이션 전체 과정을 총괄하는 시뮬레이션 매니저 모듈)로 구성된다. EnergyPlus의 차별화된 강점 중에서 늘 거론되고 있는 부분이 "통합화(Integrated)"된 시뮬레이션 해석기법에 기반을 두고 있다는 점이다. 현존하는 대부분의 시뮬레이션 프로그램은 건물과 냉난방시스템간의 유기적인 상호 작용을 모사하는데 한계점을 가지고 있다. 즉, 에너지의 수요자에 해당하는 건축물과 공급자에 해당하는 냉난방 시스템이 서로 정보들을 주고받으면서 작동되는 실제 현상과 달리, 대부분의 시뮬레이션 프로그램들은 건축물의 냉난방부하를 먼저 계산하고 그에 따른 냉난방 설비시스템의 에너지 소비를 예측하는 "일방향적인" 프로세스를 작용하고 있다. 이것은 종래의 에너지 해석 시뮬레이션 프로그램들이 실제 현상과 그 결과에서 차이를 나타내는 대표적인 원인이 되고 있다[26]. 반면 EnergyPlus는 시스템과 건축물 사이에서 발생하는 열적 거동에 대한 유기적인 해석이 가능하다는 장점이 있고, 무엇보다 그림 1-2와 같이 건물 에너지 해석 시뮬레이션의 주요 구성 요소들인 Zone, Surface, Air Heat Balance 및 System과 열원(Plant) 모델링을 각 시간 단계별로 통합적으로 실시함으로써 각 구성요소간의 유기적인 연결 관계를 잘 모사할 수 있다. 이는 건물 구조체와 시스템간의 상호작용이 반드시 고려되어야 하는 복사냉난방 시스템이나 바닥공조 시스템과 같은 최근의 저에너지 시스템 모델링에 있어서 특히 중요하다고 할 수 있다. 예를 들어, 건물 슬래브에 배관을 매설해서 온수를 순환시키는 온수난방 시스템의 경우에는, 배관이 매설되어 있는 슬래브가 건물 구조체로서의 역할뿐만 아니라 난방시스템으로서의 역할을 동시에 수행하는데, EnergyPlus가 채택하고 있는 "통합화(Integrated)"된 시뮬레이션 해석기법이 아니고서는 신뢰성 있는 모델링이 불가능하다[3][26].

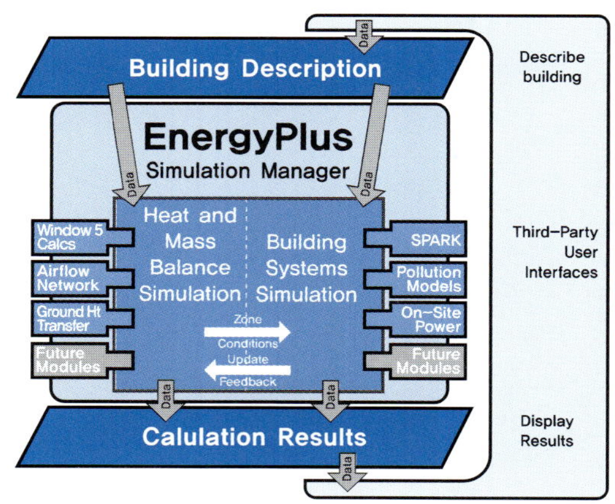

그림 1-1. EnergyPlus의 구조[4]

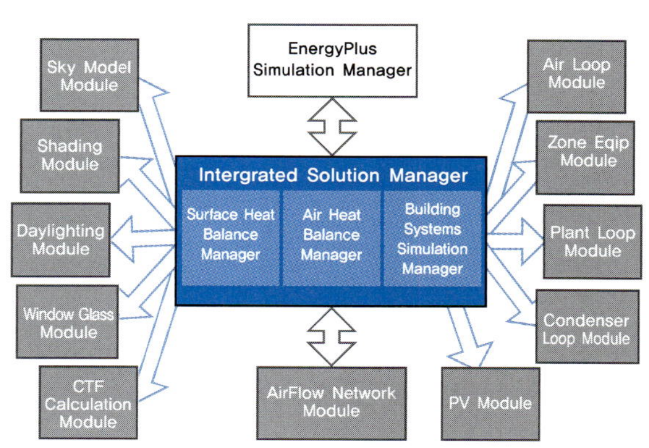

그림 1-2. 통합화된 시뮬레이션의 관계[4]

무엇보다, 기존의 수많은 건물 에너지 해석 프로그램들이 이미 존재하는 시점에서 EnergyPlus를 사용해야 하는 이유를 이해할 필요가 있다. 전술하였듯이, EnergyPlus와 연관된 프로젝트를 제외하더라도 순수 개발비용만 한화 3,000억 원에 달하는 천문학적인 금액을 미국의 정부기관인 에너지성에서 투자하여 개발된 프로그램이라는 사실도 중요하지만, 그보다는 EnergyPlus가 갖는 차별화된 성능에 대해서 이해하는 것이 더욱 중요하다. 에너지해석 프로그램을 사용하는 주된 이유는 부하예측, 용량산정 그리고 에너지 성능 평가라고 할 수 있는데, 그러한 프로그램들로 얻을 수 있는 결과 자체도 중요하지만 "왜" 그런 결과가 나왔는지를 정밀히 분석하는 것이 무엇보다 중요하다. 기존의 수많은 프로그램들도 결과를 산출할 수는 있지만, 그런 결과가 나올 수밖에 없는 "이유"까지는 사용자에게 제공하지 못한다. 예를 들어, 어떤 사용자가 기존의 천장취출형 공조방식과 바닥공조 방식의 연간 에너지 성능을 비교한다고 가정하자. 시뮬레이션 결과 바닥공조가 천장취출형보다 12%의 에너지 절감효과를 보인다는 결과를 얻었는데, 기존의 프로그램들로는 어떠한 이유로 12%의 에너지 절감효과를 얻을 수 있었는지 "객관적인 데이터 기반의 정량적" 분석이 불가능하다. 앞서 언급한 두 개의 서로 다른 시스템의 에너지 성능이 차이가 나는 이유를 분석하기 위해서는 뜬바닥(Access Floor) 구조의 열적 거동, 바닥공조 시스템의 공기 성층화, 바닥공조 시스템 바닥공간에서의 덕트 부재로 인한 공급공기 온도 상승, Economizer의 열적 거동, 각 Zone 내의 Terminal Unit의 설계 풍량과 그의 영향을 받는 최소풍량 기준 등 수많은 요인들에 의해 에너지 성능이 영향을 받는다. 본 저서의 7.1절에 소개되어 있듯이, EnergyPlus는 이러한 각각의 에너지 영향 인자들에 대한 정밀 분석이 가능하여 실내 공기 성층화에 의해 3%, Economizer의 효율적인 작동에 의해 5%, Terminal Unit의 거동에 의해 4%의 에너지 저감 효과가 나타난다는 등의 정밀 분석, 더 나아가 "왜" 이러한 에너지 절감 효과가 나타났는지를 "객관적인 데이터에 의해 정량적으로" 분석할 수 있다는 점이 EnergyPlus를 사용해야 하는 가장 큰 이유이다. 필자가 2010년에 Energy and Buildings에 투고한 논문[27]에서는, 뜬바닥 구조의 존재로 인해 실내 냉방부하가 상승하는 기현상의 원인을 여러 연구원들과 머리를 맞대면서 고민한 끝에 밝혀내었는데, EnergyPlus가 갖는 차별화된 정밀 분석 능력이 아니었으면 밝혀내기 어려운 연구 결과였을 것이라고 확신한다.

마지막으로, 본격적인 저술에 앞서 본 저서는 EnergyPlus내 각각의 모든 입력 요소들에 대해서 자세히 설명하는 것이 목적이 아님을 분명히 밝힌다. 각 입력 요소들에 대한 자세한 설명은 EnergyPlus에서 제공하는 Input Output Reference와 Engineering Reference 문헌들에 이미 자세히 제공되고 있다. 따라서 본 저서는 프로그램을 다루면서 중요하다고 생각이 되는 Object들을, 관련 이론과 함께 설명함으로써 어렵게만 느껴지는 EnergyPlus에 좀 더 친숙히 다가갈 수 있는 기회를 제공하는 데 그 목적이 있다. 또한, 독자들의 이해를 돕기 위해 본 저서와 함께 첨부되는 VAVSystemOffice.idf 파일을 바탕으로 저술하였다.

2. EnergyPlus의 기초

2 EnergyPlus의 기초

본 장에서는 EnergyPlus를 본격적으로 사용하기에 앞서, 사용자가 기본적으로 숙지해야 하는 주요사항들 중에서 자주 간과되고 있는 부분들을 위주로 간략히 소개하고자 한다.

2.1 DataSets 폴더

EnergyPlus 프로그램을 설치하게 되면 자동적으로 DataSets라는 폴더가 생성된다. 프로그램 사용자가 자신이 구현하고자 하는 모델의(예를 들면 창호, 일사조절 장치, 냉동기, 보일러, 지중열교환기 등) 정확한 입력 변수들을 알고 있다면 사용하지 않아도 되는 폴더이지만, 대부분의 경우 주요 입력 변수들을 모르는 경우가 많기 때문에 매우 유용하게 사용될 수 있는 폴더이다.

DataSets 폴더 안에는 창호, 일사조절장치 등의 Passive적인 요소들뿐만 아니라 냉동기, 보일러 등의 Active적인 설비 시스템, 그리고 태양열 집열기, 지중열교환기 등의 신재생에너지 시스템의 입력 사항과 성능 곡선까지 제공하고 있다. 제공되는 데이터는 실제 미국에서 주로 생산되고 사용되고 있는 제품들의 데이터이기 때문에 사용자가 입력하고 싶은 장치와 유사한 특성을 지닌 성능이 DataSets 폴더 안에 존재한다면, 해당 입력조건을 그대로 사용하여도 무방하다. 예를 들어, 냉동기를 모델링하기 위해서는 응축기로 공급되는 냉각수 및 증발기에서 생산되는 냉수 온도 변화에 따른 냉방 능력 성능 곡선, 전기에너지 성능곡선, 그리고 부분부하율 변화에 따른 전기에너지 성능곡선 등 3가지 성능곡선에 대한 계수 값들을 입력해야 한다(5.7절 참조). 하지만, 냉동기 제조사의 성능 데이터를 확보하지 않고는 앞서 언급한 성능곡선들의 계수 값을 산정하는 것은 불가능하고, 설사 성능 데이터를 확보하였어도 성능곡선들의 계수 값을 정확히 산정하는 것은 생각만큼 단순한 작업이 아니다(부록 8.2). 다행히도, DataSets 폴더 안의 Chiller.idf 파일을 보면, 미국에서 생산되고 있는 162개의 Chiller:Electric:EIR 냉동기 제품과 161개의 Chiller:Electric:ReformulatedEIR 냉동기 제품의 성능곡선들을 공개하고 있다. 따라서 이중에서 사용자가 모델링하고 싶은 냉동기 제품과 가장 유사한 모델을 선택해서 그대로 사용할 수 있다.

2.2 Documentation_[문헌]

EnergyPlus 프로그램을 설치하게 되면 여러 종류의 문헌들이 생성된다. 총 10개의 PDF 문헌들이 만들어지고, 각각의 문헌들은 사용자가 EnergyPlus를 사용하는 데 있어서 많은 도움을 준다. EnergyPlus 프로그램의 기본적인 배경을 나타내고 있는 Getting Started를 시작으로 프로그램을 사용하면서 입력 조건 및 프로그램 내에 탑재된 수식을 확인 할 수 있는 Input/Output Reference, Engineering Reference 등 여러 형태의 문헌들이 존재하는데, 각각의 문헌들이 어떠한 내용을 담고 있는지는 아래에 간략히 소개하고자 한다.

1. EnergyPlus Getting Started _[EnergyPlus 개요]

EnergyPlus Getting Started 문헌은 EnergyPlus 초급사용자가 EnergyPlus 시뮬레이션 프로그램에 보다 더 가깝게 다가갈 수 있도록 전반적으로 소개하는 내용을 담고 있다. EnergyPlus의 큰 그림을 보여주고 있고, EnergyPlus가 왜 존재하며 EnergyPlus가 추구하고자 하는 궁극적인 목표가 무엇인지 보여주고 있다. 또한, EnergyPlus를 작동하는 데 있어 기본적으로 숙지하고 있어야 하는 이론적 배경들과 시뮬레이션에서 주로 사용되는 여러 기본 용어들에 대하여 설명하고 있다. 가장 기본적인 냉난방부하 해석하는 예제와 VAV 시스템을 모델링하는 예제 등에 대해서 시범설명을 해줌으로써 초급사용자가 EnergyPlus와 좀 더 친숙해질 수 있게 도와주는 문헌이라고 할 수 있다.

2. EnergyPlus Input Output Reference _[EnergyPlus 입출력 매뉴얼]

본 문헌은 사용자가 EnergyPlus를 사용하면서 가장 많이 보게 되는 문헌 중 하나, 아니 실질적으로 가장 많이 보게 되는 문헌이다. 이 문헌은 EnergyPlus 입력 데이터 라이브러리(IDD), 입력 데이터 파일 (IDF), 그리고 여러 결과 파일들에 대하여 상세히 설명해 준다. Input Output Reference는 EnergyPlus 입력의 3가지 단계인 Group, Object, Field에 대한 각각의 설명을 포함하고 있다. EnergyPlus 입력의 최상위 단위는 Group인데, 이는 비슷한 개념의 Object들을 하나의 집합으로 묶은 개념이다. 예를 들어, 그림 2-1에서 Schedules라는 이름의 Group 안에는 ScheduleTypeLimits, Schedule:Year, Schedule:Compact 등 스케줄과 관련된 여러 Object들이 하나의 집합으로 묶여 있다. Object는 앞서 설명한 Group을

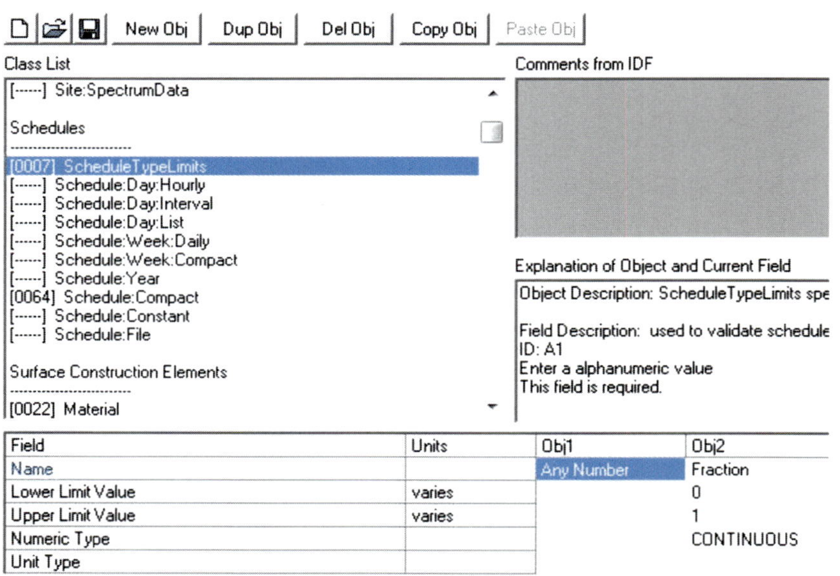

그림 2-1. Group, Object, Field의 개념

구성하고 있는 각각의 입력단위로써, ScheduleTypeLimits, Schedule:Year, Schedule:Compact 등이 각각의 개별 Object이다. 그림 2-1에서 ScheduleTypeLimits Object 안에는 Name, Lower Limit Value, Upper Limit Value, Numeric Type, Unit Type 등 5개의 입력란이 존재하는데, 이 5개의 입력란을 각각 Field라고 한다. 즉, Field는 Object를 구성하는 가장 하위 개념의 입력단위라고 할 수 있다.

Input Output Reference에서는 EnergyPlus 프로그램에서 입력 가능한 각 Object안의 수많은 Field에 대하여 상세히 설명하고 있다. 그림 2-2는 Simulation Parameter라는 Group 내의 Building Object의 North Axis라는 Field 값에 대해서 설명하고 있는 예시이다. Input Output Reference에 의하면, North Axis Field는 모델링하고자 하는 건물의 향을 결정하는 입력 값으로서, 0으로 입력 시 진북방향으로 건물이 배치된다는 의미이고, 0 이외의 값을 입력하게 되면 입력된 각도만큼 시계방향으로 건물의 향이 회전해서 배치된다는 것을 의미한다고 상세히 설명되어 있다.

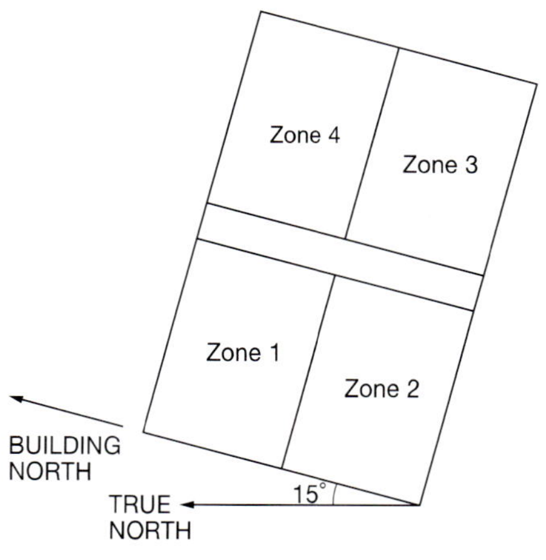

그림 2-2. North Axis Field 설명 예시[5]

3. EnergyPlus Output Details and Examples _[EnergyPlus 출력 세부정보 및 예시]

Output Details and Examples 문헌은 EnergyPlus 프로그램을 정상적으로 작동 시켰을 때 출력되는 결과 값을 어떻게 확인하며, 그 결과 값이 무엇을 의미하는지 등을 자세히 설명하고 있다. 본 문헌은 단순히 결과 값에 대한 설명에 그치는 것이 아니라, EnergyPlus 시뮬레이션 후 자동으로 생성되는 각각의 결과 파일들에 대해서도 설명하고 있다. 각각의 결과 파일에 대한 설명은 2.3절에 별도로 설명하고 있으니 본 항목에서는 생략한다.

또한 Output Details and Examples 문헌은 위의 2.1절에서 언급한 DataSets 폴더 안의 각 파일들에 대한 설명도 제공하고 있다. DataSets 폴더안의 각 파일들이 어떠한 파일들이며, 어디에서 얻은 데이터인지 자세하게 명시되어 있다. 따라서 DataSets 폴더 내의 입력값을 그대로 사용하여 모델링했을 경우, 사용자가 선택한 데이터의 출처를 확인할 수 있다.

마지막으로, Output Details and Examples 문헌의 끝 부분에는 Error 메시지에 관한 설명이 포함되어 있다. 주지하다시피, EnergyPlus는 텍스트로 모든 입력 작업을 해야 하기 때문에 사용자가 실수할 수 있는 소지가 다분하다. 이처럼 실수하거나 누락된 부분들 또는 Node Connection상의 오류 등을 확장자 ERR 파일을 통해 확인할 수 있다. 본 문헌은 이러한 ERR 파일의 각 Error 메시지들이 무엇을 의미하는지에 대한 설명도 제공하고 있다.

4. EnergyPlus Engineering Reference _[EnergyPlus 모델링 관련 이론]

EnergyPlus Engineering Reference는 2.2.2절의 Input Output Reference와 더불어 EnergyPlus를 사용하면서 가장 많이 보게 되는 2개의 문헌 중의 하나이다. Engineering Reference는 EnergyPlus 프로그램을 사용하기 위해서 알고 있어야 할 이론적인 배경들을 상세히 서술하고 있다. 다른 에너지 프로그램들에 비교하여 EnergyPlus의 강점 중 하나인 열평형 기법뿐만 아니라, Air Loop, Plant Loop 그리고 Condenser Loop 등 EnergyPlus를 사용하는 데 필요한 전반적인 이론들도 물론 서술하고 있지만, EnergyPlus 내의 각 세부 모델들에 대한 이론적인 배경도 상세히 설명하고 있다. 예를 들어, 2.1절에서도 서술하였듯이, 냉동기를 모델링하기 위해서는 응축기로 공급되는 냉각수 및 증발기에서 생산되는 냉수 온도 변화에 따른 냉방 능력 성능 곡선, 전기에너지 성능곡선, 그리고 부분부하율 변화에 따른 전기에너지 성능곡선 등 3가지 성능곡선에 대한 계수 값들을 입력해야 한다(5.7절 참조). 문제는, 건축공학전공이 배경인 많은 EnergyPlus 사용자들은 이러한 냉동기에 대한 이론적 배경을 갖고 있지 않은 경우가 대부분인데, 이러한 이론적 배경 없이는 정확한 냉동기 모델링이 불가능하다. 이런 경우 EnergyPlus가 제공하는 Default값에 의존해서 모델링하는 경우가 대부분인데, EnergyPlus의 Default 값에 오류가 있는 경우가 비일비재하다는 것이 더욱 큰 문제점이다. 하지만, Engineering Reference에는 냉동기와 관련된 이론적 배경과 모델링 알고리즘까지 상세히 서술되어 있어서 비전공자의 이론적 배경 습득, 그리고 더 나아가 정확한 냉동기 모델링에 큰 도움을 준다. 마지막으로, Engineering Reference는 서술하고 있는 이론적 배경을 어디에서 발췌하였는지 정확하게 명시하고 있기 때문에, 보다 자세한 정보를 원하는 사용자는 인용된 논문이나 보고서 등을 참고하여 원하는 정보를 얻을 수 있다.

5. EnergyPlus Auxiliary Programs _[EnergyPlus 보조 프로그램]

EnergyPlus에는 여러 보조 프로그램들이 내장되어 있어서 보다 편리한 시뮬레이션이 가능하다. EnergyPlus에 사용된 보조프로그램은 표 2-1에 나열되어 있는데, 각각의 보조프로그램에 대한 자세한 설명은 EnergyPlus Auxiliary Programs 문헌을 통해 확인할 수 있다. 이중 대표적인 몇 개 보조 프로그램들에 대해서 서술하고자 한다. 다른 에너지 해석 프로그램들과 마찬가지로, EnergyPlus를 실행하기 위해서는 기상데이터가 필요하다. EnergyPlus에서 사용되는 기상데이터 확장자인 EPW 파일이 있으면 문제없지만, 모델링하고자 하는 특정 기후지역의 기상데이터가 EPW가 아닌 TMY 형태로만 존재한다면 해당 파일을 EPW 형태로 변환하는 작업을 수행해야 한다. 이럴 경우 필요한 보조 프로그램이 Weather Converter Program이다. 특히, EnergyPlus에서 EPW 기상데이터 형태로 제공하고 있는 국내 기후조건은 울산, 강릉, 인천, 광주 등 4개 지역뿐이기 때문에 4개 지역을 제외한 기후지역에 대한 기상데이터를 확보하기 위해서는 Weather Converter Program 사용이 필수이다. 이러한 Weather Converter Program 사용법을 Auxiliary Programs 문헌에서 다루고 있는 것이다. 또 다른 보조 프로그램인 Ground Heat Transfer in EnergyPlus는 건물과 지표면 사이의 열전달을 계산해주는 유틸리티이다. EnergyPlus의 중요한 입력 Object 중의 하나가 지표면의 온도분포를 입력하는 Site:GroundTemperature Object인데, 지표면의 온도 분포가 건물 최하층의 부하에 막대한 영향을 미치지만 일반적으로 정확한 지표면 온도 분포 데이터를 확보하는 것이 쉽지 않은 실정이다. 이를 해결해주는 유틸리티가 Ground Heat Transfer in EnergyPlus이고, Auxiliary Programs 문헌이 해당 유틸리티에 대한 사용법을 제시하고 있다. 또한, EnergyPlus로 2개 이상의 입력 IDF 파일들을 시뮬레이션 후 EP-Compare 유틸리티를 사용하면, 보다 쉽게 서로 다른 결과를 비교할 수 있다. EP-Compare는 ABUPS 요약 보고서 형식을 포함하여 여러 형태로 2개 이상의 시뮬레이션 결과를 비교해 준다. 그림 2-3은 EP-Compare를 실행하였을 때 나타나는 창이며 그림과 같이 두 개의 시뮬레이션 결과 값을 비교해주고 있다. EP-Compare는 Window, Linux 및 Macintosh 시스템에서 사용할 수 있으며, EP-Compare에서 생성된 그래프는 Microsoft Word나 PowerPoint에 복사·붙여넣기 하여 곧바로 사용가능하다. 본 절에서 설명한 3가지 보조 유틸리티 외에도 표 2-1과 같이 여러 보조프로그램이 EnergyPlus에 탑재되어 있으며, 그에 대한 각각의 설명은 Auxiliary Programs 문헌에서 자세히 제공되고 있다.

Auxiliary Programs
Weather Converter Program
Ground Heat Transfer In EnergyPlus
View Factor Calculation Program
Using Older Version Input Files – Transition
WinEPDraw
Input Macros
HVAC Diagram
CoeffConv/CoeffCheck
ExpandObjects
CSVproc
convertESOMTR
CalcSoilSurfTemp Program
Parametric Spreadsheets
Parametric Preprocessor
AppGPostProcess – Appendix G PostProcessing Pogram
BLAST Translator
DOE2 Translator
Running Console Applications
Technical Details of Running EnergyPlus
EP-Compare

표 2-1. EnergyPlus 보조 프로그램

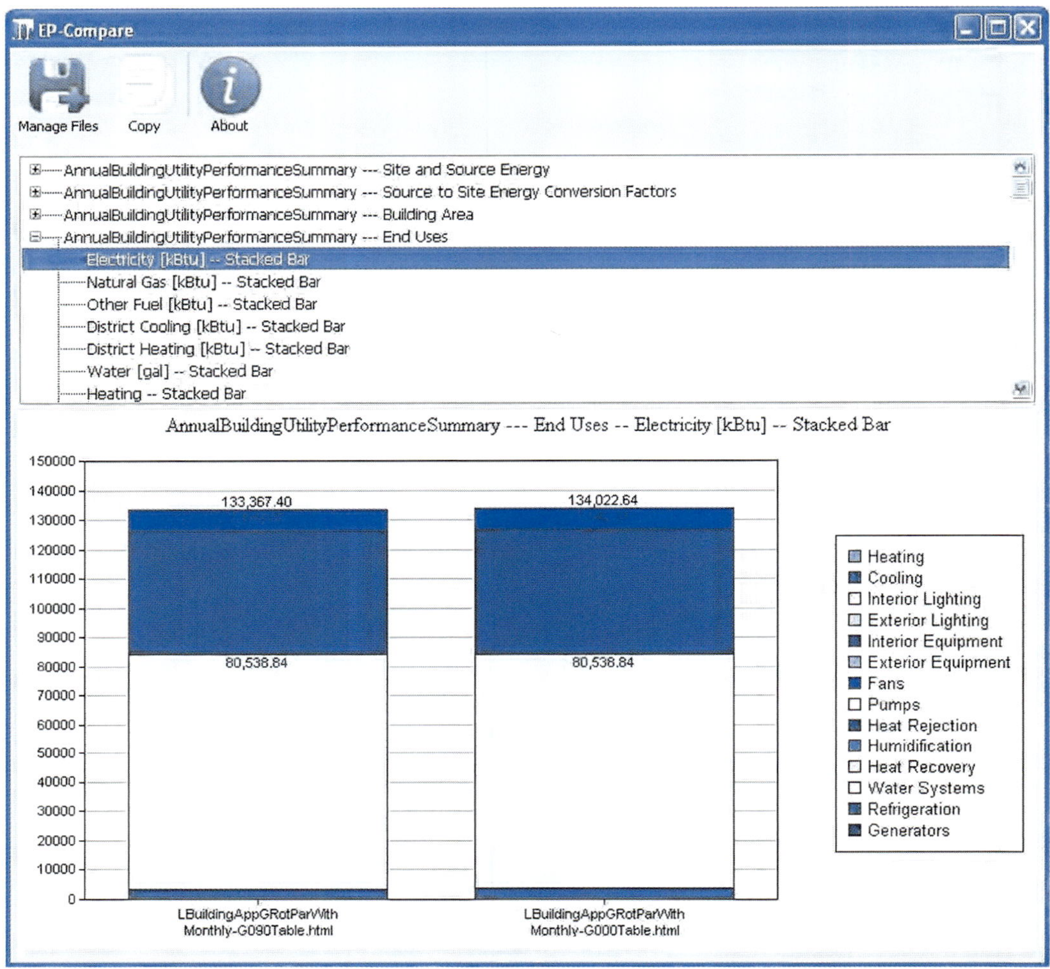

그림 2-3. EP-Compare 유틸리티 사용 예시

6. EnergyPlus EMS Application Guide _ [EnergyPlus EMS 기능 사용 매뉴얼]

EMS Application Guide 문헌에서는 EnergyPlus에서 사용되는 고급기능 중 하나인 EMS(Energy Management System)에 대한 설명을 다루고 있다. EMS는 EnergyPlus 초급 사용자가 사용하기 난해한 기능인데, EMS를 제대로 사용하기 위해서는 자신이 작성한 프로그램과 모델에 대한 정확한 이해가 필요하다. 따라서 EMS 기능에 대한 설명과 사용법에 관한 내용을 자세히 다루고 있는 EMS Application Guide 문헌이 필요한데, 해당 문헌에서 다루는 내용은 표 2-2에 요약되어 있다. EMS Application Guide 문헌에서는 EnergyPlus

Index
Introduction
EnergyPlus Runtime Language
Internal Variables
EMS Sensors
EMS Actuators
EMS Calling Points
EMS Examples
Debugging EMS Programs

표 2-2. EnergyPlus EMS Application Guide 목차

Runtime Language에서 EMS를 통해 구현할 수 있는 여러 가지 제어기술에 대한 내용을 담고 있으며, EMS에서 자주 사용하게 되는 Sensor와 Actuator에 대한 설명도 자세히 다루고 있다. EMS Examples 목차에서는 몇 가지 대표적인 예제들을 이용해서 시범설명을 해줌으로써 초급사용자가 EMS 기능과 좀 더 친숙해질 수 있게 도와주는 문헌이라고 할 수 있다. EMS 기능에 대한 보다 자세한 내용은 본 저서의 6장에서 본격적으로 다루기로 한다.

7. Tips & Tricks for using EnergyPlus _[EnergyPlus 사용을 위한 팁 & 트릭]

Tips & Tricks for Using EnergyPlus 문헌에서는 EnergyPlus에 대한 자세한 설명을 제공하고 있지는 않지만 EnergyPlus 사용 중에 궁금해 할 수 있는 기본적인 사항이나 문제가 발생하였을 때 빨리 해결할 수 있는 팁이나 요령 등을 알려주는 보너스 문헌이라고 생각하면 된다. 주로 EnergyPlus 초급사용자를 위해 제공되는 Tips & Tricks for using EnergyPlus 문헌의 내용은 표 2-3과 같다. 그중 대표적인 몇 가지만 설명하면, Introduction & Support에서는 EnergyPlus의 간단한 설명과 EnergyPlus WebSite 주소 및 다른 프로그램과의 차이점 등을 설명하고 있다. Design Day/Weather Dates는 Design Day의 생성법과 기상데이터 파일 이용법 등의 내용을 다루고 있다. Input에서는 CAD, Sketch-up, IDF Editor 등의 간략한 사용법에 대한 설명을 담고 있다. Building Geometry, Shading & Zone Model은 건물 형상과 창호 및 차양 장치를 모델링함에 있어서 숙지해야 할 중요한 정보들을 제공하고 있으며, EnergyPlus를 처음 접한 사용자가 건물 형상과 외피를 모델링할 때 도움이 될 만한 내용들을 다루고 있다. 이외에도 EnergyPlus를 사용함에 있어서 도움 될 만한 다양한 Tip을 담고 있기 때문에 EnergyPlus를 사용하기 전에 간단히 읽어 본다면 유익한 문헌이다.

Index
Introduction & Support
General
DataSets
Design Day/Weather Date
Input
Building Geometry, Shading & Zone Model
Natural and Mechanical Ventilation
HVAC, Sizing, Equipment Simulation and Controls
Output
Utilities
Documentation and Guides
Error and Warnings
Validation and Testing
Platforms and Run-time

표 2-3. Tips & Tricks for using EnergyPlus 문헌 목차

요컨대, 2.2절에서는 EnergyPlus 프로그램을 설치하게 되면 생성되는 여러 종류의 문헌들이 각각 어떠한 내용을 다루고 있는지에 대해서 설명하였다. 총 10개의 PDF 문헌들이 제공되는데 전체분량이 8,000 페이지에 달할 정도로 방대한 양이다. 모든 문헌을 완전히 숙지한 상태에서 EnergyPlus를 사용하는 것이 가장 확실한 방법이기는 하지만, 이는 현실적으로 여의치 않은 방법이다. 필자가 지금까지 짧지 않은 시간동안 EnergyPlus를 경험한 바에 의하면, 초급사용자는 프로그램 사용 전에 Getting Started를 한번 정독한 후, EnergyPlus에서 자체적으로 제공하는 예제파일들(ExampleFiles 폴더) 중에서 사용자가 모델링하고자 하는 시스템과 가장 유사한 예제파일을 선택하여 Input Output Reference 문헌과 함께 모델링하는 것이 가장 효과적인 방법이라고 판단된다. 사용자가 구현하고자 하는 모델의 이론적 배경이 필요하면 Engineering Reference 문헌을 참고하고, 중급사용자 이상이 활용할 수 있는 EMS 기능을 사용하고자 한다면 EMS Application Guide를 참고하면 된다. 즉, Input Output Reference와 Engineering Reference 2개의 문헌만 정확히 살펴봐도 대부분의 경우 큰 문제가 없을 것이라고 판단된다.

2.3 EnergyPlus 결과 파일

EnergyPlus 프로그램이 정상적으로 작동되었을 시, 많은 Output 파일들이 생성되게 된다. 각각의 파일은 EnergyPlus 결과 해석 시에 존재하는 목적이 서로 다르며, 사용자가 다양한 목적에 맞게 결과 값을 제대로 해석하기 위해서는 각각의 Output 파일이 무엇을 의미하는지 명확히 알아야 한다. 본 절에서는 EnergyPlus 프로그램이 정상적으로 작동 되었을 경우 확인할 수 있는 각각의 Output 파일에 대해서 설명하고자 한다. 사용자가 idf 파일에서 지정하는 결과 값인 Output: Variable의 경우 최대 255개의 결과 값을 출력할 수 있다. 만약 사용자가 255개 이상의 결과 값을 출력하기 위해서는, Epl-run.bat 파일에서 "6. Run Post Processing Program(s)" 아랫줄에 존재하는 SET rvset을 SET rvset=unlimited로 수정함으로써 255개 이상의 결과 값을 볼 수 있다.

- filename.bnd-이 파일은 입력된 Node와 Branch 관련된 연결 상태를 보여준다. 사용자가 Node를 정확하게 연결하였는지를 확인할 수 있으며, HVAC 시스템의 Node와 Network의 흐름도도 제공해 준다.
- filename.csv-Output:Meter와 Output:Variable Object로부터 얻어지는 모든 결과 값을 포함하고 있는 파일로서 가장 중요한 결과파일 중의 하나이다.
- filename.dbg-Debug Output Object로부터 얻어지는 결과 값으로 입력파일 내의 Error 들을 추적하는 데 유용한 결과 파일이다.
- filename.dxf-dxf 결과 파일로, CAD를 이용하여 2D 혹은 3D의 형태로 사용자가 입력한 건물의 외형을 확인할 수 있으며, 입력한 벽체 입력 조건에 따라 색상도 다르게 표시된다.
- filename.edd-EMS (Energy Management System)로부터 얻어지는 결과 파일로서, EnergyPlus에서 다룰 수 있는 Actuator 리스트를 제공함으로써 EMS 기능을 사용할 경우 매우 유용한 결과파일이다 (6.1.2절 참조).
- filename.eio-시간별로 변하지 않는 입력 또는 결과 값들을 확인할 수 있는 파일이다. 예를 들어, 시스템 용량은 시간별로 변하지 않는 결과로서 eio 파일에서 확인가능하다. CSV 포맷(쉼표로 나뉘는 형식)으로서, Spreadsheet 프로그램에서(Excel) 확인 가능하다.
- filename.end-프로그램의 작동이 성공인지 실패인지 한 줄로 요약해 놓은 파일이다.
- filename.epmidf-EPMacro 프로그램의 산출물로서, imf 파일의 입력 값으로부터 생성된 idf 파일이라고 이해하면 된다. Macro를 사용하는 사용자에게만 필요한 파일이다.
- filename.epmdet-EPMacro 프로그램의 결과 값으로 EPMacro 일련의 세부 과정을 서술해 놓은 파일이다. 이 파일 역시 Macro를 사용하는 사용자에게만 필요한 파일이다.

- filename.err–에러 파일로 프로그램이 실행되는 동안 발생하는 모든 Error 메시지를 요약해 놓은 파일로서, 프로그램 실행 시에 매우 중요한 정보를 포함하고 있다. 가장 자주 사용하는 결과 파일 중의 하나이다.
- filename.eso–filename.csv파일과 마찬가지로, Output:Meter와 Output:Variable Object로부터 얻어지는 모든 결과 값을 포함하고 있는 파일이다. filename.csv 파일과 동일한 결과 값을 포함하고 있는데, filename.eso 파일보다는 filename.csv을 보는 것이 훨씬 편리하기 때문에 filename.eso은 일반적으로 쓰이지 않는다.
- filename.mdd–해당 idf파일에서 출력할 수 있는 모든 Output:Meter 리스트를 나열해 놓은 파일이다.
- filename.mtd–해당 idf파일에서 각 Output:Meter가 어떠한 에너지 소비를 포함하는지 요약해 놓은 파일이다. 예를 들어, 본 저서와 함께 첨부한 VAVSystemOffice.idf를 시뮬레이션한 후 생성되는 VAVSystemOffice.mtd 파일을 살펴보면, Electricity:Plant라는 Output:Meter는 다음의 8개 에너지 소비량을 합한 결과임을 알 수 있다.
  - Chiller:Chiller Electric Consumption
  - Chiller2:Chiller Electric Consumption
  - Boiler:Boiler Parasitic Electric Consumption
  - Boiler2:Boiler Parasitic Electric Consumption
  - Hhot Water Loop HW Supply Pump:Pump Electric Consumption
  - Chilled Water Loop ChW Supply Pump:Pump Electric Consumption
  - Condenser Water Loop CndW Supply Pump:Pump Electric Consumption
  - Tower:Tower Fan Electric Consumption
- filename.rdd – 현재 idf파일에서 출력할 수 있는 모든 Output:Variable 리스트를 나열해 놓은 파일이다.
- filenameSsz.〈ext〉 – Sizing:System Object에 대한 결과 값이다. 이 파일은 spreadsheet형태의 파일이며, CSV, TAB 등으로 분리되어 표시할 수 있다.
- filenameZsz.〈ext〉 – Sizing:Zone Object에 대한 결과 값이다. 이 파일은 spreadsheet형태의 파일이며, CSV, TAB 등으로 분리되어 표시할 수 있다.
- filenameMeter.csv – Output:Variable을 제외한 Output:Meter Object로부터 얻어지는 모든 결과 값을 포함하고 있는 파일로서 중요한 결과파일 중의 하나이다. filename.csv와 구분할 필요가 있는데, filename.csv은 EnergyPlus에서 출력할 수 있는 모든 출력 값을 (풍량, 온도, 복사열, 대류열 등) 포함하고 있는 파일인 반면에, filenameMeter.csv은 에너지와 관련된

결과 값만을 (Fan 전기에너지 소비량, 보일러 가스에너지 소비량 등) 포함하고 있는 파일이다.

- filenameTable.csv - 각 벽체의 물성치, 시스템 용량 등 시간별로 변하지 않는 결과 값들을 사용자가 보기 쉽게 엑셀 형태로 요약해 놓은 결과파일로서, CSV, TAB 등으로 분리되어 표시된다.
- filenamedelight.in - DElight 시뮬레이션 수행 시에 생성되는 파일이다. EnergyPlus 프로그램에 입력된 DElight 관련 입력 정보를 요약하고 있다.
- filenamedelight.out - DElight 시뮬레이션 수행 시에 생성되는 파일로서 DElight 시뮬레이션 관련된 기본적인 결과 값을 출력해 놓은 파일이다.

요컨대, EnergyPlus 프로그램이 정상적으로 작동되었을 경우, 상기와 같이 많은 Output 파일들이 생성되게 된다. 사용자가 위에 나열한 모든 결과 파일들을 정확히 숙지하는 게 가장 좋지만, 여건이 되지 않는다면 일반적으로 많이 사용되는 filename.csv, filename.err, filename.mtd, filename.rdd, filenameMeter.csv, filenameTable.csv 등 6개 파일만 정확히 사용해도 대부분의 경우 큰 문제가 없을 것이라고 판단된다.

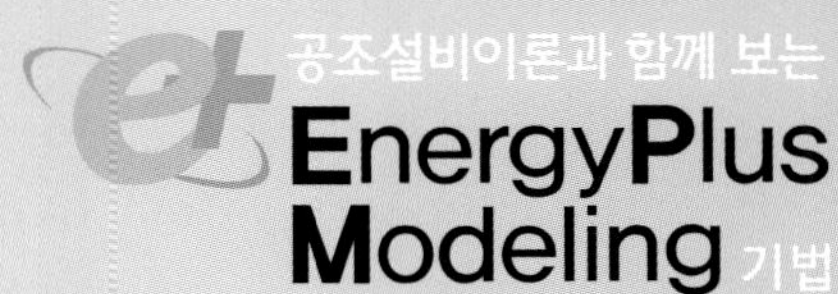

3. Zone Modeling

3 Zone Modeling _[존 모델링]

EnergyPlus도 다른 건물 에너지 해석 시뮬레이션과 마찬가지로, 시뮬레이션의 3가지 주요 구성 요소들인 Zone, System, Plant 모델링 관련된 다양한 입력요소들을 고려해야 한다. Zone Modeling은 건물 형상, 각 Zone의 상대적인 위치, 그리고 건물 부재의 물성치 등을 입력하는 부분이고, System Modeling과 Plant Modeling은 냉난방 설비 시스템을 모델링하는 부분이다. System Modeling은 AHU 및 각 존에 설치된 Terminal Unit과 같이 공조 공기를 다루는 반면, Plant Modeling은 냉동기, 보일러, 펌프, 냉각탑, 냉 · 온수 코일 등과 같이 냉난방의 열원이 되는 냉수와 온수를 다루는 부분이다.

본 장에서는 EnergyPlus 시뮬레이션 프로그램으로 Building Geometry와 Zone을 Modeling 할 때 필요한 기본적인 입력사항에 대하여 설명하고자 한다. 최초 Modeling을 하기 위해서는 모사할 건물에 대한 형상이 필요하며, 그 형태를 완성 시킨 후 건물 부재의 물성치, 벽체 구성, 내부발열, 그리고 실내 온도 설정 등을 입력하게 된다. 이에 따라 본 장에서는 Zone Modeling에 필요한 주요 입력 Object에 대하여 설명하고자 한다. Zone Modeling에 앞서 EnergyPlus 프로그램의 기본화면에 대해서 설명하고자 한다. EnergyPlus를 실행 하였을 때 그림 3-1과 같이 초기 프로그램 창이 나타난다. 메뉴창으로는 File, Edit, View, Window, Help 창이 있는데, File은 IDF 파일들을 저장 또는 불러오기를 사용할 때 이용하며, Edit는 Object를 추가하거나 검색할 때 사용되며, View는 Field에 입력된 입력란의 크기를 조절하고 화면에 보이는 단위를 변경하거나 기본화면의 Layout을 수정할 때 사용한다. Window는 프로그램 실행창의 크기를 설정할 때 사용되며, Help는 1장에서 설명하였던 여러 문서들을 불러올 때 사용된다. 그림 3-1의 숫자 1에 보이는 Tool을 통해 EnergyPlus를 보다 간편하게 사용할 수 있다. 왼쪽에서부터 순서대로 새로 만들기, 불러오기, 저장 기능을 탑재하고 있으며 새로운 Object를 추가할 때는 New Obj를 선택하여 생성한다. Dub Obj는 Object를 복사할 때 사용하는 툴이며 Copy Obj와 비슷한 기능을 갖는다. 이 둘의 차이점은, Copy Obj는 여러 개의 Objcet를 복사 하거나 여러 개의 EnergyPlus 입력파일(IDF)을 실행할 때 A File에서의 Object를 B File로 복사 붙여넣기가 가능하다는 점이다. Copy Obj로 복사된 Object는 Paste Obj을 통하여 입력할 수 있는데 이때 Paste Obj가 선택이 되지 않을 때 New Obj을 먼저 선택하면 Paste Obj 버튼이 활성화된다. 이때, New Obj으로 만들어진 Object는 삭제하면 된다. 그림 3-1의 숫자 2는 Class List로 EnergyPlus에서 사용되는 여러 시스템을 나타내는데, Class List에 대한 자세한 내용은 GettingStarted Reference에 설명되어 있다.

전술하였듯이, Class List에서 최상위 단위는 Group으로 그림 3-1의 숫자 3과 같으며 Group은 비슷한 개념의 Object들을 하나의 집합으로 묶은 개념이다. 예를 들어, Simulation Parameters라는 이름의 Group은 시뮬레이션에 영향을 미치는 여러 Object를 하나의 집합으로 묶고 있다. 그림 3-1의 숫자 4는 Object라고 불리며 앞서 설명한 Group을 구성하고 있는 각각의 입력단위이다. Object를 입력할 때 자신이 필요한 Object들을 선택한 후 앞서 설명한 New Obj, Dub Obj, Del Obj, Copy Obj, Past Obj을 사용하여 입력 작업을 할 수 있다. 또한 각각의 Object에 대한 자세한 설명은 Intput Output Reference 문서를 통하여 살펴볼 수 있다. 그림 3-1의 숫자 5는 Field를 나타낸다. Field는 Object를 구성하는 가장 하위 개념의 입력단위인데, 그림 3-1의 Field를 보면 파란색으로 나타난 글씨와 검은색으로 나타난 글씨를 볼 수 있다. 파란색으로 나타난 Field는 필수 입력사항으로 입력하지 않고 프로그램 실행시킬 경우 Error가 발생한다. 반면, 검은색으로 나타난 Field는 필수 입력사항이 아니며, 입력하지 않을 경우 EnergyPlus에 자체적으로 입력되어 있는 Default 값과 Autosize 값이 입력된다. 하지만 검은색으로 나타난 Field라 할지라도 대부분 꼼꼼히 입력해야 한다. 예를 들어, Fan Object의 주요 입력 Field 중에서 Fan Efficiency라는 입력 Field가 검은색으로 표시되어 있고 Default가 0.7로 설정되어 있다. 이는 Fan의 전기소비량에 큰 영향을 미치는 요소로서 필수적으로 사용자가 제대로 된 입력 값으로 입력해야 하는 Field이다. 이처럼 검은색으로 나타난 Field라도 자세히 살펴보는 것이 중요하다. 그림 3-1의 숫자 6은 Explanation of Keyword로 각각의 Field 입력란을 선택하였을 때 그에 해당하는 간단한 설명과 공식, Default 값이 설명되어 있다. 위와 같은 내용은 Input Output Reference 문서와 Engineering Reference 문서를 통해 더 자세히 확인할 수 있다.

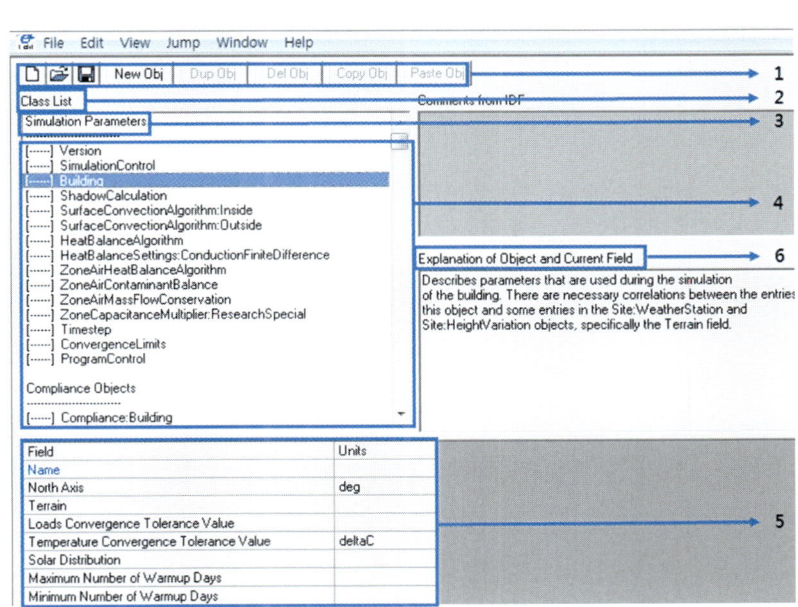

그림 3-1. EnergyPlus 프로그램의 기본 Interface

3.1 건물 형상 Modeling

원하는 분석을 진행하기 위해서 가장 선행적으로 작업 되어야 하는 것이 건물 형상 Modeling이다. 가장 흔히 사용되는 건물 형상 Modeling 방법은 대표적으로 두 가지 방법으로 진행할 수 있다. 첫 번째는 Google Sketchup 프로그램을 통해서 작업하는 방법이 있고, 다른 하나는 EnergyPlus 프로그램 내의 BuildingSurface:Detailed 안에서 각각의 좌표를 입력하여 작업하는 방법이 있다.

간단한 건물을 분석하고자 할 때는 두 가지 방법 모두 괜찮은 방법이지만, Zone의 개수가 많거나, 고층 건물 또는 벽체와 창호가 많은 건물의 경우 BuildingSurface:Detailed Object를 이용해서 x, y, z 좌표를 하나하나 입력하기엔 과도한 시간과 노력이 소비되는 데다가 실수를 유발할 가능성이 매우 높다. 따라서 Google Sketchup 프로그램 내의 Open Studio 툴을 사용하는 것을 적극 추천한다.

그림 3-2는 위에서 언급한 건물 형상 Modeling을 하는 두 가지 방법 중, EnergyPlus 프로그램 내의 BuildingSurface:Detailed Object를 이용해 직접 벽체, 바닥, 천장의 좌표를 입력하여 만드는 화면이다. 각 입력 Field들에 대한 설명은 아래의 절에서 자세하게 설명하기로 한다. 이 방법의 경우 그림 3-2에서 확인할 수 있듯이, 각 벽체에 대한 x, y, z 좌표를 하나하나 입력해야 하기 때문에 벽체의 개수가 많아지면 실수할 확률이 매우 높다. 따라서 단순한 건물이 아니면 이 방법을 추천하고 싶지 않다.

그림 3-3은 Sketchup 프로그램 내의 Open Studio 툴을 사용하여 건물 형상 Modeling을 한 예시이다. 좌표를 입력하여 만들 수도 있고, 직접 형상을 만들어 보면서 입력할 수 있기

Field	Units	Obj1	Obj2	Obj3	Obj4	Obj5	Obj6	Obj7	Obj8
Name		GFNorth_Floor	GFNorth_Ceiling	GFNorth_Wall_N	GFNorth_Wall_S	GFEast_Floor	GFEast_Ceiling	GFEast_Wall_N	GFEast_Wall_E
Surface Type		Floor	Ceiling	Wall	Wall	Floor	Ceiling	Wall	Wall
Construction Name		GrdSlab_NSPerim	HungClg	Exterior_wall	IntPartition_LW	GrdSlab_EWPerim	HungClg	IntPartition_LW	Exterior_wall
Zone Name		GFNorth	GFNorth	GFNorth	GFNorth	GFEast	GFEast	GFEast	GFEast
Outside Boundary Condition		OtherSideCoefficien	Surface	Outdoors	Zone	OtherSideCoefficien	Surface	Zone	Outdoors
Outside Boundary Condition Object		Perimeter_Ground_(	GFRPNorth_Floor		GFCore	Perimeter_Ground_(	GFRPEast_Floor	GFNorth	
Sun Exposure		NoSun	NoSun	SunExposed	NoSun	NoSun	NoSun	NoSun	SunExposed
Wind Exposure		NoWind	NoWind	WindExposed	NoWind	NoWind	NoWind	NoWind	WindExposed
View Factor to Ground		1	0	0.5	0	1	0	0	0.5
Number of Vertices		4	4	4	4	4	4	4	4
Vertex 1 X-coordinate	m	48.47641	4.82025	53.04958	4.82025	53.04958	53.04958	53.04958	53.04958
Vertex 1 Y-coordinate	m	30.8785	30.8785	35.45167	30.8785	0.25	0.25	35.45167	0.25
Vertex 1 Z-coordinate	m	0	2.7432	0	0	0	2.7432	0	0
Vertex 2 X-coordinate	m	4.82025	48.47641	0.24708	48.47641	48.47641	53.04958	48.47641	53.04958
Vertex 2 Y-coordinate	m	30.8785	30.8785	35.45167	30.8785	4.82317	35.45167	30.8785	35.45167
Vertex 2 Z-coordinate	m	0	2.7432	0	0	0	2.7432	0	0
Vertex 3 X-coordinate	m	0.24708	53.04958	0.24708	48.47641	48.47641	48.47641	48.47641	53.04958
Vertex 3 Y-coordinate	m	35.45167	35.45167	35.45167	30.8785	30.8785	30.8785	30.8785	35.45167
Vertex 3 Z-coordinate	m	0	2.7432	2.7432	2.7432	0	2.7432	2.7432	2.7432
Vertex 4 X-coordinate	m	53.04958	0.24708	53.04958	4.82025	53.04958	48.47641	53.04958	53.04958
Vertex 4 Y-coordinate	m	35.45167	35.45167	35.45167	30.8785	35.45167	4.82317	35.45167	0.25
Vertex 4 Z-coordinate	m	0	2.7432	2.7432	2.7432	0	2.7432	2.7432	2.7432
Vertex 5 X-coordinate	m								
Vertex 5 Y-coordinate	m								
Vertex 5 Z-coordinate	m								
Vertex 6 X-coordinate	m								
Vertex 6 Y-coordinate	m								

그림 3-2. EnergyPlus 프로그램의 BuildingSurface:Detailed Object 항목

때문에 위의 BuildingSurface:Detailed Object를 이용하는 방법에 비하여 시간도 적게 들고 실수 유발 가능성도 훨씬 적다. BuildingSurface:Detailed Object에서 입력할 수 있는 모든 입력 값들을 Open Studio 툴을 사용하여 입력할 수 있으며, 입력하는 창 화면은 그림 3-4와 같다. 벽체의 이름부터 외부 환경 조건까지 모든 사항들이 입력 가능하며, 각각의 x, y, z 좌표 또한 사용자가 형상을 만드는 대로 자동으로 입력된다. CAD 프로그램과 마찬가지로 각 벽체와 Zone을 사용자 임의로 숨길 수 있는 기능을 갖추고 있기 때문에, 시각적으로 보이지 않는 Zone에 대한 벽체 정보도 쉽게 입력할 수 있다.

위의 두 가지 방법 중 어떠한 방법을 사용하여 건물 형상 Modeling할 것인지는 전적으로 사용자의 선택이며, 사용자가 익숙하고 편한 방법을 선택하면 된다. 건물 형상 Modeling은 EnergyPlus뿐 만 아니라 모든 Simulation 프로그램의 기본이며, 최종적으로 보다 더 정확한 결과 값을 얻기 위한 가장 중요한 절차 중의 하나이다.

그림 3-3. Open Studio 툴을 사용한 건물 형상 Modeling

그림 3-4. Open Studio 툴을 사용한 벽체 정보 입력

3.2 Material _ [재료의 물성치]

EnergyPlus에서 건물 부재를 입력하기 위해서는 Material, Construction, Surface 등의 세 단계가 필요하다. 그 중에서 Material은 가장 하위 개념으로서 각 건물의 부재를 구성하는 재료의 물성치를 입력하는 단계이다. Material에서 입력된 재료들의 조합으로 Construction이 구성되고, 건물 형상을 모사하는 Surface에서 Construction이 선택됨으로써 건물의 각 부재가 어떤 재료들로 구성되는지가 최종적으로 결정된다. 그림 3-5는 Material Object의 입력화면으로서, 주요 입력사항은 다음과 같다.

- 가장 위의 Name은 해당 재료 고유의 이름을 명명하는 입력 Field이다.
- Roughness는 입력하는 재료의 거칠기를 입력하는 Field이다.
- Thickness는 재료의 두께를 의미하며, 단위는 m 이다. 만약 모사하고자 하는 건물에 동일한 재료이지만 두께가 다른 두 개의 Material이 존재한다면, EnergyPlus 입력파일 내에서도 두 개의 Material Object를 생성해야 한다.
- Conductivity는 재료의 열전도도를 입력하는 Field이며, 단위는 W/mK이다.
- Density는 재료의 밀도를 입력하는 Field이며, 단위는 kg/m^{3}이다.
- 마지막으로, 필수 입력 조건 중의 하나인 Specific Heat은 재료의 비열을 입력하는 Field이며, 단위는 J/kg · K이다.

Specific Heat 밑의 3개의 입력사항인 흡수율은 필수 입력 조건은 아니지만 냉난방부하에 상당한 영향을 미칠 수 있는 입력 Field들이기에, 보다 정확한 결과 값을 얻기 위해서는 적정 값을 입력하는 것이 유리하다고 판단된다.

Explanation of Keyword

Regular materials described with full set of thermal properties

ID: A1
Enter a alphanumeric value
This field is required.

Field	Units	Obj1
Name		Steel Frame NonRe
Roughness		MediumRough
Thickness	m	5.39159052E-02
Conductivity	W/m-K	0.049
Density	kg/m3	265
Specific Heat	J/kg-K	836.8
Thermal Absorptance		0.9
Solar Absorptance		0.7
Visible Absorptance		0.7

그림 3-5. Material Object 입력 화면

3.3 Construction _ [부재 구성]

Construction은 위의 3.2절에서 설명한 Material들을 조합하여 부재를 구성하는 Object이다. 각각의 재료에 대한 물성치는 Material Object에서 모두 입력하게 되어 있고, Construction Object에서는 별도의 물성치 값을 입력하는 대신 해당 Construction을 구성하는 Material을 선택하면 된다. 외벽처럼 벽이 한 개의 Zone에만 속해 있으면 상관이 없지만, Zone과 Zone의 사이에 있는 벽은 2개의 Construction을 만들어야 한다. 그림 3-6은 한 개의 벽이 두 개의 Zone에 속해 있는 경우를 나타내고 있다. A Zone과 B Zone 사이에 있는 벽체의 저료들이 그림처럼 순서대로 1, 2, 3, 4, 5라고 가정하였을 때, A Zone에서 벽을 바라보면 가장 외측의 재료는 5번이 된다. 따라서 Construction에는 5, 4, 3, 2, 1의 순서로 재료를 배열한 Construction Object가 있어야 한다. 하지만 B Zone에서 같은 벽을 바라보면, 가장 외측의 재료가 5번이 아닌 1번이 된다. 따라서 가장 외측의 재료인 1번을 시작으로 1, 2, 3, 4, 5의 순서로 재료를 배열한 Construction Object가 있어야 한다. 따라서 1개의 벽체 이지만 2개의 Construction Object를 생성해야 한다. 하지만 예외도 존재한다. 만약 벽체의 재료 구성이 1, 2, 3, 2, 1로 구성되어 있다면, 반대쪽에서 바라보아도 1, 2, 3, 2, 1의 순서이기 때문에 이런 경우에는 1개의 Construction Object만 생성하면 된다.

벽체의 구성뿐만 아니라, 창호의 구성도 Construction Object에서 담당한다. 창호를 구성하는 재료의 물성치 값은 Material Object가 아닌 WindowMaterial Object에서 입력하게 되며, 투과성을 지닌 유리의 특성상 벽체보다는 훨씬 많은 정보를 요구한다. 이에 대한 설명은 InputOutput Reference에 자세히 나와 있으므로 본 저서에서는 생략한다. 또한, 단순한 창호 뿐 만 아니라, 블라인드와 같은 일사조절장치가 결합된 창호도 해당 Object에서 생성할 수 있다. 그림 3-7은

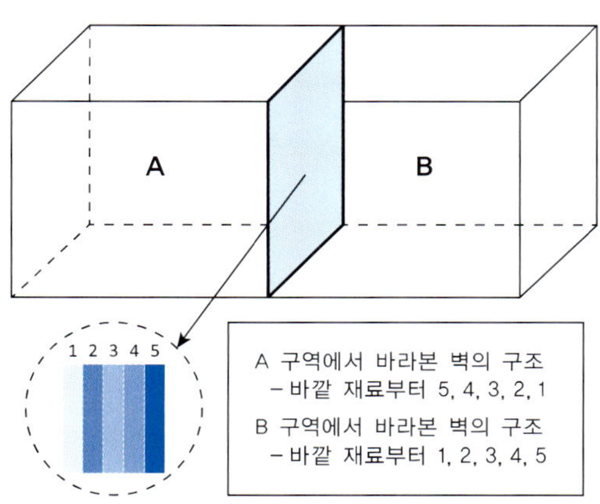

그림 3-6. Construction Object 입력 방법

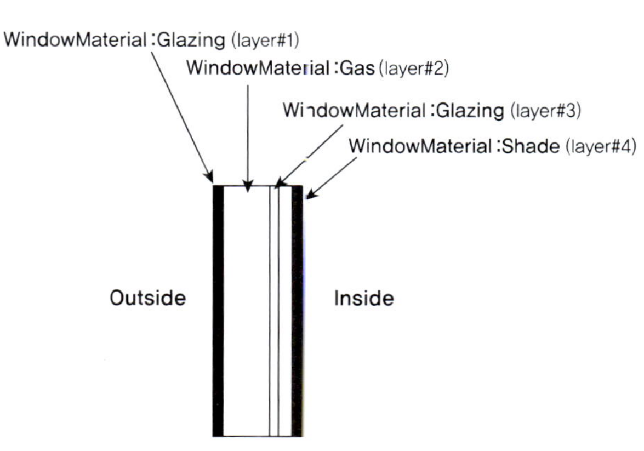

그림 3-7. Construction Object에서 창호 입력 방법[5]

InputOutput Reference 문서에서 설명한 Construction Object에서의 창호 입력 방법이다. 유리와 중공층 등은 그림 3-7에 나타나듯이, WindowMaterial:Glazing, WindowMaterial:Gas Object에서 입력한 재료를 사용하게 되며, 일사조절장치는 WindowMaterial:Shade Object에서 입력 가능하다. 창호와 Shade 사이의 공기층은 별도로 입력할 필요는 없지만, 공기층으로부터의 복사, 대류의 영향은 EnergyPlus 해석 시에 고려된다. 전술하였듯이, Construction Object 입력 시에 주의하여야 할 점은 바라보는 시각에서 가장 멀리 있는 재료부터 순서대로 입력해야 하고, 중복된 이름을 사용해서는 안 된다는 점이다. 또한, 일반 벽체의 구성은 10개의 Layer 까지 입력가능하며, 창호의 경우는 8개의 Layer까지 입력가능하다.

3.4 BuildingSurface:Detailed _ [부재 형상 모델링]

본 절에서는 BuildingSurface:Detailed Object의 입력 사항에 대하여 설명한다. 건물 형상을 모사하는 BuildingSurface:Detailed에서 Construction이 선택됨으로써 건물의 각 부재가 어떤 재료들로 구성되는지가 최종적으로 결정된다. BuildingSurface:DetailedObject에 대한 주요 입력사항은 다음과 같다.

- Name은 벽체 고유의 이름을 명명하는 Field로써 모든 벽체는 중복 없이 각각 다른 이름으로 입력해야 한다.
- Surface Type의 경우 Floor, Wall, Ceiling, Roof 중에서 선택하는 것이며, 입력한 부재의 특성에 맞게 선택하면 된다.
- Construction Name은 앞의 3.3절에서 입력한 여러 Construction Object들 중에서 해당 부재의 재료구성에 맞는 Object를 선택해서 입력한다.
- Zone Name의 경우 벽체가 속해 있는 Zone 이름을 선택해서 입력한다.
- Outside Boundary Condition은 벽체의 외부 환경을 나타낸다. 벽체가 외기에 접해 있으면 Outdoors를 입력하고 다른 내부 Zone과 접해 있는 경우 (그림 3-6 참조) Surface 또는 Zone을 선택하여야 한다. 해당 Field에서 벽체 외부 환경을 사용자가 원하는 대로 설정할 수 있다. Outside Boundary Condition Object Field의 경우 필수 입력 사항은 아니지만, 냉난방부하에 절대적인 영향을 미치기에 반드시 사용자가 정확한 입력 값을 설정해야 한다. Outside Boundary Condition Field에서 Zone으로 입력하였을 경우에는 Outside Boundary Condition Object Field에서 반드시 인접해 있는 Zone 이름을 입력해야 하며, Outside Boundary

Condition Field에서 Surface로 입력했을 경우에는 Outside Boundary Condition Object Field에서 반드시 재료 구성 순서가 반대인 다른 Construction 이름을 입력하여야 한다(그림 3-6 참조).

- Outside Boundary Condition Object 밑의 두 Field들은 부재가 태양과 바람에 노출되어 있는지 여부를 입력하는 Field로서, 외부 벽체가 아닌 이상 No Sun, No Wind를 입력한다.
- BuildingSurface:Detailed Object의 가장 마지막 입력사항으로는 해당 벽체의 좌표인데, 부재를 구성하는 꼭짓점 한 개당 x, y, z 총 3개의 좌표를 입력해야 한다. 또한 최대 120개의 좌표를 1개의 부재에 입력 가능하며, 입력한 좌표의 수와 동일한 값을 Number of Vertices Field에 입력하면 된다. EnergyPlus 프로그램에서 BuildingSurface:DetailedObject를 이용하여 건물 형상을 모사할 경우 사용자가 직접 위의 사항을 모두 입력하여야 하는 반면, Open Studio 툴을 사용하여 건물 형상 Modeling할 경우에는 좌표들이 Open Studio 내에서 이미 자동입력 되어서 EP-Launch로 손쉽게 불러들일 수 있다.

3.5 RunPeriod _ [해석 기간 설정]

RunPeriod는 사용자가 생성한 EnergyPlus 모델의 시뮬레이션 해석 기간을 설정하는 Object이다. 그림 3-8은 RunPeriod Object의 입력 화면이다. 전술하였듯이, 좌측에 파란색으로 표기된 Field는 필수 입력 사항인데, 그림에서 확인할 수 있듯이 RunPeriod Object에서 필수적으로 입력해야 하는 Field는 RunPeriod의 이름, 해석 시작일, 그리고 해석 종료일 등이다. 주요 입력사항은 다음과 같다.

- RunPeriod의 Name은 RunPeriod 고유의 이름을 명명하는 입력 Field이다.
- Begin Month와 Begin Day of Month에 해석 시작 월, 일을 입력하면 된다.
- End Month와 End Day of Month에 해석 종료 월, 일을 입력한다.
- Day of Week for Start Day는 시작하는 날의 요일을 선택하는 것이다. 월요일부터 일요일까지 선택가능하다. 본래 Weather File 내에 시작 요일이 지정되어 있지만, 사용자가 해당 Field에 특정 요일을 입력하게 되면 Weather File의 시작 요일은 무시되고 해당 Field에서 입력된 요일이 시작 요일로 해석이 진행된다.
- Use Weather File Holidays and Special Days는 입력된 Weather File내에 포함되어 있는 휴무일이나 기타 특정 기념일 등을 EnergyPlus 해석 시에도 고려할 것인지에 대해 선택하는 Field이다. 선택사항은 Yes와 No 두 가지이며, Yes를 선택 했을 경우 Weather File 내의

휴무일과 기타 특정 기념일 등을 그대로 모사하게 된다. 반면, No를 선택 했을 경우에는 고려하지 않게 된다. 이 Field는 필수입력 사항이 아니지만 입력하지 않을 경우 Default인 Yes로 가정하여 해석이 진행된다.

- Use Weather File Daylight Saving Period의 경우 위와 마찬가지로 Weather File 내에 포함되어 있는 Daylight Saving Period를 (Summer Time 설정 기간) EnergyPlus 프로그램에 반영 할 것인지 유무를 결정하는 Field로서, 선택사항은 Yes와 No이다.
- Apply Weekend Holiday Rule은 대체 휴무 고려여부를 결정하는 Field로서, 공휴일이 주말과 겹칠 경우 근방의 주중에 대신 휴무일로 지정하는 것을 의미한다. 예를 들어, 토요일에 공휴일이 겹칠 경우 금요일을 휴일로 가정하고, 일요일에 겹칠 경우 월요일을 휴무일로 가정하는 것을 의미한다. Yes를 선택하게 되면 시뮬레이션 해석 시에 대체휴무를 고려하게 된다. 해당 Field에 사용자가 어떠한 값도 입력하지 않았을 경우 Default인 No로 가정하여 해석이 진행된다.
- Use Weather File Rain Indicators, Use Weather File Snow Indicators는 Weather File 내에 존재하는 강우와 적설에 관련된 입력 Field들이다. 강우의 경우 노출된 외벽 부재의 대류열전달계수에 영향을 미치고, 적설의 경우 지면의 반사율 등에 영향을 주게 된다. Yes를 선택하면 Weather File 내의 강우와 적설의 영향을 해석 시에 고려하게 된다.
- Number of Times Runperiod to be Repeated는 동일한 시뮬레이션 해석기간을 반복적으로 몇 번 수행할 것인지는 설정하는 입력 Field로서 Default 값은 1로 설정되어 있다.

RunPeriod Object 이외에도 RunPeriodControl:SpecialDays와 RunperiodControl:Daylight SavingTime 등의 Object들이 있다. Weather File 내의 Special Days(휴무일과 기타 특정 기념일)와 DaylightSavingTime(Summer Time 설정기간)을 사용하지 않고 사용자가 직접 입력하고자 할 때 필요한 Object들이다.

Field	Units	Obj1
Name		RunPeriod
Begin Month		8
Begin Day of Month		1
End Month		8
End Day of Month		5
Day of Week for Start Day		Thursday
Use Weather File Holidays and Special Days		No
Use Weather File Daylight Saving Period		No
Apply Weekend Holiday Rule		Yes
Use Weather File Rain Indicators		Yes
Use Weather File Snow Indicators		Yes
Number of Times Runperiod to be Repeated		

그림 3-8. RunPeriod Object 입력 화면

3.6 SizingPeriod:DesignDay _ [Design Day 설정]

Design Day는 부하계산이나 장비의 용량산정을 위해 인공적으로 만들어진 가상의 하루라고 이해하면 된다. SimulationControl Object에서 Run Simulation for Sizing Periods Field를 No라고 설정했어도, EnergyPlus IDF 입력파일에 Autosize가 한 곳이라도 설정되어 있으면, DesignDay 시뮬레이션을 통해 장비 용량 산정 후에 본 시뮬레이션을 수행한다. 따라서 Design Day는 "매우" 중요한 입력요소라고 할 수 있다. 좀 더 구체적으로 설명하자면, Run Simulation for Sizing Periods Field를 No라고 설정하고, Run Simulation for Weather File Run Periods Field를 Yes라고 설정 후 RunPeriod를 1월 1일부터 12월 31일로 설정했을 경우 (연간 시뮬레이션 수행), DesignDay 시뮬레이션을 바탕으로 장비 용량 산정 후에 1월 1일부터 연간 시뮬레이션이 수행됨을 의미한다. 장비 용량 산정이 에너지 소비량에 어떠한 영향을 미치는지는 다음 단락에서 구체적으로 설명하고자 한다.

그림 3-9는 시스템 용량 산정이 왜 중요한지를 주지시키기 위해 EnergyPlus의 다양한 열원 장치들 중에서 가장 간단한 Boiler의 효율곡선을 예로 들어서 설명하고자 한다. 가로축은 부분부하율(PLR, Part Load Ratio)을 의미하고 세로축은 Boiler의 효율을 나타낸다. 부분부하율은 (현재 보일러 부하)/(보일러 용량)으로 나타낼 수 있다. 만약, 특정 시간에 보일러가 담당해야 하는 부하가 100kW인데, A보일러의 용량을 200kW으로 산정하였다면, 부분부하율은 50%로서 해당 시간에 A보일러는 약 80%의 효율을 갖는다. 하지만, 동일한 부하 100kW를 담당해야 하는 B보일러의 용량을 1000kW로 산정하였다면, 부분부하율은 10%로서 해당시간에 B보일러는 약 50% 정도의 효율을 갖는다. 서로 다른 용량으로 산정된 두 대의 보일러가 동일한 부하 100kW를 담당하기 위해 필요한 가스 소비량이 큰 차이를 보일 수밖에 없다. 이처럼 시스템 용량 산정은 에너지 소비에 있어서 매우 중요한 요소 중 하나이기 때문에, 시스템 용량 산정에 큰 영향을 미치는 Design Day 역시 매우 중요한 입력 사항임을 확인할 수 있다. EnergyPlus 초급자들이 범할 수 있는 가장 흔한 실수 중의 하나가, 해석하고자 하는 기상조건을 바꾸기 위해 EP-Launch에서 Weather File은 바꾸는 반면, SizingPeriod:DesignDay Object의 입력 값들을 바꾸지 않는 것이다. 예를 들어, 현재 샌프란시스코로 설정되어 있는 기상조건을 시카고로 바꾸고 싶은데, SizingPeriod:DesignDay Object에서는 샌프란시스코 입력 값들을 그대로 놔두고 EP-Launch에서 Weather File만 시카고로 바꾸는 경우이다. 이렇게 되면 연중 온난한 샌프란시스코 기후조건을 바탕으로 시스템 용량이 과소 설계가 되며, 사계절이 뚜렷한 시카고의 하계와 동계에 시스템 용량 부족으로 실내 설정온도 도달이 불가능해질 뿐만 아니라, 위의 단락에서 설명하였듯이 개별 장비 부분부하율에 따른 효율 및 에너지 소비량 산정에 큰 오류가 발생할 수밖에 없다.

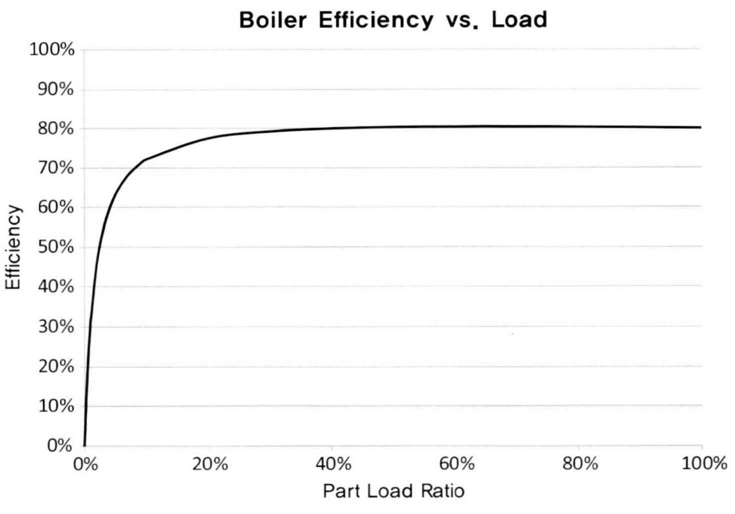

그림 3-9. Boiler의 효율 곡선 예시

EnergyPlus에서 사용되는 Design Day 입력 값들은 EnergyPlus 설치 시에 자동으로 생성되는 WeatherData 폴더 안의 확장자 DDY인 파일들에 저장되어 있기는 하지만, 초기에 WeatherData 폴더 안에 저장되는 기상데이터들은 샌프란시스코나 시카고 등 몇 개 기후조건들뿐이다. 전 세계의 나머지 기후조건에 해당하는 기상데이터들은 EnergyPlus 프로그램 인터넷 사이트에서 무료로 다운로드가 가능하다. 참고로, 국내의 경우 인천, 강릉, 울산, 광주 등 4개 지역에 해당하는 기상데이터를 EnergyPlus 인터넷 사이트에서 제공하고 있다. EnergyPlus에서 제공하는 Design Day의 이름은 다음과 같은 형식으로 입력되어 있다. 예를 들어, "SAN_FRANCISCO Ann Htg 99.6% Condns DB"에서 "Htg"은 분석 지역의 난방(Heating) Design Day를 의미한다. 즉, 보일러 등과 같은 난방기기의 용량 산정을 위해 사용되는 Design Day라고 이해하면 된다. 99.6%의 경우 전체 연간 기상데이터를 100%로 간주했을 때, 매우 더운 극소수의 상위 0.4%에 해당하는 데이터를 배제시키고 나머지 99.6%의 연간 기상데이터를 바탕으로 용량산정을 위한 Design Day가 생성된다. 즉, "SAN_FRANCISCO Ann Htg 99.6% Condns DB"으로 샌프란시스코의 난방기기 용량을 제대로 산정했다면 샌프란시스코의 연간 기상데이터 99.6%에 해당하는 기간 동안에는 난방부하를 충족시킬 수 있다는 의미이다. 냉방기간의 경우 99.6%가 아닌 1%로 입력되어 있으며, 이는 하위 1%의 값을 무시하는 것을 의미한다. 참고로, ASHRAE 90.1에서는 난방의 경우 99.6%, 냉방의 경우 1% Design Day를 사용할 것을 권장하고 있다. 그림 3-11은 Design Day Object의 입력화면이며, 주요 입력사항은 다음과 같다.

- 우선적으로 Design Day 고유의 이름을 입력하게 되는데, 다른 Object들의 이름과 중복되지 않게 입력한다.
- Month는 Design Day에 해당하는 달을 입력하는 Field로서, 다음 Field인 Day of Month와 함께 Design Day의 매 시간별 태양의 위치와 태양 복사량을 결정하는 요소이다.
- Day of Month는 Design Day에 해당하는 날짜를 입력하는 Field로서, 위의 Month Field와 함께 Design Day의 매 시간별 태양의 위치와 태양 복사량을 결정하는 요소이다.
- Day Type은 입력한 Design Day의 유형을 지정하는 Field로서 냉방용 Design Day인지, 난방용 Design Day인지 입력하게 된다. 선택사항은 두 가지로 SummerDesignDay와 WinterDesignDay이다.
- Maximum Dry Bulb Temperature는 해당 Design Day의 최대 건구 온도를 의미한다. 입력 범위는 -70에서 70까지 입력 가능하다. MacroDataSets Design Day 파일은 ASHRAE HOP에서 언급한 해당 지역의 최대 온도를 명시해주고 있다.
- Daily Temperature Range의 경우 하루 동안의 최대온도 변화폭을 의미한다. Design Day는 냉방의 경우 일반적으로 최대 온도와 최저 온도를 보이고, 난방의 경우 하루 동안 일정한 온도를 유지한다. 만약 냉방의 경우와 같이 최대와 최저 온도가 별도로 존재한다면, 해당 Field를 통해서 그 두 온도사이의 변화폭을 입력할 수 있다. Default 값은 0이고, 해당 입력 값의 의미는 다음 그림 3-10을 통해서 설명 가능하다. 그림 3-10은 InputOutput Reference 문서에서 제공하는 Design Day 생성용 곱셈 계수를 보여준다. 이 값은 2009 ASHRAE HOF를 바탕으로 만들어졌는데, Design Day에서의 시간별 외기건구온도는 앞의 Maximum Dry Bulb Temperature Field에서 입력된 최대 건구온도와 Daily Temperature Range Field에서 입력된 최대온도 변화폭, 그리고 그림 3-10의 곱셈 계수를 통하여 산출한다. 곱셈 계수는 24시간 동안의 일반적인 온도 변화가 고려된 수치이다. 그림 3-10에 나타나 있듯이, 하루 중 가장 낮은 온도는 오전 5시, 가장 높은 온도는 오후 3시에 발생함을 확인할 수 있다. 다음 식 3-1은 Design Day에서 현재의 건구 온도를 계산하는 식이다.

$$T_{current} = T_{\max} - T_{range} * T_{Multiplier} \quad (3\text{-}1)$$

여기서,

$T_{current}$ = 현 시각의 공기 온도

$T_{\max}$ = 사용자가 입력한 최대 건구 온도

T_{range} = 사용자가 입력한 일간 최대온도 변화폭

$T_{Multiplier}$ = 곱셈 계수

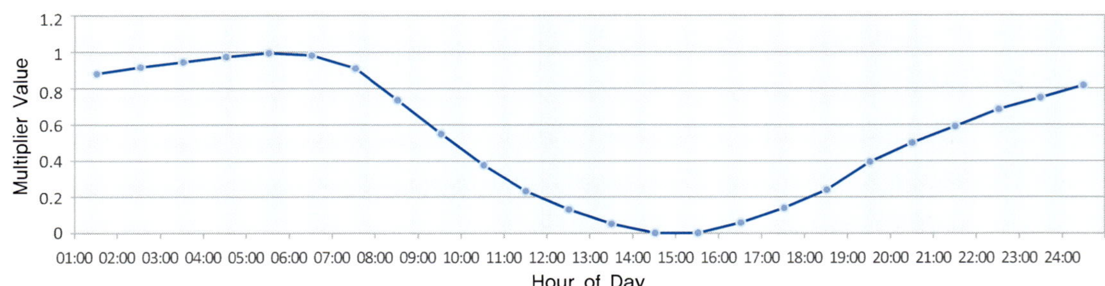

그림 3-10. Design Day 생성을 위한 곱셈 계수[5]

- Humidity Indicating Conditions at Maximum Dry Bulb은 최대 건구 온도를 나타내는 시간에서의 습도 관련된 물성치를 입력하는 Field이다. 주지하다시피, 습도를 표현하는 물성치에는 엔탈피(Enthalpy), 습구온도(WetBulb), 이슬점온도(DewPoint), 절대습도(HumidityRatio) 등이 있는데, 이 중에서 선택해서 입력하면 된다.
- Barometric Pressure는 기압을 입력하는 Field이며, 단위는 Pascal을 사용한다.
- Wind Speed는 풍속을 입력하는 Field이며, 단위는 m/s를 사용한다. 참고로, MacroDataSets Design Day 파일은 여러 지역에서의 일반적인 풍속 데이터를 제공해주고 있다.
- Wind Direction은 풍향을 의미하며 단위는 degree이다. 0은 북측을 의미하고 90은 동측을 의미한다.
- Rain Indicator는 건물의 벽체 표면이 강우의 영향을 받는지 유무를 입력하는 입력 Field이다. Yes로 입력하면 건물의 외벽표면이 강우의 영향을 받고, 그로 인해 외벽을 통해 전달되는 열전달률이 변하게 된다.
- Snow Indicator는 지표면에 적설이 있는지 유무를 입력하는 Field이다. Yes로 입력하면 지표면 위에 적설이 있는 것으로 가정하며, 이는 지표면으로부터의 반사율에 영향을 미친다.
- Daylighting Saving Time Indicator는 해당 Design Day에 Summer Time이 적용되는지 여부를 선택하는 입력 Field이다.
- Dry Bulb Temperature Range Modifier Type은, 사용자가 원하는 시간별 온도패턴이 그림 3-10과 같이 오전 5시가 가장 낮은 온도를 보이고 오후 3시가 가장 높은 온도를 보인다면, 입력하지 않아도 되는 Field이다. 하지만 사용자가 자신만의 온도 곱셈계수를 지정하고 싶다면 해당 Field에 입력해야 한다. 선택할 수 있는 입력 값은 총 세 가지로 MultiplierSchedule, DifferenceSchedule, 그리고 DefaultMultipliers이며, Default 값은 DefaultMultipliers이다. 다음은 입력 가능한 세 가지 Schedule에 대한 설명이다.

MultiplierSchedule을 선택하였다면, 사용자는 사용자의 Design Day에 대한 적절한 건구온도 범위를 작성하기 위해 그림 3-10을 대체할 수 있는 시간별 온도변화 스케줄을 작성해서 입력해야 한다.

DifferenceSchedule을 선택하였다면, 시간별 건구온도는 Maximum Dry Bulb Temperature Field에서 입력한 최대건구온도에서 DifferenceSchedule에서 입력된 값을 감해서 계산된다. 예를 들어, Maximum Dry Bulb Temperature가 35로 입력되었고, 특정 시간에 DifferenceSchedule가 3으로 입력되어 있다면 그 시간에서의 건구온도는 32℃가 된다.

해당 Field를 입력하지 않거나 DefaultMultipliers로 입력하게 되면 그림 3-10의 시간별 온도 변화 패턴이 적용된다.

- Dry Bulb Temperature Range Modifier Schedule Name은 위의 Dry Bulb Temperature Range Modifier Type Field에서 MultiplierSchedule이나 DifferenceSchedule을 입력하였을 경우 입력해야 하는 Field이다.
- 마지막으로, Sky Clearness는 천공 상태를 의미하는 Field로서, Sky Clearness Field에서 입력되는 값과 외부 태양 일사에 의해서, 실질적으로 건물에 도달하는 태양복사량이 계산된다. 일반적으로 난방용 Design Day에서는 0의 값을 갖는다.

Field	Units
Name	
Maximum Dry-Bulb Temperature	C
Daily Temperature Range	deltaC
Humidity Indicating Conditions at Maximum Dry-Bulb	varies
Barometric Pressure	Pa
Wind Speed	m/s
Wind Direction	deg
Sky Clearness	
Rain Indicator	
Snow Indicator	
Day of Month	
Month	
Day Type	
Daylight Saving Time Indicator	
Humidity Indicating Type	
Relative Humidity Day Schedule Name	
Dry-Bulb Temperature Range Modifier Type	
Dry-Bulb Temperature Range Modifier Schedule Name	
Solar Model Indicator	
Beam Solar Day Schedule Name	
Diffuse Solar Day Schedule Name	

그림 3-11. SizingPeriod:DesignDay Object 입력화면

3.7 열평형 (Heat Balance) 기법

효율적인 건물 에너지 소비를 위해서는 대상 건물의 냉난방 부하를 정확하게 계산하여 건물의 에너지 사용량을 정확하게 파악하는 것이 중요하다. 그렇기 때문에 Simulation Program에서 사용되는 부하계산방법이 매우 중요하고 이를 해결하기 위해 오랜 시간 동안 연구되어 왔다[7]. EnergyPlus 프로그램은 미국 냉동공조학회(ASHRAE)에서 권장하는 열평형 (Heat Balance) 기법을 사용한다. 이를 통해 비정상 상태의 열전도와 복사 및 대류 열전달에 대한 동적해석이 가능하고, 여러 대류열 조건을 종합적으로 계산하기 때문에 신뢰성 또한 우수하다. Heat Balance Method는 부하를 산정하는 대표적인 두 가지 방법인 가중계수법과 Heat Balance 중 좀 더 진보된 방법으로서, 에너지 보존에 관한 열역학 제 1법칙과 행렬 대수의 원리로부터 개발되었다[7]. EnergyPlus는 앞서 언급한 바와 같이 BLAST와 DOE-2의 장점을 취한 프로그램이다. BLAST의 경우 시간의 열적 동특성 (Thermodynamics) 계산 방법을 사용하고 있다. 전반적인 계산은 열역학 방정식 (Thermodynamic Equation)에 근거하고 있지만 플랜트와 같은 기계 설비의 모사가 취약하다는 단점이 있다[24]. DOE-2의 경우 디자인 단계에서 전반적인 건물의 에너지 성능 연구를 하기 위해 개발되었다. 따라서 DOE-2의 전체적인 구성은 BLAST에 비하여 건물 부하계산에 집중되어 있다. 실 간의 열전달을 계산하기 위하여 가중계수법(Weighting Factor Method) 또는 가중열평형법(Weighted Heat Balance Method)을 사용한다[24]. 가중계수(Weighting Factor)는 여러 재료의 조합으로 만들어진 벽, 바닥 같은 구성체로 실 간의 열전달 정도를 결정하는데 사용된다. 이 방법의 경우 두 실 간의 온도 차이에 근거하여 실질적인 열전달량을 결정하게 된다. 열전달 정도는 건물재료의 열용량(Thermal Mass)에 따른 시간지연효과 (Time Lag Effect)를 모사하기 위하여 정적 열평형에 있는 두 실 간의 열전달 정도를 낮추거나 증가시키는 역할을 한다[24]. 하지만 가중계수법(Weighting Factor Method)의 경우 열역학 방정식에 근거한 것이 아니며, 짧은 시간 간격 내에서는 시뮬레이션 결과의 관측이 불가능하다. 이러한 한계 때문에 정밀한 결과 값을 도출하고자 하는 시뮬레이션 프로그램에 위의 방법을 반영하는데 어려움을 갖는다[24]. 반면, EnergyPlus 프로그램의 열평형은 태양복사, 건물부재를 통한 전도열, 장파복사, 그리고 단파복사 등의 열전달 메커니즘을 정밀하게 계산하고 이를 바탕으로 각 Zone의 부하를 계산하게 된다. 즉, 건물 부재에서 발생하는 열전도, 대류, 복사 열평형과 실내 공기와의 열평형까지 고려하는 포괄적인 방법이다. 실 내부의 공기는 완벽히 혼합되어 있으며, 각 건물 부재의 표면온도분포가 수직수평방향에 관계없이 동일하고 균일한 장파, 단파를 받는 확산복사표면의 벽체를 통한 1차원의 열전도라는 가정 하에 계산되는 열평형은 그림 3-12와 같

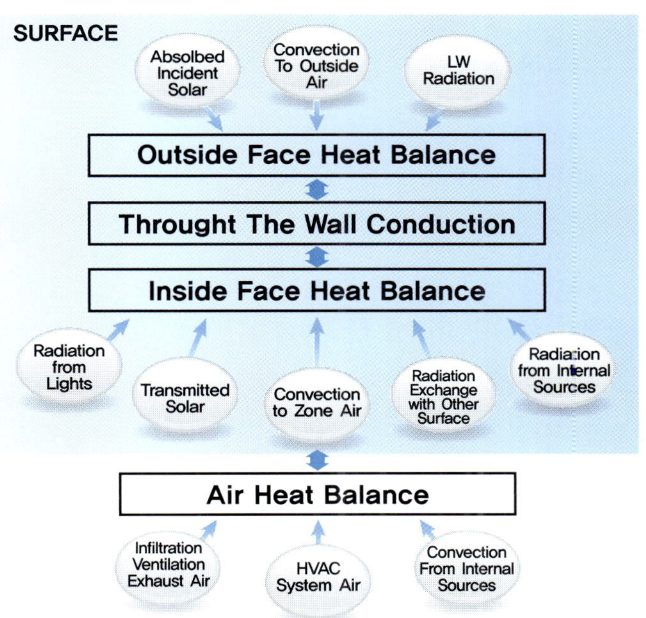

그림 3-12 EnergyPlus 열평형 (Heat Balance)[8]

이 외측 표면의 열평형, 벽체 내 열전도, 내측 표면 열평형, 그리고 공기 열평형 등 총 네 가지로 구성되어 있다.

외측 표면의 열평형은 다음 식 3-2로 표현된다.

$$q_{conv,o} + q_{asol} + q_{LWR} - q_{ko} = 0 \tag{3-2}$$

여기서,

q_{ko} = 외표면의 전도에 의한 열전달 [W/m^2]

$q_{conv,o}$ = 외표면의 대류에 의한 열손실 또는 열 취득 [W/m^2]

q_{asol} = 직달 및 확산에 의하여 흡수되는 태양 복사량 [W/m^2]

q_{LWR} = 장파 복사량 [W/m^2]

q_{ko}를 제외한 모든 항목들은 열 유속이 면을 향할 때 양의 값을 가지는 반면, q_{ko}는 외벽에서 내벽으로 열전달 방향을 가질 때 양의 값을 갖는다. q_{asol}은 ASHRAE Fundamental에 근거하여 계산되며 $q_{conv,o}$는 식 3-5를 통해 계산된다. q_{LWR}은 식 3-3과 같이 표면흡수율, 표면온도, 천공온도와 지표면 온도 그리고 천공과 지표면의 형태계수를 통해 계산된 복사 열전달 공식을 이용하여 도출 된다. 전체적인 외표면 열평형에 대한 흐름도는 그림 3-13과 같이 나타난다.

$$q_{LWR} = \epsilon_{so}\alpha + [F_a(T_o^4 - T_{so}^4) + F_{sky}(T_{sky}^4 - T_{so}^4) + F_g(T_{gs}^4 - T_{so}^4)] \quad (3-3)$$

여기서,

q_{LWR} = 장파 복사량 [W/m^2], ϵ_{so} = 외표면 방사율,
F_a = 외기의 형태계수, T_o = 외기 온도 [℃], T_{so} = 외표면 온도 [℃],
F_{sky} = 천공의 형태계수, T_{sky} = 천공 온도 [℃],
F_g = 지표면의 형태계수, T_{gs} = 지표면 온도 [℃]

열평형(Heat Balance)의 핵심은 내측면에서 발생하는 내부 열평형으로서, 이 열평형은 다음 4가지의 열전달 요소로 구성된다.

- 건물 구조체내의 전도
- Zone 공기와의 대류열전달
- 일사와 내부발열요소로부터의 단파복사
- Zone의 다른 표면과 내부발열요소 사이의 장파복사 열교환

이와 같은 내측면 열평형은 식 3-4와 그림 3-14로 표현 된다.

$$q_{ki} + q_{conv,i} + q_{SW} + q_{sol} + q_{LWX} + q_{LWS} = 0 \quad (3-4)$$

여기서,

q_{ki} = 건물 구조체내의 전도에 의한 열전달 [W/m^2]
$q_{conv,i}$ = 내표면의 대류에 의한 열손실 또는 열 취득 [W/m^2]
q_{sw} = 실내 발열요소로부터 흡수되는 단파 복사량 [W/m^2]
q_{sol} = 창문을 통과하는 단파 복사량 [W/m^2]
q_{LWX} = Zone의 다른 표면과의 복사열 교환 [W/m^2]
q_{LWS} = 기기나 인체 등과 같은 내부발열요소로부터 흡수되는 단파복사량 [W/m^2]

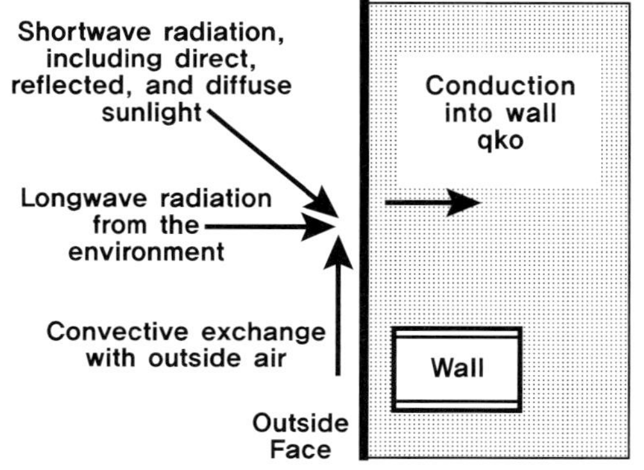

그림 3-13. 외표면 열평형의 흐름도[6]

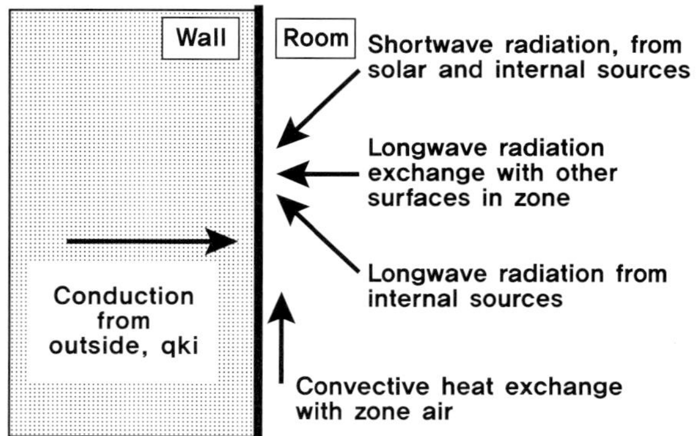

그림 3-14. 내측면 열평형의 흐름도[6]

식 3-5에서 사용하는 대류열전달계수는 위에서 설명한 $q_{conv,o}$와 $q_{conv,i}$ 도출을 위해 사용되며 대류열 전달계수의 경우 EnergyPlus 내에서 사용자가 선택한 알고리즘을 통하여 계산된다.

$$q_{conv} = h_c(T_{0(\mathrm{or}\ i)} - T_s) \tag{3-5}$$

여기서,
q_{conv} = 대류에 의한 열손실 또는 열획득 [W/m²]
h_c = 대류열전달계수 [W/m²℃]
$T_{0(\mathrm{or}\ i)}$ = 실외 또는 실내 온도
T_s = 구조체 표면 온도

구조체내의 전도 열전달인 $q_{con,i}$는 구조체가 갖는 축열효과와 Time Lag의 복잡성으로 인해 수년 동안 많은 연구자들의 관심을 끌었던 분야이다[7]. 이러한 복잡한 열전도과정들을 모델링할 수 있는 방법은 유한차분법, 유한요소법, 변환법, 시계열법 등이 있으며, 축열효과를 고려함으로써 부하계산에서 Time Lag 개념이 도입된다[7]. 그림 3-14는 벽체의 내·외부 표면온도와 내벽과 외벽에서의 열 유속을 나타낸다. 그림에서 나타나는 4가지의 변수들은 시간에 대한 함수이며, 내·외부 표면 온도는 입력함수가 되며 내·외벽 열 유속 값이 벽체 열전도의 출력함수(결과 값)가 된다[7]. Heat Balance Method는 내외표면의 온도와 열유속 요소들을 모두 포함하기 때문에 반드시 동시에 모든 정량적인 변수들을 계산해야 한다. EnergyPlus 프로그램에서 기본 Heat Balance Method로 지정한 CTF(Conduction Transfer Function)은 수치 해법에 비해 계산속도가 매우 빠르며, 보편성 또한 우수하다. CTF의 전도열 유속은 현재와 과거의 표면온도 그리고 과거의 열 유속에 대한 함수로, 내부 열 유속에 대한 식은 다음 식 3-6과 같으며, 외부 열 유속은 식 3-7로 나타난다[7].

$$q''_{ki}(t) = -Z_0 T_{i,t} - \sum_{j=1}^{nz} Z_j T_{i,t-j\delta} + Y_0 T_{0,t} + \sum_{j=1}^{nz} Y_j T_{O,T-j\delta} + \sum_{j=1}^{nq} \Phi_j q''_{ki,t-j\delta} \tag{3-6}$$

$$q''_{ko}(t) = -Y_0 T_{i,t} - \sum_{j=1}^{nz} Y_j T_{i,t-j\delta} + X_0 T_{0,t} + \sum_{j=1}^{nz} X_j T_{O,T-j\delta} + \sum_{j=1}^{nq} \Phi_j q''_{ko,t-j\delta} \tag{3-7}$$

여기서,
X_j = 외부 CTF 계수, j= 0, 1, ⋯ nz
Y_j = 크로스 CTF 계수, j= 0, 1, ⋯ nz
Z_j = 내부 CFT 계수, j= 0, 1, ⋯ nz
Φ_j = 유량 CFT 계수, j= 1, 2, ⋯ nq
T_i = 내부 표면 온도 [℃]
T_o = 외부 표면 온도 [℃]
q''_{ko} = 내측면 전도 열 유속 [W/m²]
q'' = 외측면 전도 열 유속 [W/m²]

마지막 4번째 열평형인 공기 열평형은 냉방부하를 결정하기 위한 열평형 수식에서 실내의 공기 열용량은 무시된다. 또한 공기의 열평형은 준 정상(Quasi-steady) 평형상태로 가정하며, 식 3-8과 그림 3-15에 존재하는 4가지 요소를 통해 계산된다.

q_{ce}는 내부 발열 요소로부터 방출되는 복사, 대류, 잠열 중에서 대류열전달에 해당하는 부분만 고려되고, 내부 발열 요소 중 복사에 해당하는 부분은 그림 3-14의 내측표면 열평형에서 고려된다. q_{iv}는 침기와 환기에 의해 Zone으로 유입된 공기와 실내 공기가 완전히 혼합된다고 가정한다. 침기의 양은 고정된 값이 아니고, 내외부의 온도차와 풍속에 관계되지만 이 관계식은 사용자가 입력한 관계식에 의해 (ZoneVentilation과 ZoneInfiltration Object 참조) 결정되어 Heat Balance 식에서 고려된다. q_{sys}는 HVAC System에 의해서 실내로 제거/공급되는 열량을 나타내며, 실내 공기온도가 설정온도에 도달할 경우 실질적인 냉/난방 부하에 해당한다고 생각하면 된다.

$$q_{conv} + q_{ce} + q_{iv} + q_{sys} = 0 \tag{3-8}$$

여기서,

q_{conv} = 벽체표면으로부터의 대류 열전달[W]

q_{ce} = 내부발열 요소로부터의 대류 열전달[W]

q_{iv} = 침기와 환기에 의한 현열부하 증가/감소량[W]

q_{sys} = HVAC System으로부터 실내로 제거/공급되는 열량[W]

실 표면으로부터의 대류 열전달 q_{conv}는 Zone을 둘러싼 모든 벽체로부터의 대류 열전달량의 합으로서 식 3-9와 같으며, 각 표면의 대류열전달계수를 통해 공기로 전달된다.

$$q_{conv} = \sum_{i-1}^{nsurfaces} h_{c,i} A_i (T_a - T_{s.i}) \tag{3-9}$$

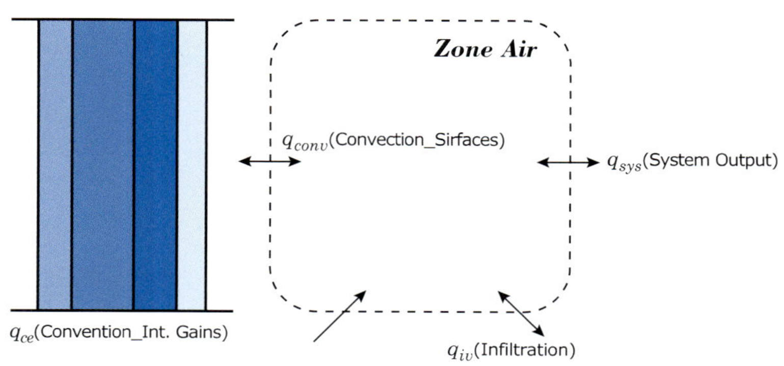

그림 3-15. 실내 공기 열평형의 흐름도[7]

앞서 살펴본 열평형을 바탕으로 다음 절차를 통하여 반복 계산하게 된다[7].

- 면적, 상태량, 모든 면의 24시간 표면온도 초기화
- 모든 시간, 모든 표면에 대한 태양열 입사와 투과율 계산
- 24시간 투과된 태양에너지를 모든 내부 표면으로 분배
- 24시간 내부발열 부하 계산
- 모든 시간에 대한 내부발열 부하로부터 장파복사, 단파복사, 대류 에너지로 분배
- 모든 시간에 대한 침기와 환기부하 계산
- 전체 열평형 반복 계산
- 결과 값 도출

일반적으로 수렴의 판단은 모든 내외부의 대류 열 유속항 사이의 차이가 1%이내가 되면 수렴한 것으로 판단한다[7].

위에서 설명한 4가지 열평형을 EnergyPlus 프로그램에서 정확히 고려하고 있으며, 이를 위해 HeatBalanceAlgorithm Object에서 총 4개의 알고리즘을 통해 사용자가 열평형을 실질적으로 구현할 수 있게 하였다. HeatBalanceAlgorithm Object는 EnergyPlus 프로그램을 가동하기 위해 필수적으로 입력되어야 하는 Object중의 하나이며, Algorithm의 종류에 따라 고려되는 변수들이 달라져 최종적으로 해석 결과 값에 중요한 영향을 미치게 된다.

그림 3-16은 HeatBalanceAlgorithm Object를 입력화면으로서, 주요 입력사항으로는 Algorithm과 Surface Temperature Upper Limit가 존재한다. 선택 가능한 Algorithm은 다음과 같다.

- Conduction Transfer Function
- Moisture Penetration Depth Conduction Transfer Function
- Conduction Finite Difference
- Combined Heat And Moisture Finite Element

Field	Units
Algorithm	
Surface Temperature Upper Limit	

그림 3-16. HeatBalanceAlgorithm Object 입력화면

- Conduction Transfer Function은 Default 값으로 정해져 있는 Algorithm으로서 가장 기본이 되는 열평형 Algorithm이다. 벽체안의 습기 함유나 확산 등은 고려되지 않고 현열만을 고려하여 계산하는 방식이다. 해당 Algorithm이 내포하고 있는 분석 식은 위의 식 3-4부터 3-9까지로서 이미 설명을 진행하였기 때문에 이에 대한 별도의 설명은 진행하지 않는다.
- Moisture Penetration Depth Conduction Transfer Function은 현열의 확산과 재료 특성에 따른 내부 표면에 함유된 습도 알고리즘을 고려하여 계산된다. 계산을 진행하기 위해선 MaterialProperty:EffectiveMoisturePenetrationDepth(EMPD):Setting Object를 입력해야 한다.
- MaterialProperty:EffectiveMoisturePenetrationDepth(EMPD):Setting Object를 입력하기 위해선 Construction Object에서 벽체를 생성한 후 해당 벽체이름과 동일한 이름으로 Name을 지정해 줘야 한다. Moisture Penetration Depth에 벽체의 유효 습도 투과 깊이를 지정하고, 마지막으로 a, b, c, d를 입력하게 된다. 이는 습도에 관련된 식 3-10에 사용되는 계수이다.

$$U = a\varphi^b + c\varphi^d \tag{3-10}$$

여기서,
a,b,c,d = 재료의 수분 함량 및 벽체표면 공기의 상대습도 사이의 관계를 정의하는 계수들
U = 재료에 함유된 수분의 질량비율로 정의된 수분량
φ = 벽체표면 공기 상대 습도

- Conduction Finite Difference는 현열에 대한 식으로, 벽체의 습기 함유 또는 확산은 고려하지 않는다. 또한 건물 부재에서의 열평형 계산 시 1차원 유한차분법을 사용한다. Conduction Finite Difference를 사용하기 위해서는 MaterialProperty:PhaseChange와 MaterialProperty:VariableThermalConductivity 등의 2개 Object 입력이 필수이다. 이 두 Object의 설명을 간략히 하면 다음과 같다.
- MaterialProperty:PhaseChange는 유한차분법 (Conduction Finite Difference Algorithm)에 사용되는, 온도변화에 영향을 받는 재료의 특성을 고려할 수 있다. 해당 Object를 사용함으로써 EnergyPlus 프로그램 내에서 온도에 의존하는 열전도율과 상변화 물질(PCM)에 대한 시뮬레이션이 가능하다. 입력 조건으로는 선행적으로 재료의 이름을 지정하고, Temperature Coefficient for Thermal Conductivity를 입력하게 된다. 이는 재료 열전도율의 온도의존계수이며, 단위는 $W/(m \cdot K^2)$이다. 이 열전도율 값은 다음 식 3-11을 통해 계산된다. 마지막으로 최대 16개의 Temperature와 Enthalpy를 입력하게 된다.

MaterialProperty:VariableThermalConductivity 또한 MaterialProperty:PhaseChange와 유사한 역할을 한다.

$$k = k_o + k_1(T_i - 20) \quad (3\text{-}11)$$

여기서,

k_o = 20℃일 때의 열전도율의 값

k_1 = 온도차 (해당온도와 20℃의 차)에 대해 변화하는 전도율

- 마지막으로 Combine Heat And Moisture Finite Element는 현열과 잠열의 전달 및 함유에 관한 사항을 모두 고려할 수 있는 Option이다. Combine Heat And Moisture Finite Element는 Construction 요소의 1차원 유한 차분법을 사용하며, 이를 위해서는 Construction Object뿐만 아니라 다음 6개의 Object에 대한 입력이 추가로 이루어져야 한다.
  - MateriralProperty:HeatAndMoistureTransfer:Settings
  - MaterialProperty:HeatAndMoistureTransfer:Sorptionlsotherm
  - MateriralProperty:HeatAndMoistureTransfer:Suction
  - MateriralProperty:HeatAndMoistureTransfer:Redistribution
  - MateriralProperty:HeatAndMoistureTransfer:Diffusion
  - MateriralProperty:HeatAndMoistureTransfer:ThermalConductivity

마지막으로, 열평형 기법에서 사용자가 잊어서는 안 되는 사실 중의 하나가, 열평형 기법에서는 건물의 각 부하인자 (조명, 인체, 벽체열, 일사, 전기기구, 침기 등)의 매 시간별 냉방부하를 정확히 산정할 수 없다는 사실이다. 열평형 기법이 가중계수법이나 RTS 기법 등 다른 부하계산 방식에 비해서 진보된 부하계산기법임을 고려하면 다소 놀라운 사실이라고 생각할 수 있다. 하지만, 지금까지 설명한 열평형 기법의 본질을 이해하면 금방 납득이 되는 사항이다. RTS 기법에서는 각 부하인자의 매시간별 냉방부하를 대류에 의한 열취득 부분과 시간지연 후의 복사 열취득 부분의 합으로 계산이 가능하다. 반면, 열평형 기법에서는 태양일사, 장파장 복사, 전도, 대류 등의 모든 열전달 메커니즘을 철저하게 열역학 제1법칙에 의거하여 계산하게 되는데, 그로 인해 각 부하인자의 시간별 냉방부하를 결과 값으로 출력하는 것이 불가능하다. 예를 들어, 태양복사가 창문을 통해 Zone A에 2,500W 만큼 실내로 유입될 경우, 유입된 2,500W에 해당하는 태양복사는 100% 내부 벽체 또는 바닥에 흡수된다(그림 3-14의 Shortwave Radiation). 흡수된 2,500W의 복사량 중에서 일부는 구조체에 일정시간 축열되고 나머지가 대류열의 형태로 실내 공기에 전달되는데, 후자인 대류열이 부하에

직접적으로 영향을 미치는 요소이다. 각 벽체(천장 및 바닥 포함)로부터 유입되는 대류열은 태양복사뿐만 아니라 내부발열 요소로부터의 장파장 복사, 벽체 내부의 전도열 전달 등 다양한 열전달 메커니즘에 의해 결정되기 때문에 창을 통해서 유입된 2,500W의 태양복사 중에서 정확히 몇 W가 특정 시간의 냉방부하에 관여했는지는 파악하기가 어려운 것이다. 이는 열평형 기법의 한계라기보다는, 철저하게 열역학 제1법칙에 의거하여 부하계산을 하기에 당연히 수반되는 사실이다.

또 한 가지 열평형 기법에서 중요한 사실은, EnergyPlus에서 출력되는 시간별 부하 결과값(냉방 부하의 경우 Zone/Sys Sensible Cooling Rate)은 건물의 각 부하인자 (조명, 인체, 벽체열, 일사, 전기기구, 침기 등)의 시간별 "대류" 열획득의 합과 일치한다는 점이다. 인체를 예로 들면, 인체에서 실내로 발열되는 열량에는 대류, 복사, 잠열 등이 있는데, 이 중에서 복사의 에너지는 내부 벽체(천장 및 바닥 포함)에 흡수되기 때문에 간접적으로는 냉방부하에 영향을 미치는 반면, 인체에서 발산되는 대류열은 매 시간별 해당 Zone의 냉방부하에 직접적인 영향을 미친다. 실제로, 본 저서와 함께 첨부되는 VAVSystemOffice.idf 파일을 시뮬레이션해보면, 각 부하인자의 시간별 대류열획득량의 총합과 시간별 Zone/Sys Sensible Cooling Rate 값이 일치함을 확인할 수 있다.

3.8 Sizing:Zone _ [Zone의 설계풍량 산정]

Sizing:Zone은 각 Zone에 탑재된 Terminal Unit의 용량 산정을 위해 필수적인 Object로서, 각 Zone의 설계풍량을 산정하기 위해 필요한 설정 값들을 입력하는 곳이다. Sizing:Zone Object의 여러 입력 Field 중에서 Zone의 Inlet Supply Air의 설정상태 (온도 또는 습도)가 매우 중요한 요소라고 할 수 있다. 또한 Sizing:Zone Object의 입력 값들을 바탕으로 산정된 각 Zone의 설계풍량은 System Level의 설계 풍량 산정에(Sizing:System Object) 직접적인 영향을 미친다. Sizing:Zone Object에서는 각 Zone의 최소외기도입 설계풍량도 산정되기에 전체적인 냉난방 소비량에 큰 영향을 미치는 Object라고 할 수 있다. Sizing:Zone의 입력화면은 그림 3-17과 같다.

- Zone Name은 Sizing:Zone에서 다룰 각 Zone의 이름을 입력하는 Field이며, 해당 Zone의 이름은 Zone Object에서 입력되었던 Zone의 이름과 동일하여야 한다.

Field	Units
Zone Name	
Zone Cooling Design Supply Air Temperature	C
Zone Heating Design Supply Air Temperature	C
Zone Cooling Design Supply Air Humidity Ratio	kg-H2O/kg-air
Zone Heating Design Supply Air Humidity Ratio	kg-H2O/kg-air
Outdoor Air Method	
Outdoor Air Flow per Person	m3/s
Outdoor Air Flow per Zone Floor Area	m3/s-m2
Outdoor Air Flow per Zone	m3/s
Zone Heating Sizing Factor	
Zone Cooling Sizing Factor	
Cooling Design Air Flow Method	
Cooling Design Air Flow Rate	m3/s
Cooling Minimum Air Flow per Zone Floor Area	m3/s-m2
Cooling Minimum Air Flow	m3/s
Cooling Minimum Air Flow Fraction	
Heating Design Air Flow Method	
Heating Design Air Flow Rate	m3/s
Heating Maximum Air Flow per Zone Floor Area	m3/s-m2
Heating Maximum Air Flow	m3/s
Heating Maximum Air Flow Fraction	

그림 3-17. Sizing:Zone Object 입력화면

- Zone Cooling Design Supply Air Temperature는 각 Zone Terminal Unit의 설계풍량을 산정할 때 직접적인 영향을 미치는 매우 중요한 Field이다. Zone Cooling Design Supply Air Temperature Field에서 입력한 공급온도를 바탕으로, 앞서 설명한 Cooling Design Day의 최대 부하를 감당할 수 있는 풍량이 산정된다. 여기에서 산정된 최대 풍량은 EnergyPlus 시스템 내의 Zone Cooling Design Air Flow Rate로 저장된다.
- Zone Heating Design Supply Air Temperature는 앞의 Zone Cooling Design Supply Air Temperature Field와 마찬가지로 Zone Terminal Unit의 난방설계풍량을 산정할 때 직접적인 영향을 미치는 Field이다. Terminal Unit의 최대설계풍량은 보통 냉방 시에 발생하기 때문에, Zone Cooling Design Supply Air Temperature Field보다는 상대적으로 덜 중요하지만 VAV 시스템의 Duel Control과 같이(그림 4-22 참조) 난방시의 설계풍량이 별도로 존재하는 경우에는 중요한 Field라고 할 수 있다. Zone Heating Design Supply Air Temperature Field에서 입력한 공급온도를 바탕으로, Heating Design Day의 최대 부하를 감당할 수 있는 난방 설계풍량이 산정된다. 여기에서 산정된 난방 설계풍량은 EnergyPlus 시스템 내의 Zone Heating Design Air Flow Rate로 저장된다.

- Zone Cooling Design Supply Air Humidity Ratio는 냉방 시 Zone에 공급되는 공기의 절대습도 설정 값을 나타낸다.
- Zone Heating Design Supply Air Humidity Ratio는 난방 시 Zone에 공급되는 공기의 절대습도 설정 값을 나타낸다.
- Outdoor Air Method는 해당 Zone의 최소외기도입량 산정방법을 설정하는 Field로서 Flow/Person, Flow/Zone, Flow/Area, Sum, 그리고 Maximum 총 4가지 중 한 가지를 선택 할 수 있으며, Default 값은 Flow/Person으로 설정되어 있다. Outdoor Air Method Field를 사용하기 위해서는 다음 Field들의 입력이 필수이다.
- Outdoor Air Method Field에서 Flow/Person을 선택하기 위해서는 Outdoor Air Flow Per Person Field를 입력해야 한다. 재실자 1명당 필요한 외기량을 산정하는 Field로서, 단위는 m^3/s, Default 값은 $0.00944m^3/s$로 설정되어 있다. 해당 입력 값은 Zone에 거주하는 총 거주자의 수에 기반하여 최소 외기 풍량을 산정하게 된다.
- Outdoor Air Method Field에서 Flow/Area를 선택하기 위해서는 Outdoor Air Flow per Zone Floor Area Field를 입력해야 한다. 각 Zone의 단위면적당 외기량을 산정하는 Field로서, 단위는 $m^3/s\text{-}m^2$이며 Default 값은 0으로 설정되어 있다. 해당 입력 값에 Zone의 면적을 곱하여 최소 외기 풍량을 산정하게 된다.
- Outdoor Air Method Field에서 Flow/Zone을 선택하기 위해서는 Outdoor Air Flow Per Zone Field를 입력해야 한다. 각 Zone의 외기량을 사용자가 직접 입력할 수 있는 Field로서, 단위는 m^3/s이며 Default 값은 0으로 설정되어 있다.
- Outdoor Air Method Field에서 Sum은 앞서 설명한 Flow/Person, Flow/Area, Flow/Zone에서 각각 산정된 외기량의 총합을 Zone의 최소외기도입량으로 산정하는 방식으로서, ASHRAE 62 기준이 도입하고 있는 방식이다.
- Outdoor Air Method Field에서 Maximum은 앞서 설명한 Flow/Person, Flow/Area, Flow/Zone에서 각각 산정된 외기량 중에서 최댓값을 Zone의 최소외기도입량으로 산정하는 방식으로서, California Title-24 기준이 도입하고 있는 방식이다.

아래의 식 3-12부터 식 3-17은 지금까지 서술한 최소외기도입량 산정기준을 수학적으로 표현한 수식들이다.

$$Flow/Person \Rightarrow OA_{people} \quad (3\text{-}12)$$

$$Flow/Area \Rightarrow OA_{floor\ area} \quad (3\text{-}13)$$

$$Flow/Zone \Rightarrow OA_{zone} \quad (3\text{-}14)$$

$$AirChanges/Hour \Rightarrow OA_{ACH} \quad (3\text{-}15)$$

$$Sum \Rightarrow OA_{people} + OA_{floor\,area} + OA_{zone} + OA_{ACH} \quad (3\text{-}16)$$

$$Maximum \Rightarrow MAX(OA_{people}, OA_{floor\,area}, OA_{zone}, OA_{ACH}) \quad (3\text{-}17)$$

여기서,

OA_{people} = 거주자를 기반으로 한 외기량 [m^3/s]

$OA_{floor\,area}$ = 바닥 면적을 기반으로 한 외기량 [m^3/s]

OA_{zone} = 사용자가 직접 입력한 외기량 [m^3/s]

OA_{ACH} = ACH를 기반으로 한 외기량 [m^3/s]

- Zone Heating Sizing Factor와 Zone Cooling Sizing Factor Field는 Zone의 냉난방 설계풍량 조정 비율을 설정하기 위해 사용된다. 이 Field에서 입력된 값을 EnergyPlus에서 임시로 산정한 냉난방 설계풍량과 곱하여 냉난방 설계풍량을 최종적으로 산정하게 된다. 해당 Field는 안전율의 개념으로서, 설계풍량의 과소 설계를 방지하기 위해 입력하는 Field라고 이해하면 된다.
- Cooling Design Air Flow Method와 Heating Design Air Flow Method Field는 Flow/Zone, DesignDay, DesignDayWithLimit 중 한 가지를 선택 할 수 있는데, 대부분의 경우 DesignDay를 입력하는 것이 무난할 것으로 판단된다. Flow/Zone은 사용자가 각 Zone의 설계풍량을 사전에 알고 있는 경우에 선택하는 사항인데, 대부분의 경우에 사용자가 각 Zone의 설계풍량을 사전에 아는 것이 불가능하기에 거의 쓰이지 않는 선택사항이다. DesignDay 선택사항은 지금까지 설명한 냉난방 Design Day와 Sizing:Zone Object에서 설정한 입력 값들을 바탕으로 프로그램이 자동적으로 각 Zone의 Terminal Unit 설계풍량을 산정하는 방식으로서, 대부분의 경우에 해당 선택사항이 활용된다. 마지막으로, DesignDayWithLimit은 DesignDay 선택사항과 동일한데 사용자가 설계풍량의 최대치를 설정해 놓을 수 있는 기능이다. Cooling Minimum Air Flow per Zone Floor Area와 Heating Minimum Air Flow per Zone Floor Area Field가 입력되어야 작동하는 선택사항으로서, 단위는 $m^3/s\text{-}m^3$이고 Default 값은 0.000762인데 이는 미국의 실무에서 주로 사용되는 IP 단위인 $0.15cfm/ft^2$에 해당하는 값이다. 예를 들어, DesignDay 선택사항으로 프로그램이 임시로 산정한 설계풍량이 $50m^3/s$인데 그 수치가 $0.15cfm/ft^2$보다 크면 $0.15cfm/ft^2$로 설계풍량을 최종적으로 산정하는 방법이라고 이해하면 된다.

3.9 Schedule:Compact _ [주요 스케줄 입력]

Schedule:Compact는 실내 발열(인체, 조명, 전기기구)의 시간별 변화량, 실내 설정온도 변화, 냉난방 설비 시스템의 설정 값 변화, 냉난방 설비 작동 유무 등 시뮬레이션 해석 시에 필요한 모든 스케줄을 입력하는 Object이다. Schedule:Compact Object를 입력하기 이전에 선행적으로 입력되어야 하는 Object는 ScheduleTypeLimits인데, 어떤 종류의 스케줄을 입력할지, 해당 스케줄은 어떤 성향을 가지고 있으며, 그 스케줄의 범위는 어떠한지 입력하는 Object이다. 그림 3-18은 ScheduleTypeLimits 입력화면으로서, 주요 입력사항은 다음과 같다.

- 먼저 Name은 해당 ScheduleTypeLimits Object 고유의 이름을 입력하는 Field이다. 일반적으로 이름은 중복되지 않게 입력하면 된다. 본 저서에서 사용한 VAVSystemOffice.idf 파일에서는 Fraction, Temperature, On/off 제어 그리고 Control Type 등이 입력되어 있다.
  - Fraction의 경우 1을 100%로, 0을 0%로 인지하기 때문에 최댓값은 1, 최솟값은 0으로 입력한다.
  - Temperature의 경우 시뮬레이션이 작동하는 기간 동안 범위 밖의 값이 나오지 않게 다소 여유 있게 최대, 최솟값을 지정한다.
  - On/off 제어의 경우 0은 Off로 인지하고 1은 On으로 인지하기 때문에, 최소, 최댓값은 0, 1로 입력한다.
- Lower Limit Value와 Upper Limit Value는 해당 Object의 최대, 최솟값을 입력하는 Field로서, 필수 입력 사항은 아니기 때문에, 사용자가 범위를 지정하고 싶지 않을 경우에 입력하지 않아도 무방하다.
- Numeric Type의 경우 Continuous와 Discrete 중 하나를 선택하게 된다. Continuous는 사용자가 지정한 범위 내의 모든 값에 대해 유효한 것을 의미하고, Discrete는 범위 내의 정수만을 사용가능하게 한다.
- Unit Type은 대부분의 경우 입력하지 않아도 무방하다.

Field	Units
Name	
Lower Limit Value	varies
Upper Limit Value	varies
Numeric Type	
Unit Type	

그림 3-18. ScheduleTypeLimits Object 입력화면

ScheduleTypeLimits Object에서 스케줄의 종류와 범위를 입력하게 되면 Schedule:Compact Object를 입력할 수 있다. 그림 3-19는 Schedule:Compact Object의 입력화면으로서, 주요 입력 사항은 다음과 같다.

- Name Field에서 먼저 Schedule 고유의 이름을 입력하게 되며, 다른 스케줄과 이름이 중복돼서는 안 된다.
- Schedule Type Limits Name은 ScheduleTypeLimits Object에서 사용자가 입력한 사항들 중에서 선택하면 된다.
- 그 다음 Field부터는 사용자가 원하는 방식으로 스케줄을 입력하면 되는데, 중요한 점은 모든 스케줄이 매시간별로 1년 전체의 기간을 모두 포함하여야 한다는 점이다. 즉, 1년 8,760시간 중에서 한 시간도 누락돼서는 안 된다. 입력 순서는 Through, For, Until, 그리고 실제 스케줄 값의 순서로 입력한다.

최초 Field 1에서 Through를 사용하여 입력한다. 기간을 의미하는 것으로 사용자가 원하는 방식으로 자유롭게 입력가능 하지만 가장 마지막에는 Through: 12/31이 입력되어야 한다. 예를 들어, 계절 별로 서로 다른 스케줄을 입력하고 싶다면, Through: 2/31, Through: 5/31, Through: 8/31, Through: 11/31, Through: 12/31처럼 기간을 나눠서 지정해 준다. 이는, 1월1일부터 2월31일까지, 3월1일부터 5월31일까지, 6월1일부터 8월31일까지, 9월1일부터 11월31일까지, 12월1일부터 12월31일까지 각각 다른 값으로 제어를 한다는 뜻이다.

기간을 정하였다면, For를 사용하게 된다. 이는 위에서 지정한 Through라는 기간 내에 주중이나 주말 또는 특정 요일과 휴무일 등 서로 다른 Day Type에서의 스케줄을 다르게 입력할 수 있는 기능이며, 사용자가 원할 경우 요일마다 다른 설정 값을 지정할 수 있다. 사용자가 선택할 수 있는 선택사항으로는 Weekdays, Weekends, Holidays, Alldays, SummerDesignDay, WinterDesignDay, Sunday, Monday, Tuesday, Wednesday, Thursday, Friday, Customday1, Customday2, 그리고 AllOtherDays 등이다. 사용자가 지정한 기간 내에서(Through) 매 주 스케줄을 어떻게 설정할 것인지 지정하게 되는데, 여기서도 모든 Day Type에 대해서 스케줄 값이 입력되어야 한다. 만약 사용자가 지정한 기간 내에서 For: Monday만 입력했다면 월요일을 제외한 나머지 Day Type의 스케줄은 존재하지 않게 되는데, 이럴 경우 프로그램 실행이 되지 않는다. 사용자가 모두 입력했다고 생각했는데 실수로 입력하지 않은 날이 있는 것을 방지하기 위해, 마지막에 For: AllotherDays를 종종 사용하기도 한다.

기간(Through)과 Day Type(For)를 지정하였다면, 다음은 시간이다. 시간의 경우 Until을 사용한다. 시간도 마찬가지로 0시부터 24시까지 모든 시간에 대한 스케줄 값이 지정되어야 한다. 시간 까지 지정을 했다면, 마지막으로 실제 스케줄 값을 입력하면 된다.

그림 3-19는 독자의 이해를 돕기 위하여 스케줄 작성의 한 예시를 나타내고 있는데, 해당 Example Schedule을 해석하면 다음과 같다. 스케줄은 On/off제어를 위한 스케줄로서, 1월 1일부터 12월 31일까지 기간에 관계없이 동일한 스케줄을 사용하기 위해 Through: 12/31을 입력하였다. 그다음 주간 스케줄의 경우 주중과 SummerDesignDay의 경우 0시부터 5시까지는 OFF이며, 6시부터 20시까지는 ON, 21시부터 24시는 OFF로 설정하였다. 토요일과 WinterDesignDay의 경우 0시부터 5시까지 OFF, 6시부터 15시까지 ON, 16시부터 24시까지 OFF이다. 일요일, 휴무일, 그리고 나머지 Day Type에서는 0시부터 24시까지 항상 OFF로 설정했다. 이처럼 사용자가 입력하고자 하는 각 Schedule:Compact Object는 24시간, 365일(총 8,760 시간) 모두 입력이 되어야 한다.

Field	Units	Obj1
Name		Example Schedule
Schedule Type Limits Name		On/Off
Field 1	varies	Through: 12/31
Field 2	varies	For: Weekdays SummerDesignDay
Field 3	varies	Until: 05:00
Field 4	varies	0
Field 5	varies	Until: 20:00
Field 6	varies	1
Field 7	varies	Until: 24:00
Field 8	varies	0
Field 9	varies	For: Saturday WinterDesignDay
Field 10	varies	Until: 05:00
Field 11	varies	0
Field 12	varies	Until: 15:00
Field 13	varies	1
Field 14	varies	Until: 24:00
Field 15	varies	0
Field 16	varies	For: Sunday Holidays AllOtherDays
Field 17	varies	Until: 24:00
Field 18	varies	0

그림 3-19. Schedule:Compact Object 입력화면

4. System Modeling

4 System Modeling _[시스템 모델링]

앞장에서 살펴본 건물형상 및 Zone Modeling이 완료되면, 사용자가 구현하고자 하는 냉난방 설비 시스템을 모델링하게 된다. 냉난방 설비 시스템의 경우 Zone Modeling 보다 훨씬 복잡하고 입력사항이 많기 때문에 EnergyPlus 초·중급 사용자들이 어려움을 많이 호소하고 그로 인해 잦은 실수를 유발하는 부분이다. 사실, 지금까지 살펴본 1장~3장의 내용은 기본적이고 반복적인 내용이 대부분이어서 다소 지루하게 느껴질 만한 소지가 다분할 뿐만 아니라, EnergyPlus에만 국한되지 않고 다른 에너지 해석 시뮬레이션과도 중복되는 부분들이 많다. 반면, 본 4장부터 다룰 냉난방 설비 시스템 모델링은 EnergyPlus 모델링의 진수라고 할 수 있으며 이 책을 저술하도록 동기부여를 해준 핵심이다. EnergyPlus의 냉난방 설비 시스템 모델링은 많은 사용자들이 어려워하는 부분이고 설비시스템에 대한 충분한 지식 없이는 모델링이 불가능하기에, 각 설비요소들을 모델링하기에 앞서 반드시 숙지하고 있어야 할 관련 이론과 함께 설명함으로써 독자들의 이해를 증진시키고자 한다.

냉난방 설비 시스템 모델링은 크게 System Modeling과 Plant Modeling으로 구분할 수가 있는데, 4장에서 살펴볼 System Modeling은 AHU(공기조화기, Air Handling Unit), Economizer 및 각 존에 설치된 Terminal Unit 등과 같이 공조 "공기"를 다루는 부분이고, 5장에서 살펴볼 Plant Modeling은 냉동기, 보일러, 펌프, 냉각탑, 냉·온수 코일 등과 같이 냉난방의 열원이 되는 "냉수와 온수"를 다루는 부분이다.

본 장에서는 EnergyPlus 냉난방 설비 시스템 모델링에 앞서 기본적으로 숙지하고 있어야 하는 Loop의 개념과 System Modeling과 관련된 외기 Control(Economizer), Fan, Terminal Unit 등에 대하여 설명하고자 한다.

4.1 Loop _ [Loop의 개요]

Loop는 EnergyPlus의 System 및 Plant Modeling에 앞서 숙지하고 있어야 할 중요한 개념이다. 독자들의 이해를 돕기 위해 본 저서와 함께 첨부되는 VAVSystemOffice.idf 파일을 바탕으로 설명하고자 하므로, Loop를 설명하기 위해 삽입된 그림 4-2 ~ 4-5에 나타난 Zone의 이름이나 각종 Node Name은 실제 VAVSystemOffice.idf 파일 안에 있는 이름들을 그대로 사용하였다. Loop를 영어사전에서 검색하면 고리 또는 회로라는 사전적인 의미를 가짐을 알 수 있다.

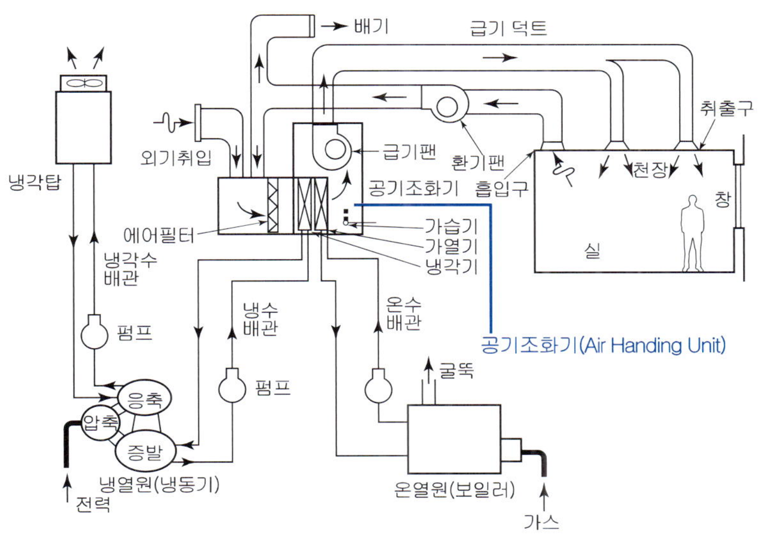

그림 4-1. 천장취출형 시스템의 전개도[9]

즉, Loop의 중심이 되는 열매체가 고리 모양의 구조 안에서 반복적으로 순환한다는 의미이다. 그림 4-1을 보면, 냉각수는 냉각탑과 냉동기의 응축기 사이를 반복적으로 순환하는 Condenser Loop를 형성하고 있고, 냉수는 냉동기와 냉각코일 사이를 반복적으로 순환하는 Plant Cooling Loop를 형성하고 있다. 온수는 보일러와 난방코일 사이를 반복적으로 순환하는 Plant Heating Loop를 형성하고 있고, 공기는 AHU와 각 존의 Terminal Unit 사이를 반복적으로 순환하는 Air Loop를 형성한다. 이와 같이 EnergyPlus에는 Condenser Loop, Plant Loop, Air Loop 등 총 3개 종류의 Loop가 존재한다. 이 중에서 Plant Loop는 냉동기와 냉방 코일을 연결하는 Cooling Loop와 보일러와 난방 코일을 연결하는 Heating Loop 등 두 가지가 존재한다.

그림 4-1은 일반적인 사무소건물에서 일반적으로 흔히 운영되는 냉 · 온수 코일 AHU 기반의 VAV(변풍량, Variable Air Volume) 공조 시스템의 전개도를 도식화하고 있다. 그림의 냉각수 배관이 Condenser Loop, 냉수 배관과 온수 배관이 Plant Loop, 그리고 급/환기 덕트가 Air Loop를 의미한다.

또한, 각각의 Loop를 구성하는 Supply Side와 Demand Side의 개념도 숙지할 필요가 있는데, Supply Side는 Loop 내에서 열매체를 생산해주는 곳을 의미하고 Demand Side는 그 열매체를 소비하는 곳을 의미한다. 아래의 그림 4-2를 살펴보면, Air Loop는 AHU와 각 Zone에 위치한 Terminal Unit 사이의 Loop로서, 차가운 공기와 따뜻한 공기를 생산하는 AHU가 Supply Side가 되고, 그 공기를 소비하는 각 Zone의 Terminal Unit이 Demand Side가 된다.

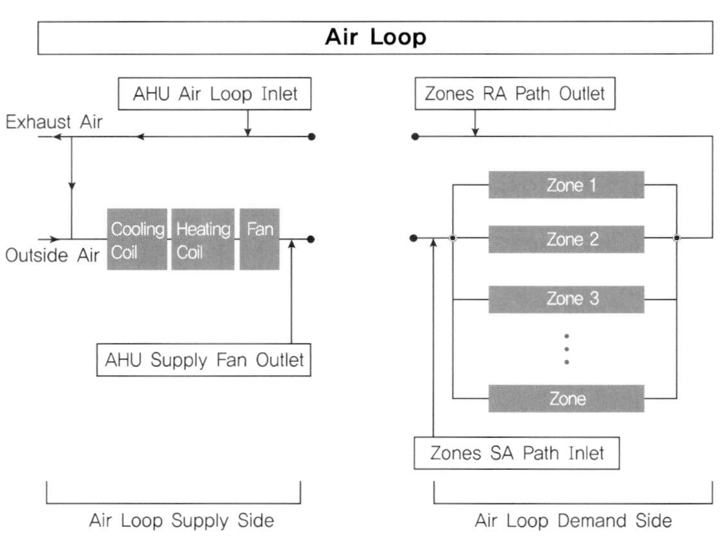

그림 4-2. Air Loop의 전개도 (VAVSystemOffice.idf 파일 참조)

Condenser Loop는 그림 4-3에 도식화하였다. Condenser Loop는 위에서 설명한 바와 같이, 냉각탑과 냉동기 사이의 Loop를 의미한다. Condenser Loop의 열매체는 냉각수이며, 이 때 Supply Side는 냉각수를 생산하는 냉각탑이 되고, Demand Side는 생산된 냉각수를 소비하는 냉동기의 응축기가 된다. 본 설명은 Supply Side와 Demand Side의 설명을 돕기 위한 개략적인 설명으로서, 자세한 Condenser Loop 입력 관련된 사항들은 5.2절에서 설명하기로 한다.

Plant Loop의 경우 전술한 바와 같이 2가지의 Loop가 존재한다. 그림 4-4는 Plant Cooling Loop, 그림 4-5는 Plant Heating Loop을 보여준다. 그림 4-4와 4-5의 열매체는 각각 냉수와 온수가 된다. 그림 4-4의 Cooling Loop를 보면, 냉방의 열원이 되는 냉수를 생산하는 냉동기의

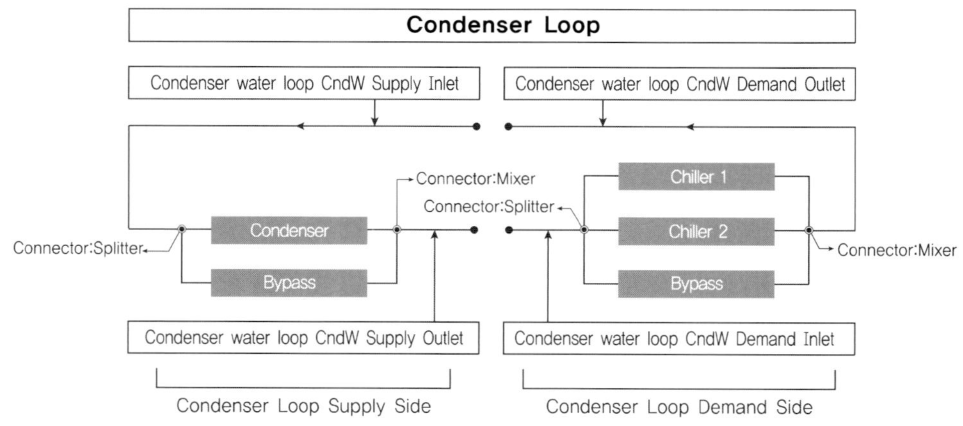

그림 4-3. Condenser Loop의 전개도 (VAVSystemOffice.idf 파일 참조)

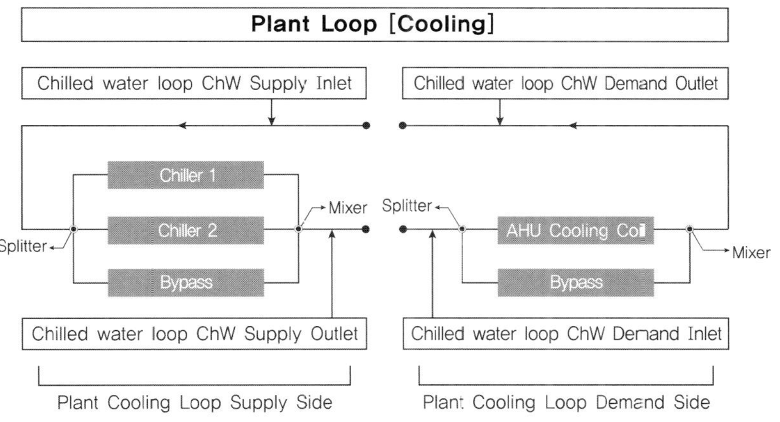

그림 4-4. Plant Cooling Loop의 전개도 (VAVSystemOffice.idf 파일 참조)

증발기가 Supply Side가 되며, 생산된 냉수를 소비하는 AHU안의 Cooling Coil이 Demand Side가 된다. 그림 4-5의 Heating Loop의 경우, Cooling Loop보다는 조금 복잡한 형태를 보인다. 냉방과 마찬가지로, 열매체인 온수를 생산하는 보일러가 Supply Side가 된다. 반면에 Demand Side의 경우, Cooling Loop의 Demand Side에서는 AHU 냉수코일 한 곳에서만 냉수를 소비한 반면, Heating Loop의 Demand Side에서는 15개 Zone VAV Unit 재열코일 및 AHU 온수 코일 등 총 16 곳에서 온수를 소비하고 있다. VAVSystemOffice.idf 파일 관련된 자세한 사항은 부록 8.1절에 서술되어 있으니 참고해주기 바란다. Condenser Loop와 마찬가지로, Plant Loop에서의 Supply Side와 Demand Side의 이해를 돕기 위해 설명한 것으로서, 자세한 Plant Loop입력 관련된 사항들은 5.1절에서 추가적으로 제공하기로 한다.

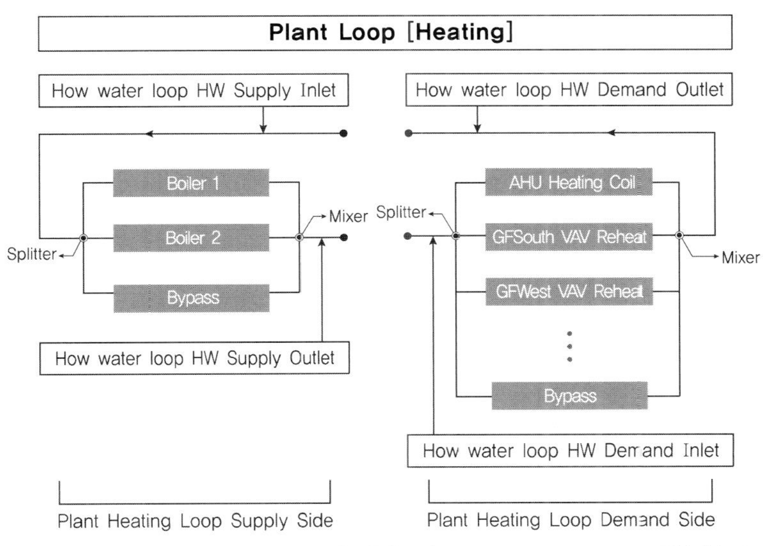

그림 4-5. Plant Heating Loop의 전개도 (VAVSystemOffice.idf 파일 참조)

4.2 AirLoopHVAC _ [AirLoop의 정의]

AirLoopHVAC는 앞의 4.1절에서 살펴본 Air Loop를 정의하는 Object이다. 해당 Object를 입력하기 위해서는 선행적으로 앞의 4.1절에서 설명한 Loop의 개념과 Supply Side 및 Demand Side를 숙지하고 있어야 한다. Air Loop의 전반적인 전개도를 나타낸 그림 4-2를 보면, 최초 Air Loop의 시작은 외기(Outdoor Air)와 환기(Return Air)가 혼합되는 Economizer에서 시작한다. 그 혼합공기가 AHU로 들어가고, 냉동기로부터의 냉수와 보일러로부터의 온수를 통해 냉각 및 가열된 Cooling Coil, Heating Coil을 지나 각 Zone으로 공급되게 된다. 각 Zone으로부터의 공기가 다시 Return되어, Return Air Path Inlet을 통해 Air Loop Supply Side로 연결된다. Return된 공기 중의 일부는 외기로 배출되고(Exhaust Air) 나머지는 Economizer에서 외기와 혼합되어 다시 AHU를 거쳐 각 Zone으로 공급된다. 앞서 설명한 바와 같이, 그림 4-2에서 AHU를 포함한 왼쪽 부분이 Air Loop의 Supply Side이며, 공조 공기를 소비하는 오른쪽 부분이 Air Loop의 Demand Side가 된다. 앞서 강조하였듯이, 이러한 Air Loop에 대한 확실한 이해를 바탕으로 AirLoopHVAC Object를 입력해야 한다.

그림 4-6은 Input Output Reference에 있는 AirLoopHVAC Object의 입력 절차로서, 각각의 List들이 어떻게 연결되는지를 보여주고 있다. AirLoopHVAC Object에서 입력해야 할 List는 선행적으로 다른 Object에서 이미 입력된 이름과 동일하게 입력해야 한다. 우선적으로 Controller List Name Field의 경우 Air Loop에서 제어대상이 되는 요소들을 정의하는 Field로서(첨부한 VAVSystemOffice.idf 파일의 경우 냉수코일과 온수코일이 해당됨), AirLoopHVAC:

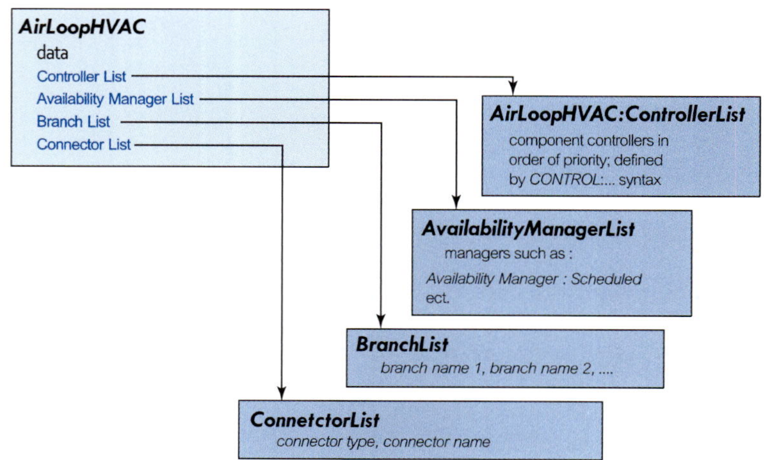

그림 4-6. AirLoopHVAC Object의 각 List 입력 절차[5]

```
System Availability Managers
............................
[------] AvailabilityManager:Scheduled
[------] AvailabilityManager:ScheduledOn
[------] AvailabilityManager:ScheduledOff
[------] AvailabilityManager:OptimumStart
[------] AvailabilityManager:NightCycle
[------] AvailabilityManager:DifferentialThermostat
[------] AvailabilityManager:HighTemperatureTurnOff
[------] AvailabilityManager:HighTemperatureTurnOn
[------] AvailabilityManager:LowTemperatureTurnOff
[------] AvailabilityManager:LowTemperatureTurnOn
[------] AvailabilityManager:NightVentilation
[------] AvailabilityManager:HybridVentilation
[------] AvailabilityManagerAssignmentList
```

그림 4-7. Availability Manager의 종류[5]

ControllerList Object에서 우선적으로 입력되어 있어야 한다. AirLoopHVAC:ControllerList는 AHU 내의 난방 코일과 냉방 코일 그리고 외기도입량에 대한 제어방법을 정의할 수 있다. AirLoopHVAC:ControllerList Object를 입력하기 위해서는 Controller:WaterCoil과 Controller:OutdoorAir Object가 우선적으로 입력되어 있어야 한다. 즉, Controller:WaterCoil과 Controller:OutdoorAir Object의 입력을 바탕으로 AirLoopHVAC:ControllerList Object가 만들어지고, 다시 이를 바탕으로 AirLoopHVAC Object를 입력할 수 있다.

Availability Manager List Name의 경우 EnergyPlus의 상위 제어 단계에 해당하는데, 전체 HVAC 시스템의 On/Off 제어를 결정하는 Availability Manager의 이름을 입력하는 Field이다. Availability Manager List Name Field를 입력하기 위해서는 AvailabilityManagerAssignmentList Object가 우선적으로 입력되어 있어야 한다. AvailabilityManagerAssignmentList Object를 입력하기 위해서는 그림 4-7에 나열된 System Availability Managers Group의 여러 Availability Manager들 중에서 사용자가 모델링하고자 하는 시스템에 가장 적합한 AvailabilityManager Object를 우선적으로 입력해야 한다. 즉, AvailabilityManager Object의 입력을 바탕으로 AvailabilityManagerAssignmentList Object가 만들어지고, 다시 이를 바탕으로 최종적으로 AirLoopHVAC Object내의 Availability Manager List Name Field를 입력하게 된다. 마지막으로, Branch List Name Field의 경우 BranchList Object가 선행적으로 입력되어 있어야 하는데, Branch와 BranchList Object에 대한 자세한 설명은 5.9와 5.10절에서 다루기로 한다.

요컨대, 위의 그림 4-6에서 설명한 여러 List를 바탕으로 AirLoopHVAC Object 내의 List 관련 Field들을 입력하게 된다. 그림 4-8은 AirLoopHVAC Object의 실제 입력화면을 보여주는데, 주요 입력사항은 다음과 같다.

- 우선적으로 Name에 AirLoopHVAC 고유의 이름을 지정한다.
- Design Supply Air Flow Rate는 AHU의 설계 풍량을 입력하는 Field로서, 3.6절에서 다룬 Design Day를 바탕으로 산정된 AHU 관련 각종 기기의(Fan과 각 Zone의 Terminal Unit 등) 설계 풍량을 고려해서 입력되어야 하는 수치이다. 대부분의 경우 Autosize로 입력하는 것이 무난한 선택이다.
- AirLoopHVAC Object의 마지막 4개 Field들은 해당 Air Loop의 Supply Side와 Demand Side의 주요 Node 이름을 입력하는 Field들이다. 그림 4-2를 예로 들어 설명하면, Supply Side Inlet Node Name은 Air Loop Demand Side에서 Supply Side로 보내는, 즉 Supply Side로 진입하는 AHU Air Loop Inlet Node 이름을 입력하는 Field이다. Demand Side Outlet Node Name은 Demand Side에서 Supply Side로 보내기 전 마지막 Demand Side의 Node 이름을 입력하는 Field로서, VAVSystemOffice.idf 파일에서는 Zones RA Path Outlet으로 입력되어 있다. Demand Side Inlet Node Name은 Supply Side에서 Demand Side로 들어오는 첫 번째 Node 이름을 입력하는 Field로서, VAVSystemOffice.idf 파일에서는 Zones SA Path Inlet으로 입력되어 있다. 마지막으로 Supply Side Outlet Node Name는 Supply Side에서 Demand Side로 보내기 전 Supply Side에서의 마지막 Node이름을 입력하는 Field로서 VAVSystemOffice.idf 파일에서AHU Supply Fan Outlet으로 입력되어 있다. 즉, Demand Side Outlet Node와 Supply Side Inlet Node가 직접 연결되어 있고, Supply Side Outlet Node와 Demand Side Inlet Node가 직접 연결되어 있음을 확인할 수 있다.

EnergyPlus에서 각각의 Node 이름은 사용자가 임의로 지정할 수 있는데, 그림 4-2를 바탕으로 설명한 위의 Node 이름들은 본 저서와 같이 첨부한 VAVSystemOffice.idf 파일에 입력된 Node 이름들이다.

Field	Units
Name	
Controller List Name	
Availability Manager List Name	
Design Supply Air Flow Rate	m3/s
Branch List Name	
Connector List Name	
Supply Side Inlet Node Name	
Demand Side Outlet Node Name	
Demand Side Inlet Node Names	
Supply Side Outlet Node Names	

그림 4-8. AirLoopHVAC Object 입력화면

4.3 AirLoopHVAC:ZoneSplitter, ZoneMixer _ [공기 이동 경로의 분산과 결합]

AirLoopHVAC:ZoneSplitter는 공조 공기가 지나가는 덕트 설계 시에 하나의 덕트에서 2개 이상의 덕트로 분산시킬 때 입력해야 하는 Object이다. 그림 4-9를 통해 설명하면, 외기와 환기(Return Air)가 혼합된 공기가 AHU내의 냉방 코일과 난방 코일을 통과하여 공조 공기를 생성하게 된다. 이 공기는 Demand Side Inlet Node(Zones SA Path Inlet)을 거쳐서 각 Zone으로 공급되게 된다. 여기서 각 Zone으로 분배되기 직전에 분산되는 지점을 Splitter라고 생각하면 된다. 반면에, 실내에서 냉난방 후에 각 Zone에서 다시 Demand Side Outlet Node(Zones RA Path Outlet) 직전에 합쳐지는 부분을 Mixer 라고 한다. 각각의 Air Loop에서는, Supply Side에서 Demand Side로 이동하거나 반대로 Demand Side에서 Supply Side로 이동하기 위해서 한 개의 Node로 이동해야 하기 때문에 Splitter 개수와 Mixer의 개수는 동일해야 한다. VAVSystemOffice.idf 파일을 모사한 그림 4-9의 Demand Side처럼 여러 곳으로 공기를 분산시켜서 보낼 때는 필수적으로 입력해야 하는 Object이다. 참고로, AirLoopHVAC:ZoneSplitter와 AirLoopHVAC:ZoneMixer는 공조 "공기"의 이동경로를 분산/결합하는 Object이고, 5.12절에서 다루는 Connector:Splitter와 Connector:Mixer는 냉수와 온수 등의 "물"을 분산/결합하는 Object들이다.

그림 4-10은 AirLoopHVAC:ZoneSplitter Object의 입력화면으로서, 주요 입력 사항은 다음과 같다.

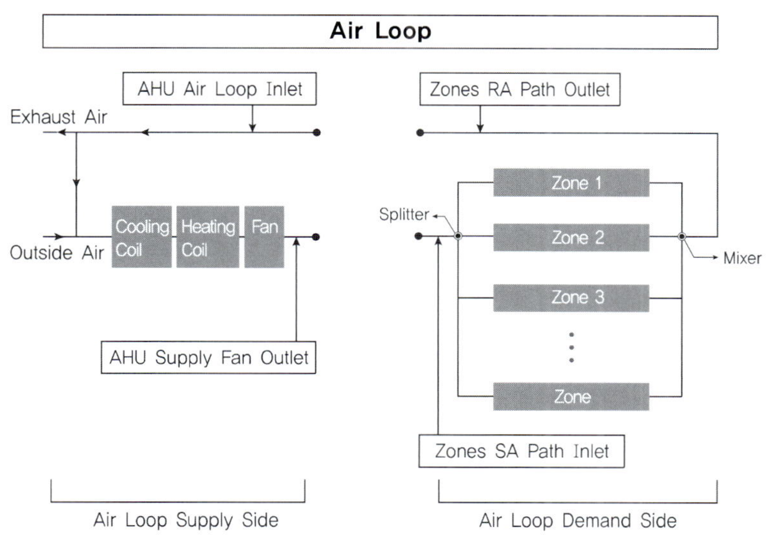

그림 4-9. Air Loop 안의 Splitter와 Mixer

Field	Units
Name	
Inlet Node Name	
Outlet 1 Node Name	
Outlet 2 Node Name	
Outlet 3 Node Name	
Outlet 4 Node Name	
Outlet 5 Node Name	
Outlet 6 Node Name	
Outlet 7 Node Name	
Outlet 8 Node Name	
Outlet 9 Node Name	
Outlet 10 Node Name	
Outlet 11 Node Name	
Outlet 12 Node Name	
Outlet 13 Node Name	
Outlet 14 Node Name	
Outlet 15 Node Name	

그림 4-10. AirLoopHVAC:ZoneSplitter Object 입력화면

- 가장 먼저 Splitter 고유의 이름을 입력한다.
- Inlet Node Name은 Splitter 바로 직전 Node의 이름으로서, 그림 4-9에서는 각 Zone으로 가기 전 Node인 Zones SA Path Inlet이 된다. 여기서 중요한 점은, Splitter의 Inlet Node가 4.2절에서 살펴본 Demand Side Inlet Node와 동일해야 한다는 점이다. 즉, AirLoopHVAC Object에서 이미 해당 Node 이름을 지정하였기 때문에, 그와 동일한 이름으로 지정하여야 한다.
- 그 밑으로는 Splitter로 인하여 분배되는 여러 개의 Outlet Node 이름을 입력하게 된다. 입력할 수 있는 Outlet Node 개수에 제약이 없다고 판단해도 무방할 정도로 상당히 많은 수의 Outlet Node를 입력할 수 있다. VAVSystemOffice.idf 파일을 모사한 그림 4-9에서는, Outlet Node Name은 각 Zone의 Terminal Unit의 Inlet에 해당하는 Node 이름으로 입력되어 있다.

그림 4-11은 AirLoopHVAC:ZoneMixer Object의 입력화면이다. 앞서 설명한 AirLoopHVAC:ZoneSplitter가 입력되어 있다면 이와 동일한 개수의 AirLoopHVAC:ZoneMixer Object를 입력해야 한다. Mixer의 경우 Splitter와 반대되는 개념이기 때문에 입력하는 방법도 반대라고 생각하면 된다. Splitter에서는 각 Zone으로 분산되기 직전 Node를 (그림 4-9에서는 Zones SA Path Inlet) 입력 한 후에 각 Zone의 Terminal Unit Inlet Node를 입력하는 반면, Mixer는 Outlet Node Name을 먼저 입력한다. Outlet Node의 경우 각 Zone에서 다시 합쳐지고 난 후의 Node를 (그림

Field	Units
Name	
Outlet Node Name	
Inlet 1 Node Name	
Inlet 2 Node Name	
Inlet 3 Node Name	
Inlet 4 Node Name	
Inlet 5 Node Name	
Inlet 6 Node Name	
Inlet 7 Node Name	
Inlet 8 Node Name	
Inlet 9 Node Name	
Inlet 10 Node Name	
Inlet 11 Node Name	
Inlet 12 Node Name	
Inlet 13 Node Name	
Inlet 14 Node Name	
Inlet 15 Node Name	

그림 4-11. AirLoopHVAC:ZoneMixer Object 입력화면

4-9에서는 Zones RA Path Outlet) 의미한다. 주요 입력 사항은 다음과 같다.

- 가장 먼저 Mixer 고유의 이름을 입력한다.
- 다음은 Splitter와 반대로 Outlet Node Name을 먼저 입력하게 된다. 그림 4-9에서는, 각 Zone에서 나와서 하나로 합쳐진 Demand Side Outlet Node 이름이 Outlet Node Name이 된다. 즉, AirLoopHVAC Object에서 이미 Demand Side Outlet Node 이름을 지정하였기 때문에, 그와 동일한 이름으로 지정하여야 한다.
- 그 다음은 Mixer로 인해 합쳐지기 직전의 여러 개 Inlet Node Name을 입력하게 된다. Splitter에서 Outlet Node Name의 개수가 거의 제한이 없듯이 Mixer에서도 Inlet Node Name의 개수 제한이 없다고 판단해도 된다. VAVSystemOffice.idf 파일을 모사한 그림 4-9에서는, Inlet Node Name은 각 Zone의 Terminal Unit의 Outlet에 해당하는 Node 이름으로 입력되어 있다.

Splitter와 Mixer의 개수는 동일해야 하지만, 그 안의 Inter Node 들과 Outlet Node 들의 개수는 동일하지 않아도 된다. 예를 들어, 한 층의 Zone 개수가 5개인 3층 건물을 모델링하는데, AHU에서 각 Zone으로 공조 공기가 공급될 때는 AHU에서 각 Zone으로 직접 분산되지만 (Splitter에서의 Outlet Node 개수가 15개), 각 Zone에서 공조 후에 각 층의 Return Plenum을 (AirLoopHVAC:ReturnPlenum Object 참조) 통해 Return 시킴으로써 매 층마다 별도로 모아서 Return시킬 경우를 생각해 보자. 이 경우 Splitter Object에서의 Outlet Node Name 개수는

15개이지만, Mixer Object의 Inlet Node Name개수는 건물 층수에 해당하는 3개이다. 따라서 사용자가 모델링하고자 하는 설비 시스템 구성에 따라서 Splitter와 Mixer내의 Outlet Node와 Inlet Node의 개수는 다를 수 있지만, Splitter와 Mixer Object 자체의 개수는 반드시 동일해야 한다.

4.4 AirLoopHVAC:SupplyPath, ReturnPath _[공기 이동 경로 입력]

4.3절에서 Splitter와 Mixer Object들을 입력한 후, 그 입력 값들을 바탕으로 AirLoopHVAC:SupplyPath와 AirLoopHVAC:ReturnPath Object를 입력하게 된다. Supply Path와 Return Path는 Splitter와 Mixer 뿐 만 아니라, Supply Plenum과 Return Plenum을 포함하여 입력해야 하는 Object이다. Plenum이란 실제 재실자가 거주하는 공간의 상부와 하부에 위치해 있는 비공조 공간으로서, 일반적으로 Return Plenum은 거주공간의 상부에 위치해 있다. VAVSystemOffice.idf 파일이 모사하고 있는 천장취출형 설비 시스템의 경우, 그림 4-12에 나타나듯이 실내로 공급되는 공기와 Return되는 공기가 모두 거주공간의 상부를 통해서 공급/Return되기 때문에, Supply Plenum이 존재하지 않고 Return Plenum만 존재함을 확인할 수 있다. 반면에 그림 4-13에 나타낸 뜬바닥 구조(Raised Access Floor)의 바닥공조 시스템(UFAD, Underfloor Air Distribution)의 경우에는, 실내로 Return되는 공기는 그림 4-12의 천장취출형과 마찬가지로 거주공간의 상부로 빠져나가지만, AHU로부터 공급되는 공조 공기는 Access Floor의 하부 공간인 Supply Plenum을 통해서 실내로 공급되기 때문에, AirLoopHVAC:SupplyPlenum Object도 입력해 주어야 한다.

그림 4-14는 AirLoopHVAC:SupplyPath Object의 입력화면으로서, 주요 입력사항은 다음과 같다.

- 가장 먼저 SupplyPath 고유의 Name을 입력한다.
- Supply Air Path Inlet Node Name의 경우 AHU로부터 각 Zone으로 분산되기 직전의 Node 이름으로서, AirLoopHVAC Object의 Demand Side Inlet Node Name과 동일하게 입력되어야 한다.
- Supply Air Path Inlet Node Name을 입력하였다면, Component를 입력하게 된다. 입력할 수 있는 Component의 경우 최대 25개까지이다.

- Component Object Type의 경우 AirLoopHVAC:ZoneSplitter와 AirLoopHVAC:SupplyPlenum 중 1개를 선택할 수 있다. VAVSystemOffice.idf 파일에서는 Supply Plenum이 모델링되어 있지 않기 때문에 AirLoopHVAC:ZoneSplitter만 입력되어 있음을 확인할 수 있다.
- Component Name의 경우 AirLoopHVAC:ZoneSplitter이나 AirLoopHVAC:SupplyPlenum Object에서 선행적으로 입력된 고유의 Name을 입력해야 한다. VAVSystemOffice.idf 파일에서는 유일하게 입력된 AirLoopHVAC:ZoneSplitter 이름인 Zones Main SA Splitter로 설정되어 있음을 확인할 수 있다.

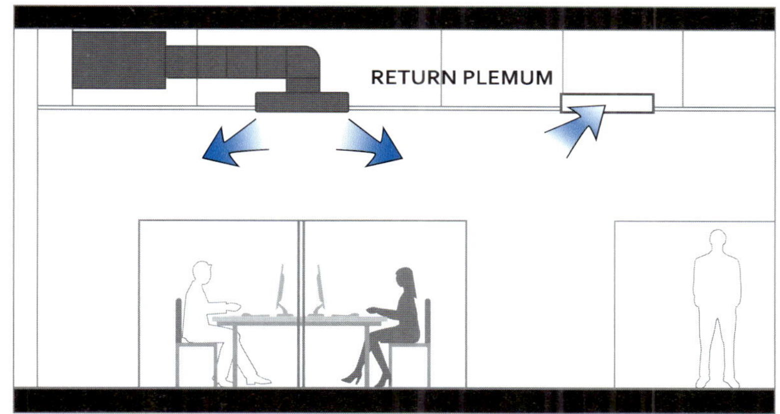

그림 4-12. 천장 취출형 공조방식의 구조

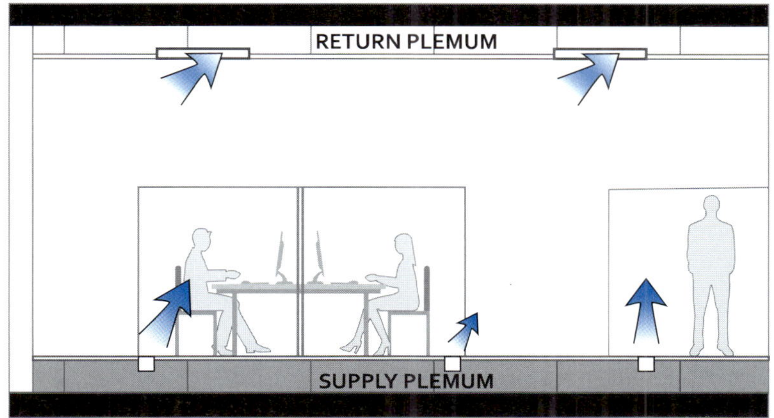

그림 4-13. 바닥 취출형(Underfloor Air Distribution) 공조방식의 구조

Field	Units
Name	
Supply Air Path Inlet Node Name	
Component 1 Object Type	
Component 1 Name	
Component 2 Object Type	
Component 2 Name	
Component 3 Object Type	
Component 3 Name	
Component 4 Object Type	
Component 4 Name	
Component 5 Object Type	
Component 5 Name	

그림 4-14. AirLoopHVAC:SupplyPath Object 입력화면

Return Path의 경우 Supply Path와 유사한 입력 방식을 갖는다. Return Path는 말 그대로 냉난방 후에 각 Zone으로부터의 공기가 다시 AHU로 돌아가거나 실외로 배출되는 등의 Return Air의 경로를 지정해 주는 Object이다. 그림 4-15는 AirLoopHVAC:ReturnPath Object의 입력화면으로서, 주요 입력사항은 다음과 같다.

- 가장 먼저 ReturnPath 고유의 Name을 입력한다.
- Return Air Path Outlet Node Name을 입력하게 되는데, 이는 AirLoopHVAC Object의 Demand Side Outlet Node Name과 동일한 이름을 가져야 한다. Return Air Path Outlet Node 자체가 각 Zone에서 Return된 공기가 하나로 합쳐진 Node를 칭하는 것으로서, Splitter로 나뉘어졌던 공기경로들이 Mixer에 의하여 하나로 다시 합쳐진 직후의 Node 이름과 동일해야 하기 때문에 위의 Demand Side Outlet Node Name 동일한 이름을 갖도록 한다.

Field	Units
Name	
Return Air Path Outlet Node Name	
Component 1 Object Type	
Component 1 Name	
Component 2 Object Type	
Component 2 Name	
Component 3 Object Type	
Component 3 Name	
Component 4 Object Type	
Component 4 Name	
Component 5 Object Type	
Component 5 Name	

그림 4-15. AirLoopHVAC:ReturnPath Object 입력화면

- 그 다음으로 SupplyPath와 동일하게 Component Object Type과 Name을 입력하게 된다. Component Object Type의 경우 AirLoopHVAC:ZoneMixer와 AirLoopHVAC:ReturnPlenum 중 하나를 선택할 수 있다. VAVSystemOffice.idf 파일에서는 Zone Mixer와 Return Plenum이 모두 모델링되고 있기 때문에 AirLoopHVAC:ZoneMixer와 AirLoopHVAC:ReturnPlenum이 모두 입력되어 있음을 확인할 수 있다.
- Component Name의 경우 SupplyPath와 마찬가지로 AirLoopHVAC:ZoneMixer이나 AirLoopHVAC:ReturnPlenum Object에서 선행적으로 입력된 고유의 Name을 입력해야 한다. VAVSystemOffice.idf 파일에서는 AirLoopHVAC:ZoneMixer와 AirLoopHVAC:ReturnPlenum 고유의 이름들인 Zones RA Mixer와 15개의 Return Plenum 고유의 이름으로 각각 입력되어 있음을 확인할 수 있다.

4.5 AirTerminal:SingleDuct:VAV:Reheat _ [재열코일 내장 변풍량 박스]

본 절에서 살펴볼 AirTerminal:SingleDuct:VAV:Reheat Object를 다루기에 앞서 Terminal Unit의 개념에 대해서 먼저 설명하고자 한다. Terminal Unit은 실제로 공조가 되어야 하는 "각 Zone에 위치"해 있어서 해당 Zone의 냉난방을 담당하는 모든 설비 장치를 총칭한다. EnergyPlus에서는 Zone Equipment로 명명되고 있다. 그림 4-1에는 Terminal Unit이 제대로 표현되어 있지 않아서 동일한 시스템을 다르게 표현한 그림 4-16을 살펴보기로 한다. 해당 그림에서 파란색

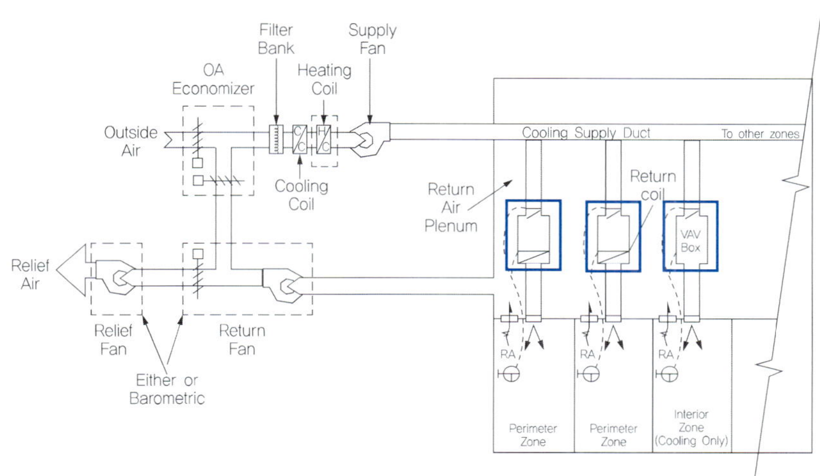

그림 4-16. Terminal Unit의 대표적인 예인 VAV Box

굵은 선으로 표시한 부분이 Terminal Unit에 해당한다. 그림 4-16의 Terminal Unit은 본 절에서 설명할 일반적인 VAV Box로서, 풍량을 조절하는 댐퍼와 난방시의 취출온도를 제어하는 재열코일로 구성되어 있다. Terminal Unit은 그림 4-16에서 나타낸 중앙공조형 전공기 방식에서의 VAV Box 뿐만 아니라 각 Zone에 설치되어서 실질적인 냉난방을 실시하는 모든 설비장치를 포함한다. 팬코일유닛(FCU, Fan Coil Unit)은 보일러와 냉동기 등의 중앙 열원장치로부터 온수와 냉수를 공급받아서 각 Zone의 냉난방을 담당하는 설비장치인데 이러한 팬코일유닛도 Terminal Unit의 한 종류이고, 국내 주거건물에서 가장 흔히 설치되는 냉방장치인 벽걸이형 에어컨도 Terminal Unit의 한 종류이며, 외기부하 저감을 위해 최근 공동주택에서 본격적으로 도입되고 있는 열회수형 환기장치 등도 모두 Terminal Unit의 한 종류이다. 필자는 냉난방 설비 모델링을 설명함에 있어서 Terminal Unit이라는 단어를 자주 사용할 예정이기에 그 단어의 개념에 대해서 익숙해지면 본 저서를 이해하는데 많은 도움이 될 것이다.

그림 4-17에 나열되어 있는 바와 같이, 중앙 AHU에서 공조공기를 공급받는 중앙공조형 전공기 방식에도 여러 종류의 Terminal Unit이 존재하지만 본 저서에서는 VAVSystemOffice.idf 파일에서 모델링하고 있는 AirTerminal:SingleDuct:VAV:Reheat을 위주로 설명하고자 한다. AirTerminal:SingleDuct:VAV:Reheat Object에 대해서 확실히 이해를 하면, 그림 4-17에서의 중앙공조형 전공기 방식의 나머지 Terminal Unit 방식들을 이해하는 데에도 별 어려움이 없을 것이다.

Zone HVAC Air Loop Terminal Units
....
[------] AirTerminal:SingleDuct:Uncontrolled
[------] AirTerminal:SingleDuct:ConstantVolume:Reheat
[------] AirTerminal:SingleDuct:VAV:NoReheat
[------] AirTerminal:SingleDuct:VAV:Reheat
[------] AirTerminal:SingleDuct:VAV:Reheat:VariableSpeedFan
[------] AirTerminal:SingleDuct:VAV:HeatAndCool:NoReheat
[------] AirTerminal:SingleDuct:VAV:HeatAndCool:Reheat
[------] AirTerminal:SingleDuct:SeriesPIU:Reheat
[------] AirTerminal:SingleDuct:ParallelPIU:Reheat
[------] AirTerminal:SingleDuct:ConstantVolume:FourPipeInduction
[------] AirTerminal:SingleDuct:ConstantVolume:FourPipeBeam
[------] AirTerminal:SingleDuct:ConstantVolume:CooledBeam
[------] AirTerminal:SingleDuct:InletSideMixer
[------] AirTerminal:SingleDuct:SupplySideMixer
[------] AirTerminal:DualDuct:ConstantVolume
[------] AirTerminal:DualDuct:VAV
[------] AirTerminal:DualDuct:VAV:OutdoorAir
[------] ZoneHVAC:AirDistributionUnit

그림 4-17. Zone HVAC Air Loop Terminal Units의 종류

AirTermanal:SingleDuct:VAV:Reheat은 재열코일을 내장하고 있는 변풍량(VAV, Variable Air Volume) Box이다. 그림 4-18은 VAV Box의 구성을 나타낸다[13]. VAV Box는 일반적으로 점유면적이 작기 때문에 각 실에 배치가 가능하고, 이는 각 실에 맞는 개별제어를 가능하게 해 줌으로써 북미에서 사무소 건물에 가장 많이 채택되고 있는 시스템이다. 그림 4-18에 나타나듯이, 공급 풍량 제어를 위한 풍량 조절 댐퍼와 난방 시에 AHU에서 1차적으로 가열된 공기를 각 실의 부하에 맞게 2차적으로 가열하는 Reheat Coil로 구성된다.

변풍량 Terminal Unit의 경우 급기 온도를 변화시키고 송풍량을 일정하게 유지시키는 정풍량 시스템(CAV)과는 반대로, 급기 온도를 고정하고 풍량을 변화시켜 실내 부하를 제거시키는 방식이라고 시중의 건축설비 교과서에 서술되어 있지만 "현실은 그렇지 않다." 재열코일이 내장된 일반적인 VAV 시스템의 제어 로직은 그림 4-19와 같다. 그림에서 좌측으로 갈수록 난방부하가 증가한다는 의미이고, 우측으로 갈수록 냉방부하가 증가한다는 의미이다. 그림 4-19에 나타나듯이, 냉방부하가 많이 발생하게 되면 VAV의 Damper가 완전히 열려서 최대 풍량으로 공조 공기를 공급하게 되고, 냉방부하가 감소하면 설정된 최소풍량에 도달할 때까지 Damper를 닫는다. 즉, 냉방 시에는 시중에 나와 있는 건축설비 교과서에 서술되어 있듯이 풍량 조절을 함으로써 냉방부하를 맞춘다. 반면에 난방 시에는, 풍량은 최소풍량에 고정시키고 그 대신 재열코일 밸브를 열어서 공급공기의 취출온도를 제어함으로써 난방부하를 맞춘다. 즉, 풍량과 취출온도를 동시에 제어하는 것이 재열코일이 포함된 일반적인 VAV Box의 제어방식임을 숙지한 상태에서 AirTermanal:SingleDuct:VAV:Reheat Object를 입력해야 한다.

VAV Box 모델링 시에 가장 중요한 입력조건 중의 하나가 최소풍량 설정이다. 현재 가장 많이 인용되고 있는 ASHRAE (American Society of Heating, Refrigeration and Air-conditioning Engineers, 미국 냉동 공조 학회) Standard 90.1에서는 VAV 시스템의 최소풍량을 최대 설계풍량의 30%로 권장하고 있다[11]. 최소풍량의 경우 잘못 설계될 경우 에너지 낭비뿐만 아니라 실내 환경에도 부정적인 영향을 미칠 수 있다[12]. 최소풍량에 대한 자세한 사항은 아래에 Zone Minimum Air Flow 입력 관련된 부분에서 자세히 설명하고자 한다.

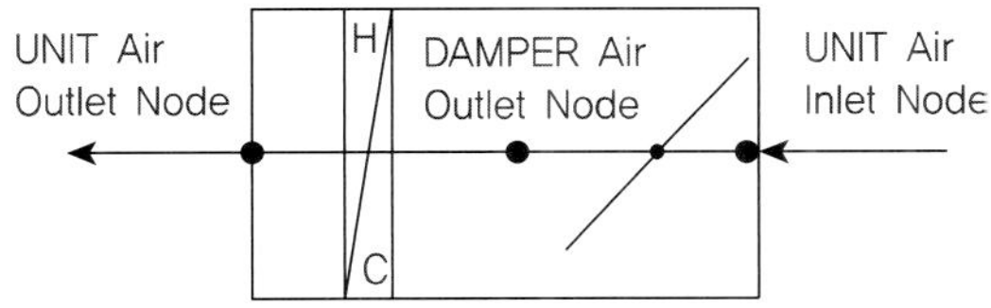

그림 4-18. 재열코일이 내장된 VAV Box의 구성[5]

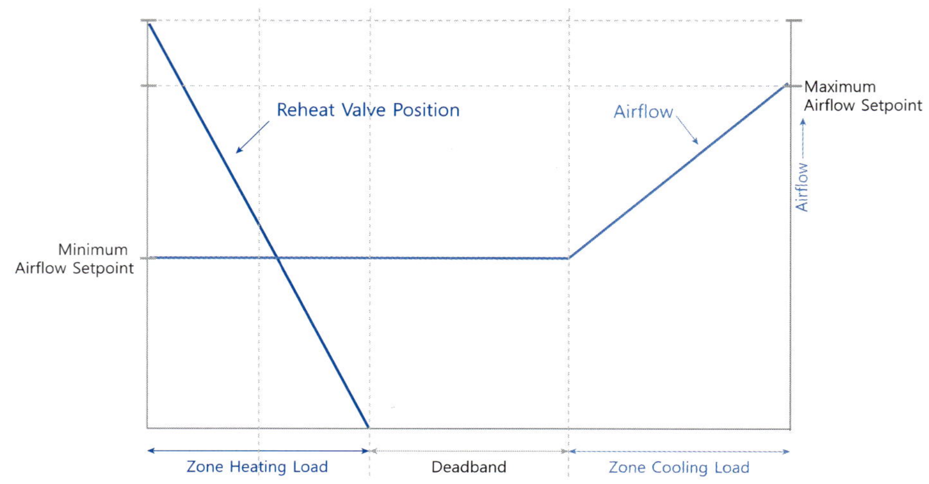

그림 4-19. 재열코일이 내장된 VAV Box Single Maximum 제어 로직[5]

재열코일이 내장된 AirTerminal:SingleDuct:VAV:Reheat Object의 입력 화면은 그림 4-21과 같다. 만약 재열코일이 없거나 VAV Box안에 Fan이 내장되어 있는 등 해당 Object와 다른 구성의 Terminal Unit을 모델링하고자 한다면 그림 4-17에 나열되어 있는 여러 Object 중에서 적절한 옵션을 선택하면 된다. 본 절에서는 VAVSystemOffice.idf 파일에서 모델링하고 있는 AirTerminal:SingleDuct:VAV:Reheat Object를 중심으로 설명하고자 한다. 주요 입력 사항은 다음과 같다.

- 먼저, 다른 Object들과 마찬가지로 중복되지 않는 고유의 Name을 입력한다.
- Availability Schedule Name은 해당 VAV Box의 On/Off를 제어하는 상위 레벨의 작동 스케줄로서 Schedule:Compact, Schedule:File에서 입력한 스케줄을 불러오는 Field이다. 특정 Time-step에서의 값이 0이어서 Off되면 그 Time-step에서는 최소풍량도 공급되지 않는다.
- Damper Air Outlet Node Name의 경우 위의 그림 4-18에서 볼 수 있듯이 VAV Box로 들어온 공기가 Damper를 통과한 직후의 Node를 의미한다. 이 Node는 Damper를 통과한 직후이기도 하지만 Reheat Coil에 진입하는 Node로서, Reheat Coil Object에서 Reheat Coil Air Inlet Node와 동일한 이름이어야 한다.
- Maximum Air Flow Rate는 해당 VAV Box의 최대 설계풍량을 입력하는 Field로서, 그림 4-19와 그림 4-22에서 수직축의 Maximum Cooling Air Flow Setpoint에 해당하는 수치인데 일반적으로 난방보다는 냉방시의 최대풍량과 동일하다. 보통 autosize로 입력할 수 있으며, 이 경우 3.6절과 3.8절에서 살펴본 사항들을 바탕으로 설계풍량이 자동으로 산정된다.
- Zone Minimum Air Flow Input Method의 경우 최소풍량을 어떻게 정의할 것인지를 입력하는

곳이다. VAV 시스템의 최소풍량은 그림 4-19와 그림 4-22에서 수직축의 Minimum Airflow Setpoint에 해당하는 수치로서 매우 중요한 입력 값 중의 하나이다. 현재 환기를 목적으로 설정되는 최소풍량 관련하여 다양한 기준이 존재한다. ASHRAE Standard 90.1에 따르면 VAV 시스템의 최소풍량은 냉방 시 최대 공급 풍량의 30% 이상으로 명시되어 있다[11]. 하지만 최소풍량은 VAV Box의 재열코일에서 소비되는 에너지 사용량에 매우 큰 영향을 미칠 수 있다[14]. 그림 4-20은 VAV 시스템에서 최소풍량의 영향을 분석한 선행연구의 결과를 나타낸다[14]. VAV Box의 최소풍량이 최대풍량의 10%, 20%, 30%일 경우로 변화시켜서 분석하였다. 그 결과 그림 4-20 (a)와 같이 최소풍량을 적게 설정 할수록 VAV 시스템의 재열 코일에서 소비되는 월별 에너지가 현저히 감소되는 패턴을 보인다. 그림 4-20 (b)를 보면 VAV 시스템의 전체 가스 에너지 사용량은 분석 변수 중 최소풍량이 가장 낮게 설정 된 10%의 경우에서 가장 적은 소비량을 나타내었다[14]. 이는 VAV 시스템에 의하여 각 거주공간이 냉·난방설정온도를 만족했다고 하여도 설정된 최소풍량에 의하여 환기를 위한 공급 풍량이 지속적으로 공급되기 때문이며, 이 과정에서 불필요한 재열(Reheat) 에너지가 낭비될 수 있는 것이다. 30%의 최소풍량을 10%로 감소시키는 것만으로도 VAV 시스템의 재열코일에서 소비되는 가스 에너지의 상당한 절감이 가능함을 확인할 수 있다[14]. 최소풍량의 설정에 대한 고려요소는 실내 열환경, 실내 공기 질, 그리고 실내 온도의 성층화 등이 있다[13].

EnergyPlus에서 VAV Box의 최소 풍량을 설정하기 위해 선택할 수 있는 사항은 총 3가지로 Constant, FixedFlowRate 그리고 Scheduled이다. 먼저 Constant를 선택했을 경우 Constant Minimum Air Flow Fraction Field를 필수적으로 입력해야 하며, 이는 최대 설계풍량의 몇%를 최소풍량으로 설정할 것인지를 입력하는 곳이다. 따라서 Constant를 선택하였을 경우 Maximum

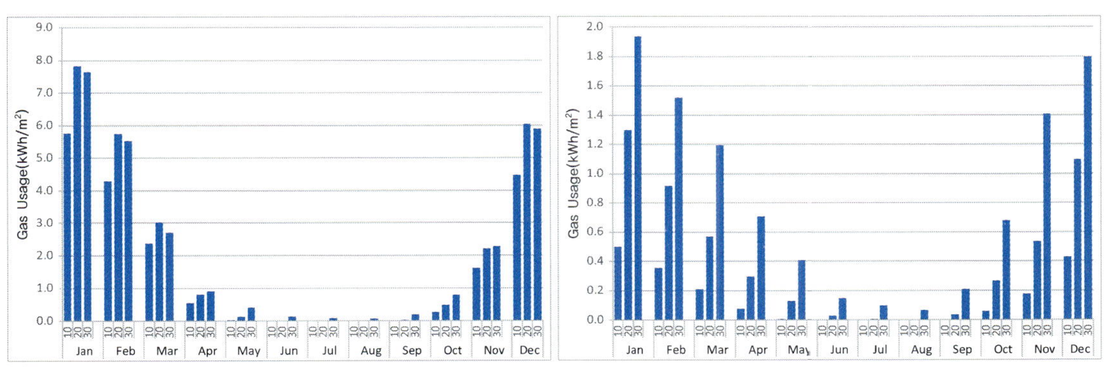

(a) 변풍량 터미널 박스의 재열 코일의 에너지 소비량 (b) 보일러의 에너지 소비량 (총 난방 에너지 소비량)

그림 4-20. VAV 시스템의 최소풍량에 따른 월별 에너지 소비량[14]

Air Flow Rate에 Constant Minimum Air Flow Fraction을 곱한 값이 최소풍량으로 산정된다. Zone Minimum Air Flow Input Method에서 FixedFlowRate를 정했을 경우 Fixed Minimum Air Flow Rate Field를 필수적으로 입력해야 한다. 이는 Maximum Air Flow Rate와는 상관없이 사용자가 직접 입력한 풍량 값이(단위: m^3/s) 최소풍량으로 산정되게 해주는 선택사항이다. Zone Minimum Air Flow Input Method에서 Scheduled를 선택한다면, Minimum Air Flow Fraction Schedule Name Field를 필수적으로 입력하여야 하며, 이는 사용자가 지정한 시간별 스케줄에 맞게 최소풍량 설정 값이 가변적으로 변하게 한다.

- Reheat Coil Object와 Reheat Coil Name의 경우 Coil Object가 선행적으로 입력되어 있어야 입력할 수 있는 Field로서, VAVSystemOffice.idf 파일에서는 온수코일을 사용하였기 때문에 Reheat Coil Object가 Coil:Heating:Water로 입력되어 있음을 확인할 수 있다.
- Maximum Hot Water or Steam Flow Rate와 Minimum Hot Water or Steam Flow Rate는 VAV Box의 재열 코일에 공급되는 온수나 증기의 최대, 최소 유량을 입력하는 Field인데, 대부분의 경우 Minimum은 0, Maximum은 autosize로 입력하는 것이 무방하다.
- Air Outlet Node Name는, 그림 4-18에서 볼 수 있듯이 VAV Box에서 취출되는 공기 Node 이름으로서 해당 Zone으로 공조공기가 공급되는 Node 이름을 입력하는 Field이다. 이 Node는 4.6절에서 설명할 ZoneHVAC:AirDistributionUnit Object에서 Air Distribution Unit Outlet Node Name과 동일하게 입력되어야 한다.
- Convergence Tolerance는 코일의 수렴허용오차를 입력하는 Field이다. 코일은 Zone의 냉난방 부하에 맞춰서 코일로부터 토출되어야 하는 공급공기의 상태를 결정하는데, 온수 Coil은 토출공기의 상태를 한 번에 직접 구할 수 없는 effectiveness-NTU 방법을 사용하기 때문에 반복적인 해법에(Iterative Solution) 의해 코일의 토출공기 조건을 결정해야 한다. 이러한 반복적인 해법의 수렴여부를 결정해줄 수 있는 기준이 필요한데, 그 기준이 되는 것이 해당 Field에서 입력되어야 하는 수렴허용오차이다. 당연히 0보다 커야 하며, Default 값은 0.001이다.
- Damper Heating Action은 온수 코일을 이용한 난방 시에 VAV Box의 제어 로직을 선택하는 Field로서 EnergyPlus에서는 2가지 옵션 중 하나를 선택할 수 있다. Default 값으로 설정된 Normal의 경우, 일반적으로 VAV Box에서 운영되는 Single Maximum Control Logic으로서 그림 4-19에 도식화되어 있다. Single Maximum Control Logic은 앞서 설명하였듯이, 난방 시에 공급 풍량을 최소풍량으로 고정시킨 상태로, VAV Box의 재열코일로 공급되는 온수의 유량 조절을 통해 취출 공기온도를 조절하는 방식이다. 사용자가 해당 Field에서 선택할 수 있는 또 다른 제어 로직은 Reverse이다. Reverse는 Dual Maximum Control Logic으로 불리

Field	Units
Name	
Availability Schedule Name	
Damper Air Outlet Node Name	
Air Inlet Node Name	
Maximum Air Flow Rate	m3/s
Zone Minimum Air Flow Input Method	
Constant Minimum Air Flow Fraction	
Fixed Minimum Air Flow Rate	m3/s
Minimum Air Flow Fraction Schedule Name	
Reheat Coil Object Type	
Reheat Coil Name	
Maximum Hot Water or Steam Flow Rate	m3/s
Minimum Hot Water or Steam Flow Rate	m3/s
Air Outlet Node Name	
Convergence Tolerance	
Damper Heating Action	
Maximum Flow per Zone Floor Area During Reheat	m3/s-m2
Maximum Flow Fraction During Reheat	
Maximum Reheat Air Temperature	C
Design Specification Outdoor Air Object Name	

그림 4-21. AirTerminal:SingleDuct:VAV:Reheat Object 입력화면

며, 난방 부하가 높지 않은 상태에서는 Single Maximum Control Logic과 비슷한 제어 방식을 가지고 있다. 그림 4-22에 모사되어 있듯이, Reverse는 최소 공기 풍량과 최소 온수 유량으로 난방을 시작하다가 난방 부하를 충족시키지 못하면 온수 유량을 올려서 밑의 Maximum Reheat Air Temperature Field에 입력된 온도까지 토출 공기온도를 증가시킨다. Maximum Reheat Air Temperature까지 토출 공기온도를 증가시켰음에도 불구하고 난방 부하를 충족시키지 못하면 Damper를 서서히 개방하여 실내 공급 풍량을 난방의 최대 풍량까지 증가시킨다. 참고로, 그림 4-19와 그림 4-22에서는 좌측으로 갈수록 난방부하가 증가한다는 의미이다. 두 제어 로직을 비교하면 Dual Maximum Control 제어 방식을 사용할 경우 난방의 최대 풍량 설정이 가능하며, Single Maximum Control 제어 방식보다 최소풍량을 더 적게 설정할 수 있다는 장점이 있다. 따라서 Single Maximum Control 제어 방식보다 낮은 최소풍량을 적용한 Dual Maximum Control 제어 방식을 사용할 경우 상당한 에너지의 절감이 가능하다[15]. 그림 4-19와 그림 4-22에서 확인할 수 있듯이, 일반적으로 난방의 최대 풍량은 냉방의 최대 풍량보다 작기 때문에 냉방의 최대풍량은 Single Control 제어 방식과 Dual Control 제어 방식 사이에 큰 차이를 보이지 않는다. 온수 코일이 아닌 전기나 증기 또는 가스 코일의 경우에는 Reverse와 Normal 사이에 차이가 없고 난방 시에 항상 최소 공기 풍량을 유지하는 Normal의 방식으로 제어된다[5].

– Maximum Flow per Zone Floor Area During Reheat와 Maximum Flow Fraction During Reheat은 Reheat Coil의 Object를 Coil:Heating:Water로 입력하고 앞의 Damper Heating Action을 Reverse로 입력 했을 경우 필수적으로 입력해야 하는 Field들이다. 난방의 최대풍량을 입력하는 Field들로서 그림 4-22에서 수직축의 Maximum Heating Air Flow Setpoint에 해당하는 수치이다. 만약 두 개의 Field를 모두 입력했을 경우 두 가지 중 큰 값이 적용된다. Maximum Flow per Zone Floor Area During Reheat Field의 경우, 해당 Field에서 입력된 값과 해당 VAV Box가 담당하는 Zone 면적의 곱으로 난방 최대풍량이 결정된다. 해당 Field의 입력사항으로서 Autocalculate를 선택할 수 있으며, Autocalculate를 선택하게 되면 북미에서 주로 사용되는 수치인 0.4 cfm/ft^2에 해당하는 0.002032 $m^3/s \cdot m^2$으로 가정하여(해당 Zone 단위면적당 0.002032 m^3/s) 난방 최대풍량이 설정된다.

– Maximum Flow Fraction During Reheat의 경우 해당 Field에서 입력된 값과 냉방 최대풍량의 곱으로 난방 최대풍량이 결정된다. 이 입력 조건 역시 Autocalculate로 입력이 가능하며, 만약 Autocalculate를 선택하게 되면, 북미에서 주로 사용되는 수치인 0.4 cfm/ft^2에 해당하는 0.002032 $m^3/s \cdot m^2$으로 가정하여(해당 Zone 단위면적당 0.002032 m^3/s) 난방 최대풍량이 설정된다.

– Maximum Reheat Air Temperature는 난방 시에 VAV Box에서 토출되는 공기 온도의 최댓값을 설정해주는 Field로서, 그림 4-22에서 수직축의 Maximum Supply Air Temperature에 해당하는 수치이다.

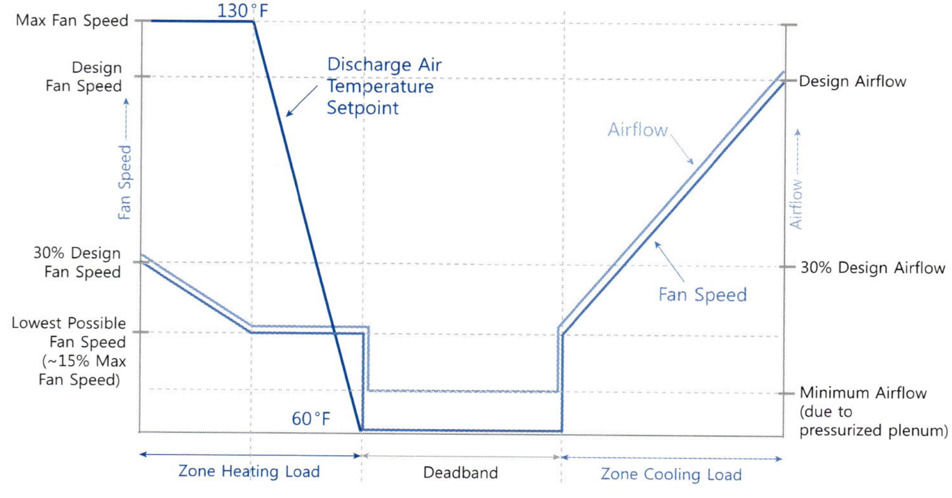

그림 4-22. Dual Maximum Control 제어 로직[5]

4.6 ZoneHVAC:AirDistributionUnit _ [터미널 유닛 할당]

ZoneHVAC:AirDistributionUnit은 4.5절과 4.7절의 중간단계에 해당하는 Object로서 입력하기에 별로 복잡한 Object는 아니다. 다만, 해당 Object는 AHU로부터 공조 공기를 공급받는 중앙공조형 전공기 방식의 설비 시스템을 모델링할 때 입력해야 하는 Object로서 그림 4-17에 나열된 Terminal Unit을 모델링하고자 한다면 반드시 입력되어야 한다. 반면, 중앙 AHU를 사용하지 않고 냉수와 온수를 각 Zone에 공급해서 냉난방하는 복사냉난방이나 팬코일유닛(FCU, Fan Coil Unit) 또는 벽걸이형 에어컨 등의 경우에는 입력하지 않아도 된다.

사용자는 ZoneHVAC:AirDistributionUnit Object를 통하여 공급 덕트에서 발생하는 풍량 누기에 대한 해석이 가능하다. EnergyPlus Simplified Duct Leakage Model (SDLM)와 연동돼서 상업용 건물의 VAV 또는 CAV 시스템에서 Return Plenum내 공급 덕트에서의 누기로 인한 에너지 손실을 평가할 수 있다.

그림 4-23은 ZoneHVAC:AirDistributionUnit Object의 입력화면으로서, 주요 입력 사항은 다음과 같다.

- 다른 Object들과 마찬가지로 중복되지 않는 고유의 Air Distribution Unit Name을 입력한다.
- Air Distribution Unit Outlet Node Name은 그림 4-18에서 나타나듯이, VAV Box에서 취출되는 공기 Node 이름으로서 해당 Zone으로 공조공기가 공급되는 Node 이름을 입력하는 Field이다. 여기서 입력한 Node 이름은 ZoneHVAC:EquipmentConnections Object 안의 Zone Air Inlet Node Name, 그리고 AirTerminal:SingleDuct:VAV:Reheat Object의 Air Outlet Node Name과 동일한 이름을 입력해야 한다.
- Air Terminal Object Type과 Air Terminal Name은 그림 4-18에 나열된 Terminal Unit Object와 해당 Terminal Unit의 고유이름을 입력하는 Field들이다. 본 저서에 같이 첨부된 VAVSystemOffice.idf 파일에서는 Air Terminal Object Type Field에 AirTerminal:

Field	Units
Name	
Air Distribution Unit Outlet Node Name	
Air Terminal Object Type	
Air Terminal Name	
Nominal Upstream Leakage Fraction	
Constant Downstream Leakage Fraction	

그림 4-23. ZoneHVAC:AirDistributionUnit Object 입력화면

SingleDuct:VAV:Reheat, Air Terminal Name Field에 15개의 VAV Box 고유의 이름이 각각 입력되어 있음을 확인할 수 있다.

- Nominal Upstream Leakage Fraction은 VAV Box의 상류에 발생하는 공급 덕트 누기량을 입력하는 Field로서, 최대 설계풍량의 몇 %를 누기풍량으로 설정할 것인지를 입력하는 곳이다. 따라서 Time-step별 공급풍량 변화에 상관없이 누기풍량은 일정하게 유지된다. Default 값은 0이다.
- Constant Downstream Leakage Fraction은 VAV Box의 하류에 발생하는 공급 덕트 누기량을 입력하는 Field로서, 현재 공급풍량의 몇 %를 누기풍량으로 설정할 것인지를 입력하는 곳이다. 따라서 매 Time-step별 공급풍량에 비례하여 누기풍량이 계산된다. 이 역시 Default 값은 0이다.

4.7 ZoneHVAC:EquipmentList _ [터미널 유닛의 작동 우선순위 지정]

ZoneHVAC:EquipmentList는 4.8절에서 설명할 ZoneHVAC:EquipmentConnections를 입력하기 위해 선행적으로 입력되어야 하는 Object로서 각 Zone의 냉난방 부하를 담당해야 하는 Terminal Unit의 작동 우선순위를 지정해주는 역할을 하는 입력사항이다. 거주공간에 2개 이상의 Terminal Unit을 이용해서 냉난방을 할 경우, 해당 Terminal Unit들 중에서 어떤 기기를 우선순위로 작동시킬 것인지 등의 순차를 결정해주는 Object라고 할 수 있다. 예를 들어, 특정 Zone의 냉방을 위해 VAV Box와 팬코일유닛 등 2개의 Terminal Unit이 작동한다고 가정하다. VAV Box에서 먼저 냉방부하를 담당하고 VAV Box의 용량만으로 담당할 수 없는 높은 냉방 부하조건하에서는 잔여 부하를 팬코일유닛이 담당하는 것으로 모델링하고자 한다면, VAV Box의 Equipment 1 Cooling Sequence Field에 1을 입력하고 팬코일유닛의 Equipment 2 Cooling Sequence Field에는 2를 입력하면 된다. 난방과 냉방을 분리하여 입력할 수 있기 때문에, 사용자가 원하는 대로 Terminal Unit의 우선순위를 지정할 수 있다. 만약 VAVSystemOffice.idf 파일에서와 같이 각 Zone에 1개의 Terminal Unit만 존재한다면 Equipment 1 Cooling Sequence Field와 Zone Equipment 1 Heating or No-Load Sequence Field 모두 1을 입력하면 된다.

그림 4-24는 ZoneHVAC:EquipmentList Obect의 입력화면으로서, 주요 입력 사항은 다음과 같다.

- Equipment List의 Name을 가장 먼저 입력하게 된다. 해당 Field에 입력하는 이름은 4.8절에서 설명할 ZoneHVAC:EquipmentConnections에서 Zone Conditioning Equipment List

Field	Units
Name	
Zone Equipment 1 Object Type	
Zone Equipment 1 Name	
Zone Equipment 1 Cooling Sequence	
Zone Equipment 1 Heating or No-Load Sequence	
Zone Equipment 2 Object Type	
Zone Equipment 2 Name	
Zone Equipment 2 Cooling Sequence	
Zone Equipment 2 Heating or No-Load Sequence	
Zone Equipment 3 Object Type	
Zone Equipment 3 Name	
Zone Equipment 3 Cooling Sequence	
Zone Equipment 3 Heating or No-Load Sequence	

그림 4-24. ZoneHVAC:EquipmentList Object 입력화면

Name에 사용될 이름이므로, 다른 Object들과 마찬가지로 중복되지 않는 고유의 Name을 입력해야 한다.

- Zone Equipment 1 Object Type은 할당하고자 하는 Zone Equipment(Terminal Unit)의 Object Type을 입력하는 Field로서, EP-Launch에서 해당 Field에 마우스를 클릭하면 Drop-down 리스트에서 선택이 가능하다. 위에서 설명한 Air Distribution Unit이나 팬코일유닛 등 사용자가 미리 입력해 놓은 Terminal Unit의 Object Type을 선택하면 된다.
- Zone Equipment 1 Name은 할당하고자 하는 Terminal Unit 고유의 이름을 입력하는 Field로서, 해당 Terminal Unit의 Object에서 입력한 이름과 동일한 이름을 여기서 입력해야 한다.
- Zone Equipment 1 Cooling Sequence와 Zone Equipment 1 Heating or No-Load Sequence는 해당 Zone Equipment(Terminal Unit)의 작동 우선순위를 입력하는 Field로서, VAVSystemOffice.idf 파일과 같이 해당 Zone에 1개의 Zone Equipment만 존재한다면 1을 입력하면 된다.

4.8 ZoneHVAC:EquipmentConnections _ [Zone의 주요 Node 설정]

ZoneHVAC:EquipmentConnections는 4.7절에서 설명한 Equipment List를 각 Zone에 할당해주는 Object로서 Zone의 주요 Node 이름을 지정해주는 입력사항이기도 하다. 즉, 각 Zone의 냉난방 부하를 담당해야 하는 Terminal Unit을 실질적으로 지정해주는 역할을 하는

Object라고 이해하면 된다. 그림 4-25는 ZoneHVAC:EquipmentConnections Object의 입력화면으로서, 주요 입력사항은 다음과 같다.

- 우선적으로 냉난방 기기(Equipment List)를 설치할 Zone의 이름을 입력하게 된다. 해당 Field에 마우스를 클릭하면 Drop-down 리스트에서 선택이 가능하다.
- Zone Conditioning Equipment List Name은 바로 위의 Field에서 입력한 Zone에 할당할 Equipment List를 선택하는 곳이다. 이 역시도 해당 Field에 마우스를 클릭하면 Drop-down 리스트에서 선택이 가능하며, 4.7절에서 입력한 EquipmentList 고유의 Name을 선택하면 된다.
- 냉난방 기기(EquipmentList)를 배치할 Zone과 해당 Zone에 설치될 냉난방 기기를 선택하여 입력하였다면, 그 다음 단계로서 Zone에 관련한 주요 Node 이름을 입력하게 된다. Zone Air Inlet Node or NodeList Name은 실내로 공급되는 공기의 Node를 의미한다. 일반적으로 해당 Zone에 배치한 Terminal Unit에서 최종적으로 토출되는 공기 Node가 Zone으로 공급되기 때문에 Terminal Unit의 Outlet Node와 동일하게 입력하면 된다. VAVSystemOffice.idf 파일에서는 각 Zone으로 공급되는 공기 Node가 ZoneHVAC:AirDistributionUnit에서 최종적으로 토출되는 공기 Node이므로, ZoneHVAC:AirDistributionUnit Object의 Air Distribution Unit Outlet Node Name, 그리고 AirTerminal:SingleDuct:VAV:Reheat Object의 Air Outlet Node Name과 동일하게 입력되어 있음을 확인할 수 있다. Zone의 부하를 담당하는 설비 시스템이 많아서 Inlet Node가 많다면 Nodelist Object에서 다수의 Inlet Node를 하나의 NodeList로 묶어 준 후 입력하면 된다. 만약 복사냉난방 시스템과 같이 실내로 공급공기가 토출되지 않는 시스템의 경우에는 Zone으로 공급되는 Air Inlet Node가 없기 때문에 이러한 경우는 공란으로 놔두면 된다.
- 그 다음은 Zone Air Exhaust Node or Node List Name Field이다. Exhaust Node는 배기 Fan이나 실내 공기를 재순환해야 하는 팬코일유닛 또는 열회수환기장치 등에서 배기되거나 재순환되기 직전의 Node이다. VAVSystemOffice.idf 파일에서는 배기 Fan이 설치되거나

Field	Units
Zone Name	
Zone Conditioning Equipment List Name	
Zone Air Inlet Node or NodeList Name	
Zone Air Exhaust Node or NodeList Name	
Zone Air Node Name	
Zone Return Air Node Name	
Zone Return Air Flow Rate Fraction Schedule Name	
Zone Return Air Flow Rate Basis Node or NodeList Nar	

그림 4-25. ZoneHVAC:EquipmentConnections Object 입력화면

실내 공기가 재순환되지 않기 때문에 공란으로 입력되어 있음을 확인할 수 있다. 바로 앞의 Field와 마찬가지로 해당 Zone에 1개 이상의 Exhaust Node가 존재할 경우 NodeList Object에서 다수의 Inlet Node를 하나의 NodeList로 묶어 준 후 입력하면 된다.

- Zone Air Node Name은 실내 공기의 Node를 입력하는 Field이다. 동일한 Zone에서는 공기 온도분포가 동일하다고 가정하기 때문에 해당 Field에서 입력하는 Node의 온도가 Zone 전체의 공기 온도를 대표한다고 생각하면 된다.
- Zone Return Air Node Name은 실내에서 사용된 후 AHU로 Return되거나 밖으로 배출되는 공기의 Node를 입력하는 Field이다. 전술하였듯이, VAVSystemOffice.idf 파일에서 모델링하고 있는 천장취출형 설비 시스템은 실내로 공급되는 공기와 Return되는 공기의 이동통로가 천장에 위치해 있기 때문에 거주공간 상부에 Return Plenum을 만들어 주어야 한다. 따라서 거주공간으로부터 공기가 Return되는 Node 이름이 Return Plenum으로 진입하는 Node 이름과 동일해야 하고, 그로 인해 VAVSystemOffice.idf 파일에서 AirLoopHVAC:ReturnPlenum Object의 Inlet Node Name과 동일한 Node 이름으로 입력되어 있음을 확인할 수 있다.

4.9 Fan:VariableVolume _ [변풍량 팬 모델링]

Fan은 공기를 이동시키는 동력장치로서, EnergyPlus에서 입력할 수 있는 Fan Object의 종류에는 Fans라는 Group에 나열되어 있듯이 Fan:ConstantVolume, Fan:OnOff, Fan:VariableVolume,

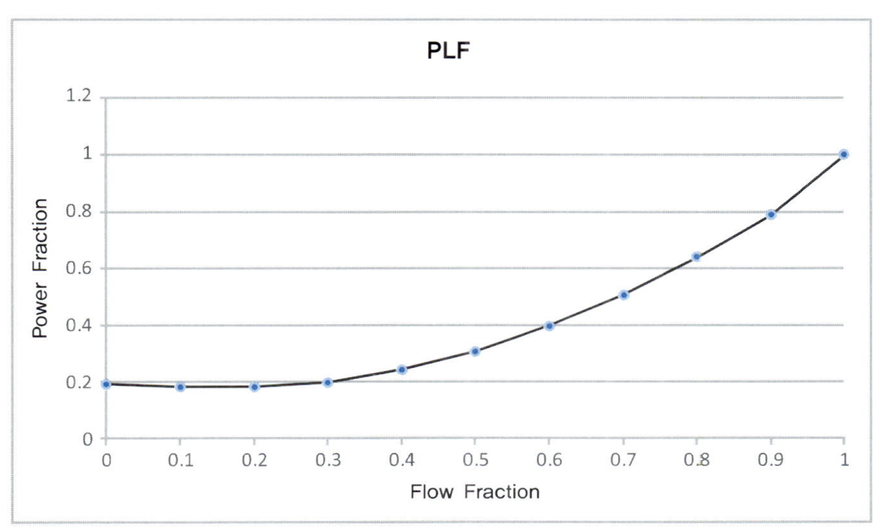

그림 4-26. Fan 성능 곡선의 예시

Fan:ZoneExhaust, 그리고 FanPerformance:NightVentilation 등이 있다. 이러한 Fan Object들에서 요구되는 공통된 입력요소들은 Fan 고유의 이름, On/Off 스케줄, 압력강하, 효율 등이 있다. 본 절에서는 VAVSystemOffice.idf 파일에서 입력된 Fan:VariableVolume Object를 중심으로 설명하고자 한다. 변풍량인 Fan:VariableVolume를 모델링하기 위해서는 풍량 변화에 따른 팬의 전기 에너지 소비량의 변화를 고려해야 한다. 이를 위하여 풍량 비율의 변화에 따른 전기소비량 비율 변화 곡선의 계수 값들을 입력 값으로 요구하고 있고, 그로 인해 Fan에 대한 정확한 모델링을 위해서는 이러한 성능 곡선에 대한 이해가 뒷받침되어야 한다. 따라서 Fan:VariableVolume Object의 주요 입력사항들을 다루기에 앞서 Fan의 성능 곡선에 대한 이론적 설명부터 진행하고자 한다. 그림 4-26은 특정 Fan의 성능곡선을 나타낸다. 그래프 제목인 PLF(Fraction of Full Load Power)는 Power Fraction과 동일한 의미를 가지며 최대 풍량일 때, 즉 Flow Fraction이 1.0일 때의 전기에너지 소비량 대비 특정 풍량일 때의 전기소비량의 비율을 의미한다. Power Fraction을 수학적으로 표현하면 식 4-1과 같이 (현재 사용되는 전기소비량 / 최대 부하 조건하에서의 전기소비량)으로 나타낼 수 있다. 풍량 비율인 Flow Fraction은 식 4-2와 같이 (현재의 풍량 / 설계 풍량)으로 계산되어 진다. 따라서 설계 풍량은 Fan의 성능에 상당한 영향을 미치는 요소로서 Fan의 중요한 입력 요소 중 하나이다. Flow Fraction을 먼저 계산한 후, 그림 4-26을 통해서 Power Fraction(PLF)을 산출하게 된다. 산출된 Power Fraction과 전부하 조건하에서의(Flow Fraction이 1.0일 때의) 전기 에너지 소비량을 바탕으로 식 4-1을 이용해서 현재 풍량에서의 전기 에너지 소비량을 최종적으로 계산하게 된다.

$$Power\,Fraction = \text{현재 전기소비량} / \text{전부하 전기소비량} \qquad (4-1)$$

$$Flow\,Fraction = \text{현재 풍량} / \text{설계(최대) 풍량} \qquad (4-2)$$

$$\text{전부하조건 전기소비량} = \text{최대풍량}(Design\,Flow) \times \frac{\text{압력강하}(Pressure\,Rise)}{\text{효율}(Efficiency)} \qquad (4-3)$$

그림 4-27은 Fan:VariableVolume Object의 입력화면으로서, 주요 입력 사항은 다음과 같다.

- 먼저, 다른 Object들과 마찬가지로 중복되지 않는 고유의 Fan Name을 입력한다.
- Availability Schedule Name은 해당 Fan의 On/Off를 제어하는 상위 레벨의 작동 스케줄로서 Schedule:Compact, Schedule:File에서 입력한 스케줄을 불러오는 Field이다. 특정 Time-step에서의 값이 0이어서 Off되면 그 Time-step에서는 최소풍량도 공급되지 않는다.
- Fan Efficiency는 Fan의 전체 효율을 입력하는 Field이다. 최대 풍량 조건하에서 Fan에 공급된 전력 대비 공기유동에 실질적으로 사용된 동력의 비율로 정의할 수 있다. 만약 공급된 전력이 모두 공기유동에 사용되었다면 효율이 100%가 되지만, 이러한 Fan은 현실

적으로 존재하지 않는다. 전체 효율은 Motor의 효율과 Fan 자체의 효율의 곱으로 계산되며, Motor 효율의 경우 Motor에 공급되는 전력 대비 Shaft에 전달되는 동력의 비율을 의미한다. Fan 자체의 효율은 Shaft에 전달되는 동력 대비 공기유동에 실질적으로 사용된 동력의 비율을 나타낸다. 공기유동에 실질적으로 사용된 동력은 풍량을 압력강하와 곱한 후 공기 밀도로 나눈 값이다.

- Pressure Rise는 Fan이 담당해야 하는 압력 강하를 입력하는 Field이며, 이는 Fan의 전후 공기압력의 차로 이해하면 된다. 압력강하는 풍량과 외부조건에 따라 변화하기 때문에 해당 Field에서는 최대 풍량이면서 20℃ 그리고 1기압 조건하에서의 압력강하를 입력해야 하며 단위는 Pa를 사용한다.
- Maximum Flow Rate는 표준 기온(건구온도 20℃)과 기압 조건하에서 해당 Fan이 담당할 수 있는 최대 풍량(m^3/s)을 입력하는 Field이다. 표준 기압의 경우 ASHRAE 1997 HOF(SI Edition)을 바탕으로 식 (4-4)를 통해 계산한다. 전술하였듯이, 최대 풍량은 Flow Fraction과 Power Fraction 등 Fan의 성능에 상당한 영향을 미치는 중요한 입력 요소 중 하나이다.

$$P = 101,325 * (1 - 2.25577E - 05 * Z) * 5.2559 \qquad (4\text{-}4)$$

여기서 P는 표준기압을, Z는 고도를 의미한다.

- 다음 단계는 해당 Fan이 담당할 수 있는 최소풍량을 입력해야 하는데, Fan Minimum Flow Rate Input Method for Fan Power Field에서 Fraction과 FlowRate 등 두 가지 입력방법 중의 하나를 선택할 수 있다. Fraction으로 선택하면 해당 Fan의 최소풍량이 Maximum Flow Rate Field 입력 값인 최대풍량에 따라 변화한다. 즉, 최소풍량은 Minimum Flow Fraction For Fan Power Field에서 입력한 값과 최대풍량의 곱으로 설정된다. 반면에 FlowRate로 선택하면, 최소풍량은 최대풍량과 상관없이 Minimum Air Flow Rate For Fan Power Field에서 입력한 값으로 설정된다.
- Motor Efficiency는 Motor의 효율을 입력하는 Field로서, Mctor에 공급되는 전력 대비 Shaft에 전달되는 동력의 비율로 정의할 수 있다.
- Motor in Airstream Fraction은 Motor에서 발생하는 열량 중에서 Fan 기류에 전달되는 열량의 비율을 입력하는 Field이다. 해당 Field에 0을 입력하면 Fan 기류에 어떠한 열도 전달되지 않아서 Fan 전후의 기류 온도가 동일함을 의미하며, 1을 입력하면 Motor에서 발생하는 모든 열이 기류로 전달되어서 Fan 통과에 의한 기류의 온도 상승을 유발한다.
- Fan Power Coefficient 1 ~ 5는 그림 4-26에서 살펴본 Fan의 성능곡선 계수 값을 입력하는 Field들이다. 전술하였듯이, Fan의 성능곡선은 Fan의 전기 에너지 소비량에 직접적

Type of Fan	Fan Coeff.1	Fan Coeff.2	Fan Coeff.3	Fan Coeff.4	Fan Coeff.5
Inlet Vane Dampers	0.35071233	0.30850535	-0.54137364	0.87198823	0.000
Discharge Dampers	0.37073425	0.97250253	-0.34240761	0.000	0.000
Var. Speed Motor	0.0015302446	0.0052080574	1.1086242	-0.11635563	0.000

표 4-1. 대표적인 Fan 종류별 성능곡선 계수 값[5]

인 영향을 미치는 중요한 인자이다. Flow Fraction(FF) 변화에 따른 Fraction of Full Load Power(PLF)의 함수로서 식 4-5와 같이 4차 방정식으로 표현된다. C1인 상수를 포함하여 최대 입력 가능한 계수는 5개로서, Fan Coefficient 1 Field에서 입력된 값이 C1으로 설정되고 Fan Coefficient 5 Field에서 입력된 값이 C5로 설정된다. 표 4-1은 대표적인 Fan 종류별 성능곡선 계수 값들을 나타내고 있다[5].

$$PLF = C1 + C2 * FF + C3 * FF^2 + C4 * FF^3 + C5 * FF^4 \quad (식\ 4-5)$$

- Air Inlet Node Name의 경우 Fan으로 유입되는 공기 Node 이름을 입력하는 Field이다. VAVSystemOffice.idf 파일이 모사하고 있는 그림 4-2를 보면 AHU 내부의 Heating Coil에서 토출되는 공기가 급기 Fan으로 유입되는 것을 확인할 수 있다. 따라서 AHU 내부의 급기 Fan Air Inlet Node은 Coil:Heating:Water의 Air Outlet Node Name과 동일

Field	Units
Name	
Availability Schedule Name	
Fan Efficiency	
Pressure Rise	Pa
Maximum Flow Rate	m3/s
Fan Power Minimum Flow Rate Input Method	
Fan Power Minimum Flow Fraction	
Fan Power Minimum Air Flow Rate	m3/s
Motor Efficiency	
Motor In Airstream Fraction	
Fan Power Coefficient 1	
Fan Power Coefficient 2	
Fan Power Coefficient 3	
Fan Power Coefficient 4	
Fan Power Coefficient 5	
Air Inlet Node Name	
Air Outlet Node Name	
End-Use Subcategory	

그림 4-27. Fan:VariableVolume Object 입력화면

한 Node 이름으로 입력되어 있음을 확인할 수 있다.

- Air Outlet Node Name의 경우 Fan에서 토출되는 공기 Node 이름을 입력하는 Field이다. VAVSystemOffice.idf 파일이 모사하고 있는 그림 4-2의 급기 Fan Air Outlet Node Name Field가 AHU Supply Fan Outlet으로 입력되어 있음을 확인할 수 있는데, 이는 AHU에서 최종적으로 토출되는 마지막 Node이므로 AirLoopHVAC Object의 Supply Side Outlet Node Name과 동일한 이름으로 입력되어 있음을 확인할 수 있다.

4.10 OutdoorAir:Mixer _ [외기도입 장치의 주요 Node 설정]

OutdoorAir:Mixer는 중앙 AHU 상에서 외기를 도입하고 재순환공기와 혼합시키는 Outdoor Air System을 모델링하고자 할 때 가장 먼저 입력해야 하는 Object이다. OutdoorAir:Mixer는 그림 4-28에서 볼 수 있듯이, 2개의 Inlet Node와 2개의 Outlet Node로 구성되어 있다. 2개의 Inlet Node는 Return Air와 Outdoor Air에 해당하는 Node들이며, 2개의 Outlet Node는 Relief Air와 Mixed Air에 해당하는 Node들이다. Return Air는 각 Zone으로부터 Return되어서 OA Mixer로 유입되는 공기 Node를 의미하고, Outdoor Air는 외부에서 OA Mixer로 유입되는 외기 Node를 의미한다. Return Air는 OA Mixer에 도착한 후, 4.11절의 Controller:OutdoorAir Object에서 입력된 Economizer 제어방식을 바탕으로, 일부는 외부로 배출되고 나머지는 AHU로 재순환돼서 외기와 혼합 후 다시 실내로 공급된다. 이때 외부로 배출되는 공기 Node가 Relief Air이다. 일부 재순환된 Return Air와 외기(Outdoor Air)는 혼합되어서 AHU로 보내지는데, AHU로 보내지기 직전의 공기 Node가 Mixed Air Node이다. Relief Air Node에서의 풍량과 Outdoor Air Node에서의 풍량은 동일하며, Return Air Node에서의 풍량과 Mixed Air Node에서의 풍량도 동일하다. 또한, 2개의 Inlet Node인 Outdoor Air Node와 Return Air Node에서의 풍량, 온도 및 습도 조건에 따라서 Mixed Air Node에서의 풍량, 온도 및 습도가 계산된다.

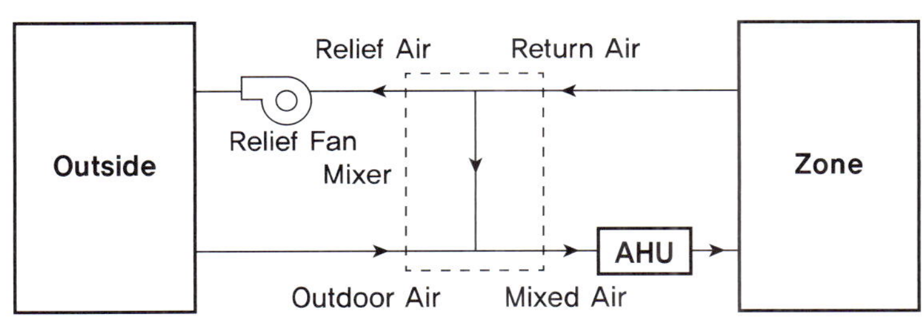

그림 4-28. OutdoorAir:Mixer의 전개도

Field	Units
Name	
Mixed Air Node Name	
Outdoor Air Stream Node Name	
Relief Air Stream Node Name	
Return Air Stream Node Name	

그림 4-29. OutdoorAir:Mixer Object 입력화면

그림 4-29는 OutdoorAir:Mixer Object의 입력화면으로서, OA Mixer 고유의 이름과 그림 4-28에 도식화된 4개의 주요 Node 이름을 설정해주는 것이 주요 입력사항들이다.

- 우선, 다른 Object들과 마찬가지로 중복되지 않는 고유의 OA Mixer 이름을 지정해 준다.
- Mixed Air Node Name은 OA Mixer내에서 외기와 Return Air가 혼합되어 AHU로 보내지는 공기 Node 이름을 입력하는 Field이다.
- Outdoor Air Stream Node Name는 외부에서 OA Mixer로 유입되는 외기 Node 이름을 입력하는 Field이다.
- 위에서 설명한, 외부로 배출되는 공기인 Relief Air Node 이름을 Relief Air Stream Node Name Field에 입력한다.
- 마지막으로, 각 Zone에서 Return되는 Return Air Node 이름을 Return Air Stream Node Name에 입력해주면 OutdoorAir:Mixer Object의 모든 입력 사항에 대한 입력이 완료된다. VAVSystemOffice.idf 파일에서는 4.2절에서 살펴본 AirLoopHVAC Object의 Supply Side Inlet Node Name Field인 AHU Air Loop Inlet과 동일한 Node 이름으로 입력되어 있음을 확인할 수 있다.

4.11 Controller:OutdoorAir _ [이코노마이저 모델링]

Controller:OutdoorAir는 앞의 4.10절에서 정의한 OutdoorAir:Mixer를 바탕으로 Economizer 제어 관련된 주요사항들을 입력하는 Object이다. OutdoorAir:Mixer Object가 Economizer라는 기기의 실체를 만들어 내는 역할을 하는 반면, Controller:OutdoorAir Object는 Economizer의 전체적인 제어를 설정하는 역할을 하기 때문에 OutdoorAir:Mixer보다 더 신경을 써서 입력해야 한다. Economizer는 AHU로부터 공조 공기를 공급받는 중앙공조형 전공기 방식에서 시스템의 전반적인 성능에 큰 역할을 미치는 중요한 구성요소로서, 그림 4-30에 나타난 바와 같이 작동조건에 따라서 외기와 Return Air를 적절히 혼합시키는 장치이다. 외기와 Return Air를 적절히 혼합시

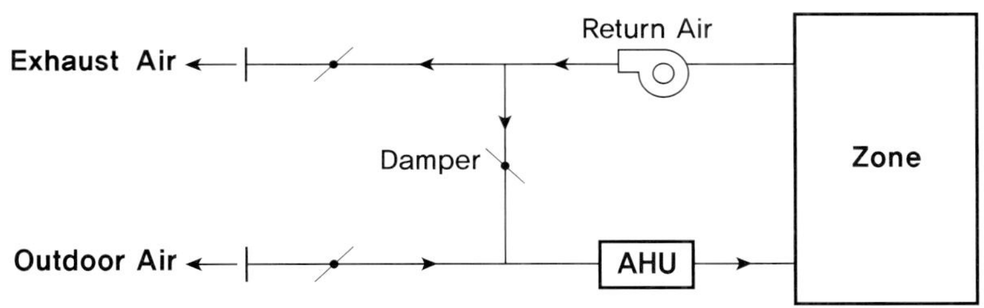

그림 4-30. Economizer의 전개도[28]

킨다는 것은 외기도입량을 제어함으로써 필요환기량을 충족시키는 역할도 있지만 AHU의 냉방코일이나 난방코일의 부하를 줄이는 목적도 갖고 있다. 즉, Return Air와 외기(Outside Air)의 건구온도나 엔탈피를 비교한 후, 외기를 최대한 이용하여 AHU 토출 온도(일반적으로 13~15℃) 설정값을 유지하도록 조절함으로써 코일 부하를 제거 또는 감소시키는 시스템이다. 외기의 조건에 따라 외기댐퍼, 환기댐퍼, 배기댐퍼를 자동적으로 조절하여 외기 도입량을 제어하며 이를 통해 공조부하 절감에 따른 에너지 절감을 이룰 수 있게 해주는 장치이다. 그림 4-30에 도식화한 Economizer에서 Return Air와 외기를 어떻게 혼합시키는지는 사용자가 설정한 제어방식과 스케줄에 의해서 큰 영향을 받는다.

EnergyPlus에는 기본적으로 다수의 Economizer 제어 방식이 탑재되어 있으며, 각각의 제어방식에 대한 설명은 밑에 각 Field 입력사항 설명부분에서 자세히 다루기로 한다. 그림 4-31은 Economizer 제어 방식 중에서 실무적으로 흔히 채택되고 있는 건구온도 제어방식을 나타낸다. Economizer의 성능은 주로 냉방에너지 절감에 많은 기여를 하는데, 그림 4-31에 나타낸 건구온도 제어는 실의 환기(Return Air)와 외기(Outside Air)를 건구온도 기준으로 비교하여 외기도입량을 결정하는, 가장 대표적인 Economizer 제어 방법이다. 냉방 시 외기의 온도가 Return Air 온도보다 낮고 AHU 토출온도 설정 값보다 높을 때 냉방 코일의 부하를 줄이기 위해 외기도입량을 증가시키지만, 외기의 온도가 Return Air보다 높을 때는 Return Air를 더 많이 재순환시켜서 외기 도입량을 최소 외기도입량까지 낮춘다. 마지막으로, 외기의 온도가 Return Air뿐만 아니라 AHU 토출온도 설정 값보다도 낮을 경우에는 Economizer에서 생산되는 혼합공기 온도가 AHU 토출온도 설정 값에 최대한 근접하도록 외기도입량을 조절함으로써 코일의 부하를 최소화시킨다.

그림 4-40은 Controller:OutdoorAir Object의 입력화면으로서, 주요 입력사항은 다음과 같다.

- 우선 Controller 고유의 이름을 지정한다.

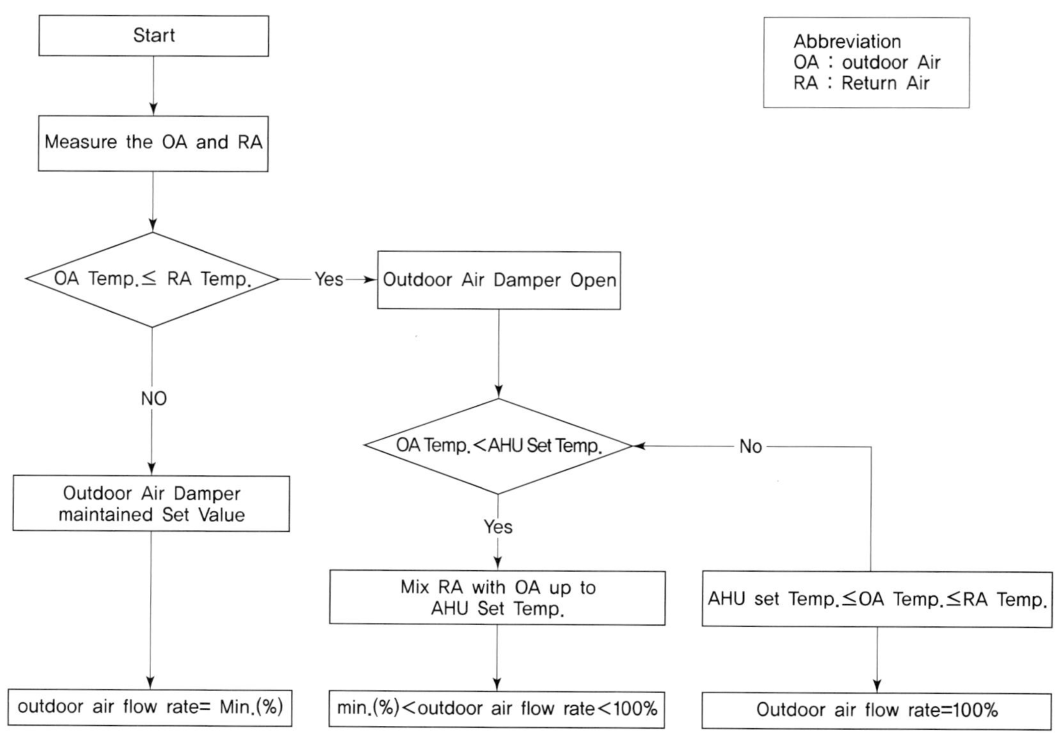

그림 4-31. Economizer 제어 알고리즘의 예시[16]

- 그 이후 Relief Air Outlet Node Name, Return Air Node Name, Mixed Air Node Name, Actuator Node Name을 입력하게 된다. 이 Node 이름들은 4.10절의 OutdoorAir:Mixer Object와 동일한 Node 이름을 입력하면 된다. 큰 틀에서 보면 동일한 기기를 모델링하는 것이기 때문에 같은 Node 이름들을 사용하게 되는데, OutdoorAir:Mixer는 단순히 OA Mixer에 들어오는 2개의 Inlet Node 이름과 Mixer에서 나가는 2개의 Outlet Node 이름을 지정하는 반면, Controller:OutdoorAir Object에서는 Economizer 관련해서 훨씬 정밀한 입력사항들을 요구하는데 차이가 있다.

VAVSystemOffice.idf 파일을 보면, Relief Air Outlet Node Name Field의 경우 Return Air 중에서 실내로 재순환되지 않고 외부로 배출되는 공기 Node 이름인 AHU Relief Air Outlet으로 입력되어 있다. Return Air Node Name Field의 경우 각 Zone에서 사용된 후 Return되는 공기 Node 이름인 AHU Air Loop Inlet으로 입력하였는데, 이는 4.2절에서 살펴본 AirLoopHVAC의 Supply Side Inlet Node Name과 동일한 이름으로 입력되어 있음을 확인할 수 있다. Mixed Air Node Name Field의 경우 Economizer에서 혼합돼서 냉방코일로 유입되는 공기 Node 이름인 AHU Mixed Air Outlet으로 입력되어 있는데 이는 AHU로 보내지기 직전의

Node이다. 마지막으로 Actuator Node Name Field는 OutdoorAir:Mixer Object의 Outdoor Air Node Name Field와 동일한 입력 값으로서 외부에서 Economizer로 유입되는 외기 Node 이름인 AHU Outside Air Inlet으로 입력되어 있다.

- Minimum Outdoor Air Flow Rate와 Maximum Outdoor Air Flow Rate는 Economizer로 유입되는 외기의 최소, 최대 풍량을 입력하는 Field로서 단위는 m^3/s이다. 특히 Minimum Outdoor Air Flow Rate는 국내의 건축물 에너지절약 설계기준이나 미국의 ASHRAE Standard 62 등과 같은 기준들에서 제시하고 있는 최소 외기 도입량을 설정하는 중요한 입력 Field라고 할 수 있다.
- Economizer Control Type은 Economizer의 전체적인 제어 방법을 결정하는 매우 중요한 입력 Field이다. 최신 버전의 EnergyPlus에서 선택할 수 있는 Control Type으로는 다음의 8가지가 존재한다. 사용자가 Economizer Control Type Field를 공란으로 놔둘 경우 Default 값인 NoEconomizer로 자동입력 된다.
  - NoEconomizer는 Economizer가 작동되지 않고 시뮬레이션 전체 기간 동안 외기가 Minimum Outdoor Air Flow Rate Field에서 입력한 최소풍량으로 유입되게 된다.
  - FixedDryBulb는 Economizer Maximum Limit Dry-Bulb Temperature Field에서 사용자가 설정한 건구 온도와 외기온을 비교하여 Economizer를 제어하는 방식으로서, 외기온이 사용자 설정 건구온도보다 높을 경우 외기가 최소풍량으로 유입되는 제어 방식이다.
  - DifferentialDryBulb는 FixedDryBulb와 마찬가지로 건구 온도 제어 방식인 것은 유사하지만, 그림 4-31에 나타나 있듯이 외기온과의 비교대상이 사용자가 설정한 건구온도가 아닌 각 Zone으로부터 Return되서 Economizer로 유입되는 Return Air의 건구 온도로서 실무적으로 흔히 채택되고 있는 제어 방식이다. 즉, 외기온이 Return Air 건구온도보다 높을 경우 외기가 최소풍량으로 유입되도록 제어하는 방식이다. 건구 온도로 제어하는 두 제어방식의 차이점은 FixedDryBulb 제어방식은 사용자가 설정한 가상의 건구 온도와 외기온을 비교하는 반면, DifferentialDryBulb 제어방식은 매 Time-step별Return Air 건구 온도와 외기온을 비교하여 Economizer를 제어한다는 점이다.
  - FixedEnthalpy는 Economizer Maximum Limit Enthalpy Field에서 사용자가 설정한 엔탈피와 외기 엔탈피를 비교하여 Economizer를 제어하는 방식으로서, 외기 엔탈피가 사용자 설정 엔탈피보다 높을 경우 외기가 최소풍량으로 유입되는 제어 방식이다. 앞의 건구온도 제어방식과의 차이점은 현열에 해당하는 온도뿐만 아니라 잠열인 습도까지 고려한다는 점이다. 예를 들어, 미국의 Florida주는 여름철에 습도가 매우 높은데 건구온도 제어를 할 경우에는 외기의 높은 습도로 인하여 오히려 냉방 코일의 부하를 증가시

키는 결과를 초래하기도 한다(그림 4-39 참조).

- DifferentialEnthalpy는 FixedEnthalpy와 마찬가지로 엔탈피 제어 방식인 것은 유사하지만, 외기 엔탈피와의 비교대상이 사용자가 설정한 엔탈피가 아닌 각 Zone으로부터 Return되서 Economizer로 유입되는 Return Air의 엔탈피이다. 즉, 외기 엔탈피가 Return Air 엔탈피보다 높을 경우 외기가 최소풍량으로 유입되도록 제어하는 방식이다. 엔탈피로 제어하는 두 제어방식의 차이점은 FixedEnthalpy 제어방식은 사용자가 설정한 가상의 엔탈피와 외기 엔탈피를 비교하는 반면, DifferentialEnthalpy 제어방식은 매 Time-step별 Return Air 엔탈피와 외기 엔탈피를 비교하여 Economizer를 제어한다는 점이다.
- FixedDewPointAndDryBulb는 Economizer Maximum Limit Dry-Bulb Temperature Field와 Economizer Maximum Limit Dewpoint Temperature Field에서 사용자가 설정한 건구 온도 및 이슬점 온도와 외기 건구온도 및 이슬점 온도를 비교하여 Economizer를 제어하는 방식으로서, 외기 건구온도 및 이슬점 온도 둘 중에서 하나라도 사용자 설정 값보다 높을 경우 외기가 최소풍량으로 유입되는 제어 방식이다.

그림 4-32는 대표적인 Economizer 제어방식들인 DifferentialDryBulb와 DifferentialEnthalpy 제어방식의 차이를 보이고 있다. 가장 흔히 사용되는 두 제어방식의 차이는 외기 풍량을 제어하기 위한 기준점에 있다. DifferentialDryBulb의 경우 공기의 건구온도의 비교를 통하여 외기 도입량을 제어하는 반면, DifferentialEnthalpy의 경우 공기가 가지는 현열과 잠열을 모두 고려한 엔탈피를 비교하여 제어를 한다. DifferentialEnthalpy 제어방식은 온도뿐만 아니라 습도를 함께 고려하여 제어하기 때문에 DifferentialDryBulb 제어 방식 보다는 효율적인 제어가 가능하다. 일반적으로 중앙 관제 장치에는 Enthalpy를 계산하는 코드가 내장되어 있는 경우가 많기 때문에 이를 사용하여 보다 많은 부하의 절감을 가능하게 한다[17].

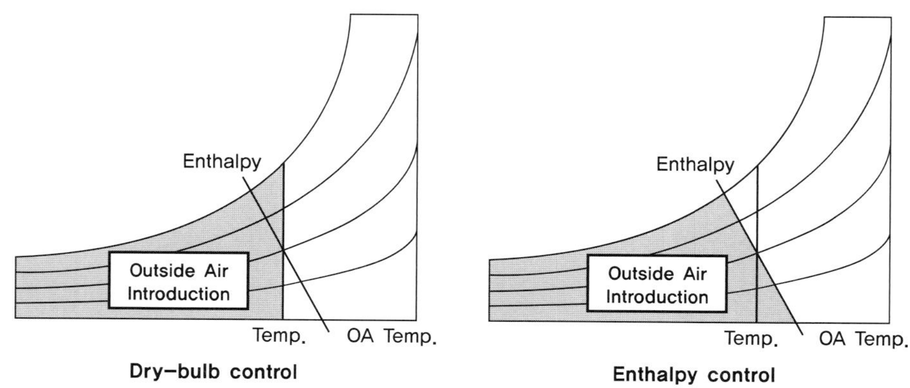

그림 4-32. DifferentialDryBulb와 DifferentialEnthalpy 제어 방식의 차이[18]

Economizer 제어방식의 중요성을 강조하기 위하여 필자가 최근에 Energy and Buildings 저널에 게재한 논문의 결과 중 일부를 공유하고자 한다[16]. 그림 4-33부터 그림 4-35까지는 위에서 중요한 입력 요소라고 언급한 Economizer Control Type별 외기온도와 혼합공기 온도의 상관관계를 분산형 그래프로 나타낸 것이다. 다른 모든 시뮬레이션 조건은 동일하게 입력하고 Economizer Control Type만 변화시켰는데, 그림들에 나타나듯이 Economizer Control Type 설정은 매우 중요한 입력변수임을 확인할 수 있다. 여러 가지 Economizer Control Type들 중에서 일반적으로 많이 사용되는 NoEconomizer, DifferentialDryBulb 그리고 DifferentialEnthalpy 등 3가지 제어 방식에 대해서 분석을 진행하였다[16]. 그림 4-33은 NoEconomizer 제어 방식을 사용하였을 때의 외기온도 변화에 따른 혼합공기온도를 나타내고 있는데, 항상 일정한 최소 외기량만을 도입하기 때문에 일정하게 상승하는 직선의 패턴을 보이는 것으로 나타난다. 그림 4-34와 그림 4-35는 각각 DifferentialDryBulb 제어 방식과 DifferentialEnthalpy 제어 방식에 따른 외기온도와 혼합공기온도의 변화를 나타낸 그래프로서 두 제어방식은 유사한 패턴을 노임을 알 수 있다. 분석진행시에 AHU의 토출 공기온도를 13℃로 설정하였기 때문에, 13℃를 기준으로 서로 다른 패턴을 보인다. DifferentialDryBulb와 DifferentialEnthalpy의 혼합공기온도 13℃ 이하의 구간은 NoEconomizer와 유사한 패턴을 보이고 있다. 이는 AHU의 토출공기 설정온도 13℃ 이하의 낮은 외기에서 실의 냉방 부하량은 적게 나타나 DifferentialDryBulb와 DifferentialEnthalpy 또한 최소외기만을 도입한다는 것을 의미한다. 혼합공기온도 13℃인 구간은 중간기 기간에 외기와 환기를 혼합하거나 설정온도에 맞는 외기만을 도입시켜 AHU의 토출공기 설정온도를 만족시키는 구간으로 분석된다. 혼합공기온도 13℃ 이상의 구간에서는 외기온도와 혼합공기온도가 동일하며, 이는 환기(Return Air)는 모두 배기시키고 AHU에 100% 외기만을 도입하는 것으로 분석된다. 즉, 환기(Return Air)보다 온도가 낮은 외기만을 도입하여 부하를 감소시키기 위한 것이다. 이와 같은 패턴은 외기온도가 26℃이하 일 때까지 보이며, 26℃이상이 되면 그래프의 기울기 상승이 줄어드는 것을 보이고 있다. 이는 외기가 냉방 설정온도 26℃ 이상이 되어 환기(Return Air) 도입량이 증가하고, 외기는 최소량으로 도입하게 되어 기울기도 감소하게 된 것으로 분석된다. DifferentialDryBulb와 DifferentialEnthalpy의 변화 패턴은 유사하지만 외기온도가 20℃ 이상에서는 DifferentialEnthalpy의 혼합공기온도가 더 높게 나타난다. 이는 앞서 건구온도만을 비교하여 외기도입량을 제어하는 DifferentialDryBulb과 달리 DifferentialEnthalpy는 엔탈피 비교를 통해 잠열까지 고려하여 외기도입을 줄인 것으로 사료된다[28]. 요컨대, 제어 방식의 변화만으로 혼합 공기온도가 상당히 영향 받는 것을 분석 결과를 통해 알 수 있으며, Economizer 제어방식 또는 Economizer의 작동 여부가 전체 시스템과 긴밀한 연관이 있는 것을 확인할 수 있다.

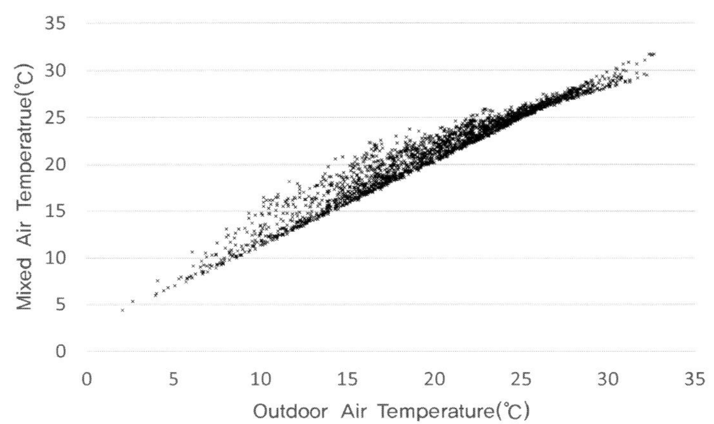

그림 4-33. 외기 온도에 따른 혼합 공기온도 변화 - No Economizer 제어 방식[16]

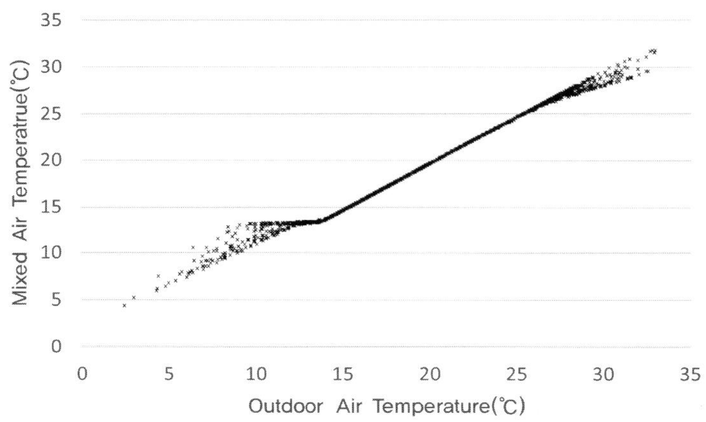

그림 4-34. 외기 온도에 따른 혼합 공기온도 변화 - Differential Dry-Bulb 제어 방식[16]

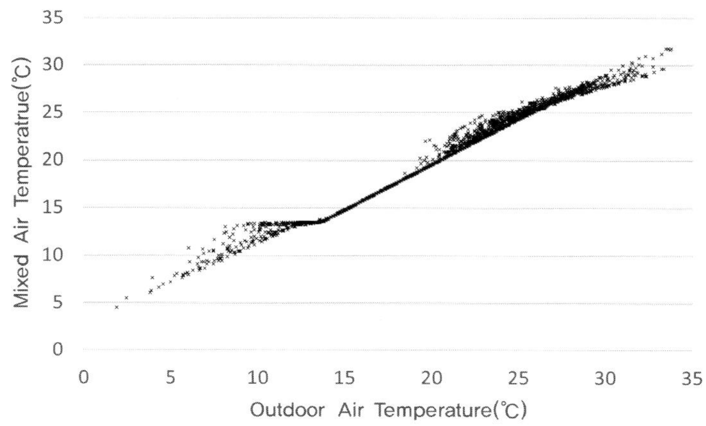

그림 4-35. 외기 온도에 따른 혼합 공기온도 변화 - Differential Enthalpy 제어 방식[16]

그림 4-36부터 그림 4-38은 Economizer 제어 방식에 따른 외기 도입 비율을 나타낸다. 세로축의 Outdoor Air Fraction은 식 4-6을 바탕으로 산출하였으며, 이는 Economizer로 들어오는 외기 도입량을, AHU를 통과하는 시스템 전체 풍량으로 나눈 값을 의미한다.

$$Outdoor\,Air\,Fraction = \frac{Outdoor\,Air\,Flow}{AHU\;Air\,Flow} \tag{4-6}$$

NoEconomizer 제어 방식일 때 외기온도 변화별 외기도입비율을 나타낸 그림 4-36을 보면, DifferentialDryBulb와 DifferentialEnthalpy 제어 방식과는 다른 패턴을 보이고 있다. NoEconomizer 제어 방법은 외기온도가 증가할수록 외기도입비율이 전반적으로 줄어드는 것으로 나타나는데, 이는 항상 최소외기도입으로 실 부하를 감소시켜야 하기 때문에 그림 4-19에서 도식화된 VAV Box의 제어 로직에 의해 AHU Fan의 풍량을 증가시켜 실의 설정온도를 맞추는 것으로 분석된다. 결국, 증가하는 Fan의 풍량 대비 외기는 최소도입량으로 일정하기 때문에 외기도입비율이 떨어지는 것으로 나타난다. AHU 토출공기 설정온도 13℃ 이하의 낮은 외기온도를 갖는 중간기 기간에 실 부하에 의해 요구되는 VAV Terminal Unit의 AHU Fan 풍량은 최솟값으로 설정된다[19]. 외기 또한 13℃이하의 낮은 온도조건하에서는 실의 냉방 부하량이 적어 최소풍량을 도입한다. 따라서 Fan 풍량과 외기풍량은 최소량으로 일정하여 DifferentialDryBulb와 DifferentialEnthalpy의 13℃ 이하인 외기조건하에서 외기도입비율은 일정하게 높은 값을 나타낸다. 최소 외기 도입량과 Fan의 최소풍량의 차이가 작아 외기도입비율이 다소 높은 것으로 분석된다. 외기온도가 AHU 토출공기 설정온도인 13℃에 가까워질수록 외기도입비율은 증가하며 13℃이상부터 100% 외기만을 도입하는 것을 확인할 수 있다. 이는 그림 4-34와 그림 4-35에서 보이듯이 Return Air 온도보다 낮은 외기온도를 사용하여 냉방 코일의 부하를 감소하기 위한 것으로 판단된다. DifferentialDryBulb의 경우 여름철 냉방 설정온도 26℃까지 외기만을 도입하고 외기온도가 2 6℃ 이상이 되면 외기도입비율이 줄어드는 것을 보이는 반면, DifferentialEnthalpy의 경우 외기온도가 20℃ 이상일 때부터 외기도입 비율이 줄어드는 것을 보인다. 이는 온도와 습도를 고려하는 엔탈피 비교를 통해 외기도입을 제어하여 냉방 설정온도보다 낮은 온도에서도 외기도입을 감소시키는 것으로 분석된다. 또한 외기 온도가 증가할수록 여름철 실 부하에 의해 요구되는 VAV Box의 AHU Fan 풍량 또한 증가하여, 감소하는 외기도입량 대비 Fan 풍량의 증가로 외기도입비율이 중간기 기간의 외기도입비율보다 더 낮은 값을 나타냄을 확인할 수 있다[28].

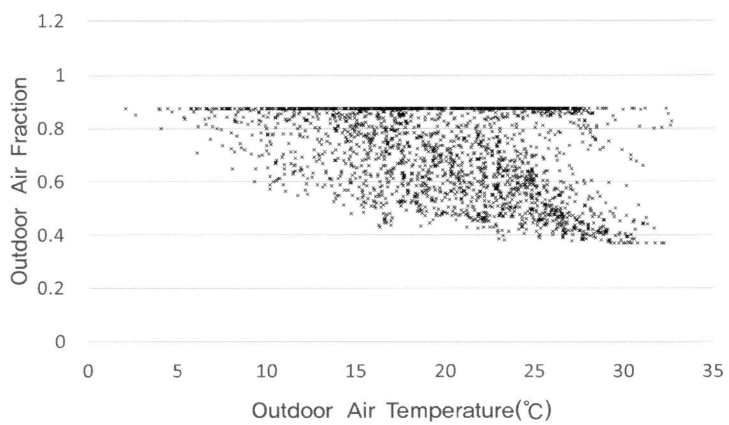

그림 4-36. 외기 온도에 따른 외기 도입 비율- No Economizer 제어 방식[16]

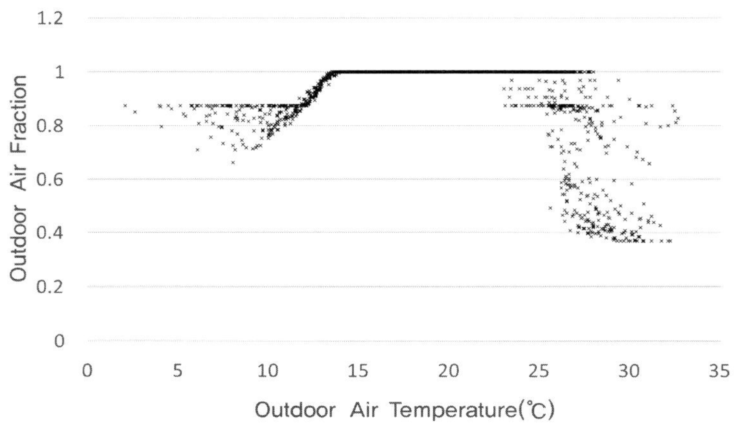

그림 4-37. 외기 온도에 따른 외기 도입 비율 - Differential Dry-Bulb 제어 방식[16]

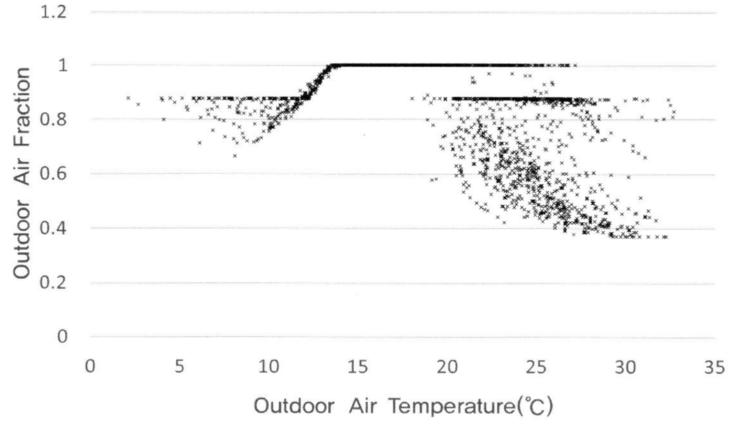

그림 4-38. 외기 온도에 따른 외기 도입 비율 - Differential Enthalpy 제어 방식[16]

그림 4-39는 4월부터 10월까지 Economizer 제어 방식에 따른 냉동기의 월별 전기 소비량을 나타낸다. 겨울철, 3월, 그리고 11월의 낮은 외기 온도에서는 모든 제어 방식이 위의 그림 4-33부터 그림 4-35에서 볼 수 있듯이 최소 외기량만을 도입하기 때문에, 에너지 소비량 차이가 발생하지 않아 분석에서 제외하였다. 제어 방식에 초점을 맞추어 결과를 해석하면, 냉방기간의 총 냉방에너지 사용량은 외기의 잠열까지 고려하여 제어하는 DifferentialEnthalpy 제어 방식이 가장 낮은 것을 확인할 수 있다. 중간기의 경우 NoEconomizer와 DifferentialDryBulb 제어 방식 대비 DifferentialEnthalpy 제어 방식이 각각 17.3%, 2.4% 적은 냉방 에너지를 소비한 것으로 나타난다. 중간기의 외기 온도는 Return Air와 혼합하여 시스템 설정온도인 13℃를 만족하게 된다. 따라서 적극적으로 외기를 도입시켜 공조에 활용하는 DifferentialDryBulb 제어 방식과 DifferentialEnthalpy 제어 방식이 NoEconomizer 제어 방식보다 월등하게 낮은 에너지 소비를 보인다. 하지만 여름철의 경우 높은 습도로 인하여 잠열을 고려하지 않고 외기를 도입하는 DifferentialDryBulb의 제어 방식이 가장 많은 에너지 소비를 보임으로써 오히려 에너지 사용량이 증가하는 것으로 나타났다. 즉, 제어 방식만 바뀌어도 혼합공기온도, 외기도입비율, 그리고 에너지 사용량이 크게 변화하기 때문에 그 지역의 기후 조건에 따라 적절한 Economizer 제어 방식을 선택해야 함을 시사하고 있다.

- 중요한 입력변수인 Control Type이 결정되고 나면, 다음 입력사항은 MinumumFlowWithBypass와 ModulateFlow 중 하나를 선택해야 하는 Economizer Control Action Type Field이다. 해당 Field를 공란으로 놔둘 경우 Default 값인 ModulateFlow로 선택되어 시뮬레이션이 수행된다.

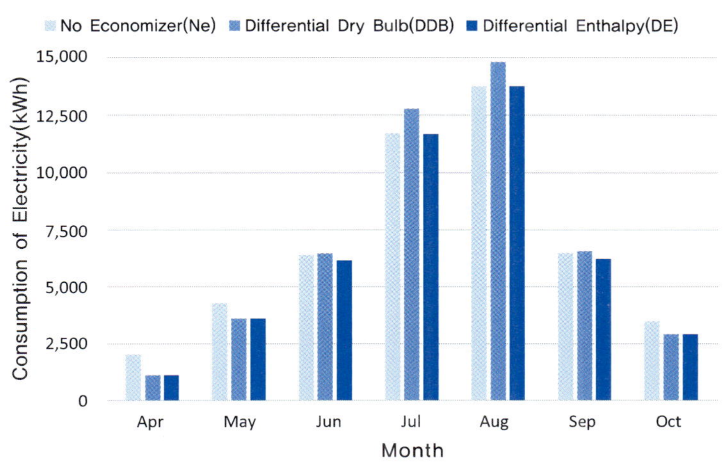

그림 4-39. Economizer 제어 방식에 따른 월별 냉동기 전기 소모량[16]

ModulateFlow의 경우 혼합공기온도가 AHU 토출공기 설정온도에 최대한 근접하도록 외기 도입량을 조절함으로써 냉방 코일의 부하를 최소화시키는 Action Type으로서, 대부분의 경우 해당 Field는 ModulateFlow로 입력하는 것이 무난한 선택이다. MinimumFlowWithBypass는 중앙 AHU에 설치된 공기 대 공기 열교환기와 연계돼서 작동하는 특수한 경우에 선택하는 입력사항으로서, MinimumFlowWithBypass가 선택되어야 하는 상황은 극히 드물기 때문에 이와 관련된 자세한 설명은 생략하기로 한다.

- Economizer Maximum Limit Dry-Bulb Temperature는 Economizer의 작동을 위해 외부 공기 건구온도의 상한계점을 입력하는 Field이다. 만약 외기온이 해당 Field 입력 값보다 높을 경우 외기가 최소풍량으로 도입된다. 해당 Field는 위의 Economizer Control Type Field가 FixedDryBulb 또는 FixedDewPointAndDryBulb으로 입력되었을 경우 필수적으로 입력해야 하는 Field이다. 만약 해당 Field를 공란으로 놔둘 경우 외기온도 상한계점 제어가 없다는 것을 의미한다.
- Economizer Maximum Limit Enthalpy는 Economizer의 작동을 위해 외부 공기 Enthalpy의 상한계점을 입력하는 Field이다. 만약 외기 Enthalpy가 해당 Field 입력 값보다 높을 경우 외기가 최소풍량으로 도입된다. 해당 Field는 위의 Economizer Control Type Field가 FixedEnthalpy로 입력되었을 경우 필수적으로 입력해야 하는 Field이다. 만약 해당 Field를 공란으로 놔둘 경우 외기 Enthalpy 상한계점 제어가 없다는 것을 의미한다.
- Economizer Maximum Limit Dewpoint Temperature는 Economizer의 작동을 위해 외부 공기 이슬점 온도의 상한계점을 입력하는 Field이다. 만약 외기 이슬점 온도가 해당 Field 입력 값보다 높을 경우 외기가 최소풍량으로 도입된다. 해당 Field는 위의 Economizer Control Type Field가 FixedDewPointAndDryBulb로 입력되었을 경우 필수적으로 입력해야 하는 Field이다. 만약 해당 Field를 공란으로 놔둘 경우 외기 이슬점 온도 상한계점 제어가 없다는 것을 의미한다.
- Economizer Minimum Limit DryBulb Temperature는 Economizer의 작동을 위해 외부 공기 건구온도의 하한계점을 입력하는 Field이다. 만약 외기온이 해당 Field 입력 값보다 낮을 경우 외기가 최소풍량으로 도입된다. 만약 해당 Field를 공란으로 놔둘 경우 외기 온도 하한계점 제어가 없다는 것을 의미한다.
- Lockout Type은 지금까지 살펴본 외기 조건에 따른 Economizer 제어로직과 더불어, 직팽 코일이 내장된 패키지 시스템 등과 연계돼서 Economizer의 외기를 조절하는 특수한 상황의 제어로직을 입력해주는 Field로서 NoLockout, LockoutWithHeating, 그리고 LockoutWithCompressor 중 1개를 선택할 수 있다. 해당 Field를 공란으로 놔둘 경우

Default 값인 NoLockout로 선택되어 외기 조건에 따른 Economizer 제어로직만을 고려하여 시뮬레이션이 수행된다. LockoutWithHeating과 LockoutWithCompressor는 직팽코일이 내장된 패키지 에어컨 시스템 등과 연계돼서 작동하는 특수한 경우에 선택하는 입력사항으로서 LockoutWithHeating이나 LockoutWithCompressor가 선택되어야 하는 상황은 매우 드물기 때문에 이와 관련된 자세한 설명은 생략하기로 한다. 따라서 대부분의 경우 해당 Field는 NoLockout으로 입력하는 것이 무난한 선택이다.

- Minimum Limit Type은 최소외기풍량 입력방법을 지정하는 Field로서 FixedMinimum 또는 ProportionalMinimum 중 하나를 선택할 수 있다. ProportionalMinimum으로 선택하면 Economizer의 최소외기도입량이 시스템 전체풍량에 정비례하여 변화한다. 반면에 FixedMinimum으로 선택하면, 최소외기도입량은 시스템 풍량과 상관없이 Minimum Outdoor Air Flow Rate Field에서 입력한 값으로 설정된다. Default 값은 ProportionalMinimum이다.
- Mechanical Ventilation Controller Name은 Controller:MechanicalVentilation Object와

Field	Units
Name	
Relief Air Outlet Node Name	
Return Air Node Name	
Mixed Air Node Name	
Actuator Node Name	
Minimum Outdoor Air Flow Rate	m3/s
Maximum Outdoor Air Flow Rate	m3/s
Economizer Control Type	
Economizer Control Action Type	
Economizer Maximum Limit Dry-Bulb Temperature	C
Economizer Maximum Limit Enthalpy	J/kg
Economizer Maximum Limit Dewpoint Temperature	C
Electronic Enthalpy Limit Curve Name	
Economizer Minimum Limit Dry-Bulb Temperature	C
Lockout Type	
Minimum Limit Type	
Minimum Outdoor Air Schedule Name	
Minimum Fraction of Outdoor Air Schedule Name	
Maximum Fraction of Outdoor Air Schedule Name	
Mechanical Ventilation Controller Name	
Time of Day Economizer Control Schedule Name	
High Humidity Control	
Humidistat Control Zone Name	
High Humidity Outdoor Air Flow Ratio	
Control High Indoor Humidity Based on Outdoor Humidi	
Heat Recovery Bypass Control Type	

그림 4-40. Controller:OutdoorAir Object 입력화면

연계해서 최소 외기도입량을 자동으로 설정할 수 있게 해주는 입력 Field이다. Controller:MechanicalVentilation Object와 연계해서 사용하면 ASHRAE 62 기준의 최소 환기량 산정방법과 같이 해당 Economizer가 담당하는 Zone들의 재실자수 또는 바닥면적을 기반으로 한 최소 외기도입량을 자동적으로 설정할 수 있다. 즉, 해당 Field에 Controller:MechanicalVentilation 이름이 입력되어 있으면, 해당 Economizer의 최소 외기도입량은 위에서 설명한 Minimum Outdoor Air Flow Rate, Minimum Limit Type, 그리고 Minimum Outdoor Air Schedule Name Field들에 입력된 사항들을 바탕으로 산정된 최소 외기도입량과 Controller:MechanicalVentilation Object에서 산정된 최소 외기도입량 중에서 높은 값으로 설정된다. 만약 해당 Field를 공란으로 놔둘 경우, 최소 최기도입량은 위에서 설명한 Minimum Outdoor Air Flow Rate, Minimum Limit Type, 그리고 Minimum Outdoor Air Schedule Name Field들에 입력된 사항들을 바탕으로 산정된 값으로 최종 결정된다.

4.12 AirLoopHVAC:OutdoorAirSystem:EquipmentList _ [외기도입 시스템 구성]

AirLoopHVAC:OutdoorAirSystem:EquipmentList는 중앙 공조기기에 내장되어 있는 Economizer 관련된 기기들을 하나의 Equipment List로 묶어 주는 역할을 하는 Object인데, 입력하기에 별로 복잡한 Object는 아니다. VAVSystemOffice.idf 파일을 보면, AHU OA Mixing Box의 이름을 가진 OutdoorAir:Mixer와 Relief Fan 1의 이름을 가진 Fan:VariableVolume가 개별적으로 작동하는 것이 아니라 서로 연동하여 Economizer를 작동시킨다. 즉, 서로 연동돼서 작동해야 하는 장치들을 하나로 묶는 역할을 하는 Object라고 이해하면 된다. 전술하였듯이, VAVSystemOffice.idf 파일에서는 Fan과 OA Mixer 2개의 장치들이 Economizer를 작동시키기 때문에 2개의 Object Type과 Name이 각각 입력되어 있음을 확인할 수 있다. EnergyPlus에서는 최대 9개의 Object를 하나의 EquipmentList로 지정할 수 있다.

그림 4-41은 AirLoopHVAC:OutdoorAirSystem:EquipmentList Object의 입력화면으로서, 주요 입력사항은 다음과 같다.

- 우선 EquipmentList 고유의 이름을 지정한다.
- 그 이후로는 해당 Economizer 작동을 위해 연동되어야 하는, 최대 9개까지의 Object Type과 Name을 입력할 수 있는 입력란들이 존재한다. VAVSystemOffice.idf 파일에서는

Field	Units
Name	
Component 1 Object Type	
Component 1 Name	
Component 2 Object Type	
Component 2 Name	
Component 3 Object Type	
Component 3 Name	
Component 4 Object Type	
Component 4 Name	
Component 5 Object Type	
Component 5 Name	
Component 6 Object Type	
Component 6 Name	
Component 7 Object Type	
Component 7 Name	
Component 8 Object Type	
Component 8 Name	
Component 9 Object Type	
Component 9 Name	

그림 4-41. AirLoopHVAC:OutdoorAirSystem:EquipmentList Object 입력화면

Component 1 Object Type은 Fan:VariableVolume으로, Component 1 Name은 해당 Fan의 이름인 Relief Fan 1으로 입력되어 있고, Component 2 Object Type은 OutdoorAir: Mixer로, Component 2 Name은 해당 OA Mixer의 이름인 AHU OA Mixing Box로 입력되어 있음을 확인할 수 있다.

4.13 AirLoopHVAC:OutdoorAirSystem _ [외기도입 시스템의 제어로직 탑재]

AirLoopHVAC:OutdoorAirSystem은 4.12절에서 중앙 공조기기에 내장되어 있는 Economizer 관련된 기기들을 하나로 묶은 Equipment List에, 사용자가 4.11절에서 입력한 제어로직을 탑재해 주는 역할을 하는 Object로서 이 역시도 4.12절과 마찬가지로 입력하기에 별로 복잡한 Object는 아니다. 그림 4-42는 AirLoopHVAC:OutdoorAirSystemObject의 입력화면으로서, 4.12절의 EquipmentList와 4.11절의 ControllerList를 연결하여 최종적으로 하나의 완성된 OutdoorAirSystem을 만든다. 주요 입력사항은 다음과 같다.

- 우선 다른 Object들과 동일하게 OutdoorAirSystem 고유의 이름을 입력한다.

- Controller List Name의 경우 AirLoopHVAC:ControllerList Object에서 선행적으로 입력되어 있어야 입력이 가능한 Field이다. Controller는 4.11절에서 입력한 Economizer의 제어로직과 관련된 사항인데, VAVSystemOffice.idf 파일에서는 Controller:OutdoorAir만 입력되어 있음을 확인할 수 있다. 만약 냉 · 온수 코일이 탑재된 외기전담장치(DOAS, Dedicated Outdoor Air System)를 모델링하고자 한다면, Controller:WaterCoil도 입력되어야 한다.
- Outdoor Air Equipment List Name은 위의 4.12절에서 입력한 Equipment List의 Object 이름을 입력하면 된다.
- Availability Manager List Name Field는 필수 입력 사항은 아니지만 EnergyPlus의 상위 제어 단계에 해당하는 입력 Field이다. 해당 Outdoor Air System 뿐만 아니라 전체 HVAC 시스템의 On/Off 제어를 결정하는 Availability Manager의 이름을 입력하는 Field로서, Availability Manager List Name Field를 입력하기 위해서는 AvailabilityManagerAssignmentList Object가 우선적으로 입력되어 있어야 한다. AvailabilityManagerAssignmentList Object를 입력하기 위해서는 그림 4-7에 나열된 System Availability Managers Group의 여러 Availability Manager들 중에서 사용자가 모델링하고자 하는 시스템에 가장 적합한 AvailabilityManager Object를 우선적으로 입력해야 한다. 즉, AvailabilityManager Object의 입력을 바탕으로 AvailabilityManagerAssignmentList Object가 만들어지고, 다시 이를 바탕으로 최종적으로 AirLoopHVAC:OutdoorAirSystem Object내의 Availability Manager List Name Field를 입력하게 된다. 또한, Outdoor Air System의 On/Off 제어는 AHU (AirLoopHVAC Object)의 On/Off 제어에 의해 결정되는 것이 일반적이기 때문에 Outdoor Air System의 On/Off 제어는 AHU(AirLoopHVAC Object)의 On/Off 제어와 동일한 스케줄을 입력하는 것이 무난한 선택이다. VAVSystemOffice.idf 파일에서도 AirLoopHVAC:OutdoorAirSystem과 AirLoopHVAC Object가 동일한 Availability Manager List Name으로 입력되어 있음을 확인할 수 있다.

Field	Units
Name	
Controller List Name	
Outdoor Air Equipment List Name	
Availability Manager List Name	

그림 4-42. AirLoopHVAC:OutdoorAirSystem Object 입력화면

4.14 SetpointManager:Scheduled _ [시스템 주요 제어변수 설정 값 지정]

SetpointManager:Scheduled는 사용자가 모델링하고자 하는 설비 시스템 내에서 주요 제어변수 설정 값들을 지정해주는 중요한 Object이다. 그림 4-1의 중앙공조형 VAV 시스템을 살펴보면, 중요한 제어변수들이 AHU 토출온도, 냉수 공급온도, 온수 공급온도, 냉각수 공급온도 등이다. 이러한 제어변수들의 설정 값들을 어떻게 지정하느냐에 따라 해당 시스템의 전체적인 성능이 영향을 받는다. 본 저서와 함께 첨부한 VAVSystemOffice.idf에서도 위의 4가지 제어변수들에 대한 설정 값들을 지정했음을 확인할 수 있다.

그림 4-43은 SetpointManger:Scheduled Object의 입력화면으로서, 주요 입력사항은 다음과 같다.

- 우선적으로 중복되지 않는 고유의 SetpointManager Name을 입력한다.
- 다음으로 Control Variable을 입력하게 된다. 제어할 변수 종류를 지정하는 Field로서, 일반적으로는 온도(Temperature) 제어를 많이 하지만 표 4-2에 나열되어 있듯이 온도 이외에도 많은 제어변수 종류를 선택할 수 있다. VAVSystemOffice.idf에서는 4가지 제어변수 종류를 모두 온도(Temperature)로 선택했음을 알 수 있다.
- Schedule Name은 제어변수의 시간별 설정 값들을 지정해주는 스케줄 이름을 입력하는 Field이다. VAVSystemOffice.idf에서는 설정 값들이 시간별로 변하지 않고 연간 일정한 수치들로 지정되어 있음을 확인할 수 있다(Sch_AHU_SAT, Sch_Hot_Water_Loop_Temp_Setpoint, Sch_Chilled_Water_Loop_Temp_Setpoint, Sch_Condenser_Water_Loop_Temp_Setpoint).

선택사항	설 명	단 위
Temperature	해당 Node의 유체 온도	℃
MaximumTemperature	해당 Node의 유체 최대온도	℃
MinimumTemperature	해당 Node의 유체 최소온도	℃
HumidityRatio	해당 Node의 절대습도	kg/kg
MaximumHumidityRatio	해당 Node의 최대 절대습도	kg/kg
MinimumHumidityRatio	해당 Node의 최소 절대습도	kg/kg
MassFlowRate	해당 Node의 유량	kg/s
MaximumMassFlowRate	해당 Node의 최대 유량	kg/s
MinimumMassFlowRate	해당 Node의 최소 유량	kg/s

표 4-2. SetpointManager:Scheduled Object의 Control Variable 종류

Field	Units
Name	
Control Variable	
Schedule Name	
Setpoint Node or NodeList Name	

그림 4-43. SetpointManager:Scheduled Object 입력화면

- 마지막으로 해당 제어변수가 실질적으로 위치한 Node 이름을 입력하는 Setpoint Node Field가 있다. 일반적으로 각 Loop의 Supply Side(4.1절 참조)에서 Demand Side로 보내기 전인, Supply Side에서 최종적으로 토출되는 Node 이름을 입력해야 한다.

VAVSystemOffice.idf에서는 Air Loop Supply Side로부터의 토출공기 Node인 AHU Supply Fan Outlet, Plant Heating Loop Supply Side로부터의 온수공급 Node인 Hot Water Loop HW Supply Outlet, Plant Cooling Loop Supply Side로부터의 냉수공급 Node인 Chilled Water Loop ChW Supply Outlet, Condenser Loop Supply Side로부터의 냉각수 공급 Node인 Condenser Water Loop CndW Supply Outlet에 각각 13.9℃, 7.2℃, 80.0℃, 21.1℃의 설정 값들을 지정했음을 확인할 수 있다. 시스템이 제대로 작동하고 있다면 전술한 4가지 설정 값과 동일한 온도로 제어가 되어야 한다.

4.15 SetpointManager:MixedAir _ [외기도입 시스템의 제어변수 설정 값 지정]

SetpointManager:MixedAir는 4.11절의 Controller:OutdoorAir와 연동돼서 작동하는데, Economizer의 혼합공기 온도 설정 값을 지정해주는 Object이다. 4.14절에서 설명하였듯이, VAVSystemOffice.idf 파일에서는 Air Loop Supply Side로부터의 토출공기 Node인 AHU Supply Fan Outlet에 13.9℃의 설정 값이 지정되어 있는데, AHU Supply Fan Outlet Node는 Supply Fan의 Outlet 공기 Node임을 알 수 있다. 즉, AHU Supply Fan Outlet Node가 정확히 13.9℃로 제어되기 위해서는, Economizer의 혼합공기 Node인 AHU Mixed Air Outlet 공기온도를 설정함에 있어서 Supply Fan 발열에 의해 발생하는 온도 상승이 고려되어야 한다. 따라서 Economizer의 혼합공기 Node로 지정되어 있는 AHU Mixed Air Outlet Node는 AHU Supply Fan Outlet의 설정온도인 13.9℃에서 Supply Fan 발열에 의한 온도상승만큼의 온도를 뺀 설정 온도로 Economizer가 작동되어야 함을 알 수 있다. 그림 4-44는 SetpointManager:MixedAir Object의 입력화면으로서, 주요 입력 사항은 다음과 같다.

Field	Units
Name	
Control Variable	
Reference Setpoint Node Name	
Fan Inlet Node Name	
Fan Outlet Node Name	
Setpoint Node or NodeList Name	

그림 4-44. SetpointManager:MixedAir Object 입력화면

- Name Field에는 SetpointManager 고유의 이름을 지정한다.
- Control Variable은 제어대상이 되는 변수의 종류를 선택하는 Field인데, 해당 Object에서는 Temperature만 선택 가능하며, Default 역시 Temperature이다.
- Reference Setpoint Node Name은 온도가 설정된 AHU 토출공기 Node 이름을 입력하는 Field인데, 일반적으로 Air Loop Supply Side로부터의 토출공기 Node 이름을 입력하면 된다. VAVSystemOffice.idf 파일에서도 SetpointManager:Scheduled Object에 의하여 급기온도가 13.9℃로 설정되어 있는 AHU Supply Fan Outlet으로 입력되어 있음을 확인할 수 있다.
- Fan Inlet Node Name과 Fan Outlet Node Name은 급기 팬의 Inlet과 Outlet Node의 이름을 입력하는 Field들이다. 대부분의 경우 Fan Outlet Node Name은 위의 Reference Setpoint Node Name과 동일하게 입력되어야 하며, VAVSystemOffice.idf 파일에서도 AHU Supply Fan Outlet으로 동일하게 입력되어 있음을 확인할 수 있다.
- 마지막으로 Setpoint Node or NodeList Name은 SetpointManager:MixedAir에 의하여 온도를 설정할 Economizer의 혼합 공기 Node 이름을 입력하는 Field이다. VAVSystemOffice.idf 파일에서도 Economizer의 혼합 공기 Node인 AHU Mixed Air Outlet으로 입력되어 있음을 확인할 수 있으며, 이는 4.10절의 OutdoorAir:Mixer Object와 4.11절의 Controller:OutdoorAir Object의 Mixed Air Node Name Field 입력 값과 동일하다.

5. Plant Modeling

5 Plant Modeling _[플랜트 모델링]

EnergyPlus에서 3장의 건물 형상 및 Zone 모델링과 4장의 System 모델링을 완성한 후, 최종적으로 Plant 모델링을 실시하게 된다. 냉난방 설비 시스템 모델링은 크게 System Modeling과 Plant Modeling으로 구분할 수가 있는데, 앞의 4장에서 살펴본 System Modeling은 AHU(공기조화기, Air Handling Unit), Economizer 및 각 존에 설치된 Terminal Unit 등과 같이 공조 공기를 다루는 부분이고, 5장에서 살펴볼 Plant Modeling은 냉동기, 보일러, 펌프, 냉각탑, 냉·온수 코일 등과 같이 냉난방의 열원이 되는 냉수와 온수를 다루는 부분이다.

본 장에서는 EnergyPlus Plant 모델링에 앞서 기본적으로 숙지하고 있어야 하는 Plant Loop 및 Condenser Loop의 개념에 대해서 간략히 살펴본 후 Plant Modeling과 관련된 보일러 성능곡선, 냉동기 성능곡선, 펌프 등에 대하여 설명하고자 한다.

5.1 PlantLoop _[Plant Loop 정의]

4.1절에서 설명하였듯이 EnergyPlus에는 Condenser Loop, Plant Loop, Air Loop 등 총 3가지의 Loop가 존재한다. 이 중에서 열매체가 공기인 Air Loop를 제외한 나머지 Loop들은 열매체가 물이다. 그림 4-1을 보면, Plant Loop는 냉동기와 냉방 코일을 연결하는 Cooling Loop, 그리고 보일러와 난방 코일을 연결하는 Heating Loop 등 두 가지가 존재한다. 즉, 냉수는 냉동기와 냉각코일 사이를 반복적으로 순환하는 Plant Cooling Loop를 형성하고, 온수는 보일러와 난방코일 사이를 반복적으로 순환하는 Plant Heating Loop를 형성하고 있다. 4.1절에서 이미 Plant Loop에 대해서 대략적으로 설명하였지만, 정밀한 Plant 모델링을 위해서는 Supply Side, Demand Side, Splitter, Mixer, Bypass 등의 Plant Loop 관련 개념들을 제대로 숙지하고 있어야 하기 때문에 그와 관련된 설명들부터 진행하기로 한다.

그림 5-1은 Plant Cooling Loop의 전개도를 나타내고 있다. Cooling Loop의 경우 냉동기의 증발기에서 냉수를 생산하게 되고, 그 냉수는 AHU 안의 Cooling Coil에서 공조공기를 냉각시키기 위해 소비된다. 전술하였듯이, VAVSystemOffice.idf 파일에서는 AHU 토출 공기온도가 13.9℃로 설정되어 있는데 냉방 시에 AHU 토출 공기온도를 13.9℃로 맞추기 위해서 Cooling Coil에서 냉수가 소비되는 것이다. EnergyPlus 냉난방 설비 모델링을 위해서는 각 Loop를 구성하는 Supply Side와 Demand Side의 개념을 숙지해야 하는데, Supply Side는 Loop 내에서 열매체를

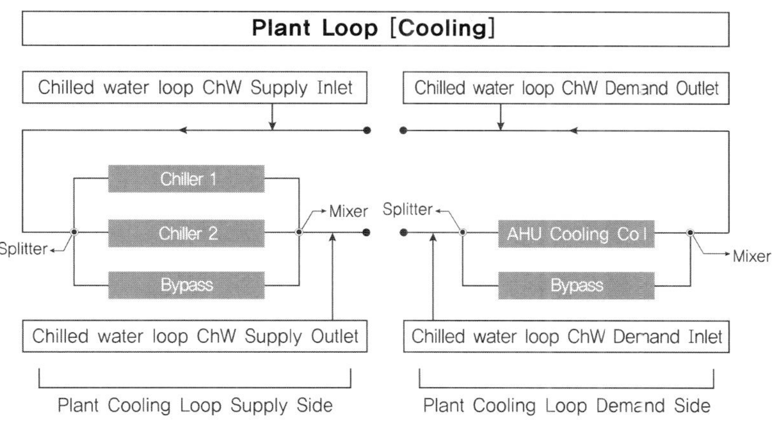

그림 5-1. Plant Cooling Loop의 전개도(VAVSystemOffice.idf 파일 참조)

생산해 주는 곳을 의미하고 Demand Side는 그 열매체를 소비하는 곳을 의미한다. 따라서 Plant Cooling Loop의 경우 냉방의 열원이 되는 냉수를 생산하는 냉동기가 Supply Side가 되며, 생산된 냉수를 소비하는 AHU안의 Cooling Coil이 Demand Side가 된다. 그림 5-1을 보면, Plant Cooling Loop에서 4개의 주요 Node 이름이 존재함을 확인할 수 있다. Chilled water loop ChW Supply Inlet은 Plant Cooling Loop Demand Side에서 Supply Side로 보내는, 즉 Supply Side로 진입하는 Plant Side Inlet Node이다. Chilled water loop ChW Supply Inlet을 통과한 냉수는 냉동기를 향해 가게 되는데 VAVSystemOffice.idf 파일은 2대의 냉동기를 가동하고 있다. 따라서 하나의 냉수 배관을 2개 이상의 냉수배관으로 분산시켜 주는 Connector:Splitter를 통해 Chiller 1, Chiller 2, Bypass로 나뉘게 된다. Bypass는 냉동기를 통과하지 않고 곧바로 Demand Side로 향하는 냉수의 통로가 되는 배관으로서 Bypass 유량이 전혀 없더라도 EnergyPlus에서는 되도록이면 모델링해주는 것을 권장한다. Chiller나 Bypass를 통과한 Supply Side의 냉수는 Connector:Mixer를 통해 하나의 Node로 다시 합쳐지게 되고, 합쳐진 Node는 냉수를 사용하기 위해 Demand Side로 보내지게 된다. Chilled water loop ChW Supply Outlet은 Supply Side에서 Demand Side로 보내기 전 Supply Side에서의 마지막 Node인 Supply Side Outlet Node이다. Demand Side로 넘어 온 냉수는 Connector:Splitter를 통해 나뉘었다가 Cooling Coil이나 Bypass를 통과한 후 다시 Connector:Mixer로 합쳐지게 된다. Chilled water loop ChW Demand Inlet은 Supply Side에서 Demand Side로 들어오는 첫 번째 Node인 Demand Side Inlet Node Name이다. 마지막으로, Chilled water loop ChW Demand Outlet은 Demand Side에서 Supply Side로 보내기 전 마지막 Demand Side의 Node인 Demand Side Outlet Node이다. 즉, Demand Side Outlet Node와 Plant Side Inlet Node가 직접 연결되어 있고, Plant Side Outlet Node와 Demand Side Inlet Node가 직접 연결되어 있음을 확인할 수 있다.

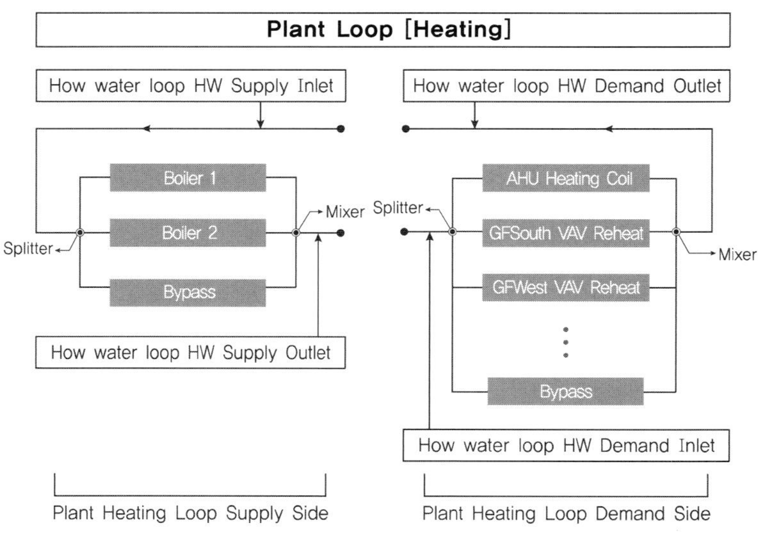

그림 5-2. Plant Heating Loop의 전개도(VAVSystemOffice.idf 파일 참조)

그림 5-2는 Plant Heating Loop의 전개도를 나타낸다. 위의 Plant Cooling Loop와는 달리, Plant Heating Loop에서는 보일러에서 온수를 생산하게 되고, 그 온수는 AHU안의 Heating Coil 및 각 Zone의 VAV Box안에 내장되어 있는 Reheat Coil에서 공조공기를 승온시키기 위해 사용된다. 따라서 난방의 열원이 되는 온수를 생산하는 보일러가 Supply Side가 되며, 생산된 온수를 소비하는 AHU안의 Heating Coil 및 각 VAV Box안의 Reheat Coil들이 Demand Side가 된다. 그림 5-2를 보면, Plant Cooling Loop와 마찬가지로 Plant Heating Loop에서도 4개의 주요 Node 이름이 존재함을 확인할 수 있다. Hot Water Loop HW Supply Inlet은 Plant Heating Loop의 Demand Side에서 Supply Side로 보내는, 즉 Supply Side로 진입하는 Plant Side Inlet Node이다. Hot water loop HW Supply Inlet을 통과한 온수는 보일러를 향해 가게 되는데 VAVSystemOffice.idf 파일은 2대의 보일러를 가동하고 있다. 따라서 하나의 온수 배관을 2개 이상의 온수배관으로 분산시켜 주는 Connector:Splitter를 통해 Boiler 1, Boiler 2, Bypass로 나뉘게 된다. Plant Cooling Loop에서와 마찬가지로 Bypass는 보일러를 통과하지 않고 곧바로 Demand Side로 향하는 온수의 통로가 되는 배관으로서 Bypass 유량이 전혀 없더라도 EnergyPlus에서는 되도록이면 모델링해주는 것을 적극 권장한다. Boiler나 Bypass를 통과한 Supply Side의 온수는 Connector:Mixer를 통해 하나의 Node로 다시 합쳐지게 되고, 합쳐진 Node는 온수를 소비하기 위해 Demand Side로 보내지게 된다. Hot water loop HW Supply Outlet은 Supply Side에서 Demand Side로 보내기 전 Supply Side에서의 마지막 Node인 Supply Side Outlet Node이다. Demand Side로 넘어 온 온수는 Connector:Splitter를

통해 나뉘었다가 Heating Coil, Reheat Coil 또는 Bypass를 통과한 후 다시 Connector:Mixer로 합쳐지게 된다. Hot water loop HW Demand Inlet은 Supply Side에서 Demand Side로 들어오는 첫 번째 Node인 Demand Side Inlet Node Name이다. 마지막으로, Hot water loop HW Demand Outlet은 Demand Side에서 Supply Side로 보내기 전 마지막 Demand Side의 Node인 Demand Side Outlet Node이다. 즉, Demand Side Outlet Node와 Plant Side Inlet Node가 직접 연결되어 있고, Plant Side Outlet Node와 Demand Side Inlet Node가 직접 연결되어 있음을 확인할 수 있다. VAVSystemOffice.idf 파일에서 Plant Cooling Loop와 Plant Heating Loop의 차이점은 Demand Side에서 확인할 수 있다. Plant Cooling Loop의 경우 실질적으로 냉수를 소비하는 곳은 AHU안의 Cooling Coil뿐인 반면, Plant Heating Loop에서는 AHU안의 Heating Coil 뿐만 아니라 각 VAV Box 안의 Reheat Coil에서도 온수를 소비하기 때문에 그림 5-2에서 확인할 수 있듯이 Plant Cooling Loop에 (그림 5-1) 비해서 더 많은 Branch가 Demand Side에 존재함을 확인할 수 있다. 각 층이 1개의 내주부와 4개의 외주부로 구성되어 있는 3층 건물이기 때문에 총 15개의 Reheat Coil을 포함하여 1개의 AHU Heating Coil, 그리고 Bypass까지 총 17개의 Branch가 Demand Side에 존재함을 알 수 있다.

지금까지 서술한 Plant Loop의 개념을 바탕으로, EnergyPlus에서 Plant Loop 완성을 위해 선행적으로 입력되어야 하는 Object들을 빠짐없이 입력해야 하는데, 그림 5-3은 Plant

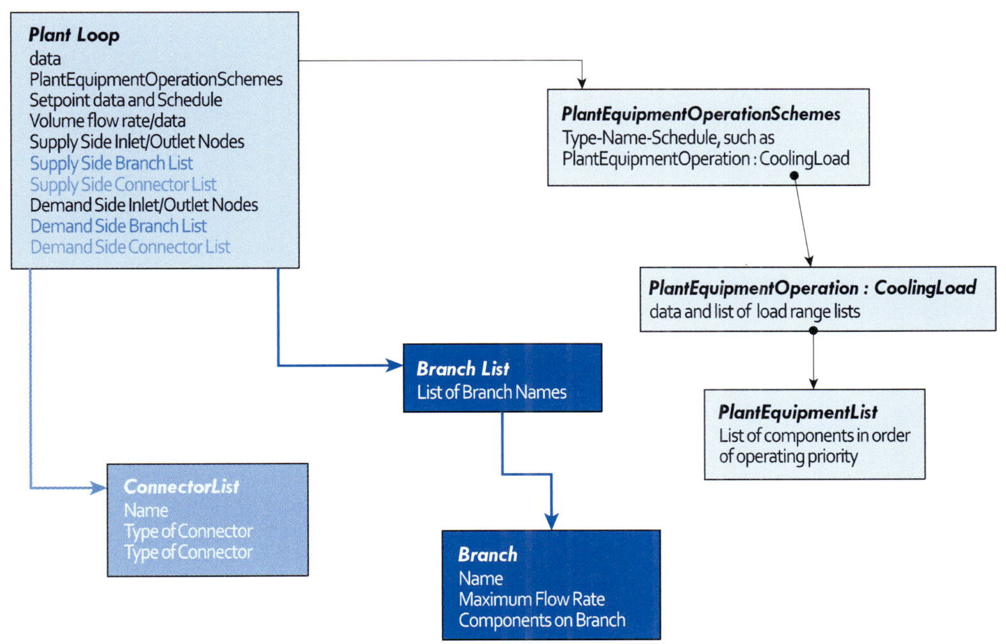

그림 5-3. Plant Loop의 전체적인 입력 순서[5]

Loop와 관련된 Object들의 전체적인 입력 순서를 도식화하고 있다. 그림에 나타나 있듯이 Branch와 PlantEquipmentList Object를 가장 먼저 입력하여야 하고, 입력된 Branch와 PlantEquipmentList Object를 바탕으로 BranchList, ConnectorList, PlantEquipmentOperation: CoolingLoad, 그리고 PlantEquipmentOperationSchemes Object들을 순서대로 입력하여야 한다. 이러한 Object들이 모두 입력되어야 최종적으로 Plant Loop Object 입력이 완성된다. 각 Object의 자세한 입력방법은 5.3, 5.4, 5.5, 5.9, 5.10, 5.12, 5.13절에서 설명하기로 한다.

그림 5-6은 PlantLoop Object의 입력화면으로서, 주요 입력 사항은 다음과 같다. 전술하였듯이, Plant Loop는 Heating과 Cooling이 모두 존재할 경우 VAVSystemOffice.idf 파일에서와 같이 각각 별도로 입력해 주어야 한다. 본 절에서는 VAVSystemOffice.idf 파일에 입력된 2개의 Plant Loop들 중에서 Plant Heating Loop를 바탕으로 설명하고자 한다.

- 우선 Name Field에 Plant Loop 고유의 이름을 지정한다.
- Fluid Type은 Plant Loop의 열매체를 선택하는 Field로서 Water와 Steam 중에서 선택할 수 있는데, 열매체가 냉수와 온수 등의 물일 경우 Water, 증기일 경우 Steam을 선택하면 된다.
- Plant Equipment Operation Scheme Name의 경우 PlantEquipmentOperationSchemes Object에서 선행적으로 입력된 Name을 입력해야 한다. VAVSystemOffice.idf 파일에서는 해당 Plant Heating Loop 관련하여 유일하게 입력된 PlantEquipmentOperationSchemes 이름인 Hot_Water_Loop_Operation으로 설정되어 있음을 확인할 수 있다.
- Loop Temperature Setpoint Node Name은 해당 Plant Loop의 제어변수 설정 값을 설정하는 Node 이름을 지정하는 중요한 Field이다. 일반적으로 Plant Loop에서는 Supply Side Outlet Node로 지정한다. 해당 Node는 Plant Loop의 Supply Side에서 생성된 온수나 냉수를 Demand Side로 보내기 직전의 Node로서 Plant Modeling에서 매우 중요한 Node중의 하나이다. VAVSystemOffice.idf 파일에서는 Plant Heating Loop의 경우 Plant Heating Loop Supply Side로부터의 온수공급 Node인 Hot water loop HW Supply Outlet, Plant Cooling Loop의 경우 Plant Cooling Loop Supply Side로부터의 냉수공급 Node인 Chilled water loop ChW Supply Outlet가 지정되어 있음을 확인할 수 있다.
- Maximum Loop Temperature와 Minimum Loop Temperature는 해당 Plant Loop의 열매체가 Loop를 통과할 수 있는 최대/최소 온도를 각각 지정할 수 있는 Field인데, VAVSystemOffice.idf 파일에서와 같이 충분히 넓은 범위를 지정해주는 것이 무난한 선택이다.
- Maximum Loop Flow Rate와 Minimum Loop Flow Rate는 해당 Plant의 최대/최소 유량을 각각 지정할 수 있는 Field인데, Maximum Loop Flow Rate의 경우에는 Autosize

로, Minimum Loop Flow Rate의 경우에는 0으로 지정해주는 것이 무난한 선택이다.

- Plant Loop Volume은 해당 Plant Loop가 갖는 열용량에 의한 온도 변화 지연효과를 모델링하기 위해서 입력하는 Field이다. 해당 Field를 0으로 지정하게 된다면 Demand Side의 Inlet Temperature 값이 직전 Time-step의 Supply Side Outlet Temperature와 동일하게 되는 반면, 해당 Field를 너무 크게 설정하게 되면 비현실적인 시간 지연효과로 인하여 해당 Loop의 설정온도 변화에 대한 대응이 늦을 수도 있다. 해당 Field는 Autocalculate로 지정해주는 것이 일반적으로 무난한 선택이다.
- Plant Side Inlet Node Name과 Plant Side Outlet Node Name은, 앞서 설명하였듯이 해당 Plant Loop Supply Side의 주요 Node 이름을 입력하는 Field들이다. Plant Side Inlet Node는 Plant Heating Loop의 Demand Side에서 Supply Side로 보내는, 즉 Supply Side로 진입하는 Node 이름으로서 VAVSystemOffice.idf 파일에서는 Hot water loop HW Supply Inlet으로 지정되어 있음을 확인할 수 있다. 반면 Plant Side Outlet Node는 Supply Side에서 Demand Side로 보내기 전 Supply Side에서의 마지막 Node 이름으로서 VAVSystemOffice.idf 파일에서는 Hot water loop HW Supply Outlet으로 지정되어 있음을 확인할 수 있다(그림 5-2 참조).
- Plant Side Branch List Name은 Plant Loop Supply Side의 Branch List 이름을 입력하는 Field로서 BranchList Object에서 선행적으로 입력된 Name을 입력해야 한다. Branch List는 모델링하고자 하는 시스템의 배관 계통을 설계하는, Plant Modeling에서 중요한 부분이기 때문에 5.9절에서 자세히 설명하기로 한다.
- Plant Side Connector List Name은 Plant Loop Supply Side의 Connector List 이름을 입력하는 Field로서 ConnectorList Object에서 선행적으로 입력된 Name을 입력해야 한다. Connector List에는 하나의 배관을 2개 이상의 배관으로 분산시켜 주는 Connector:Splitter와, 2개 이상의 배관을 다시 하나의 Node로 합쳐 주는 Connector:Mixer가 있다(그림 5-1과 그림 5-2 참조). Connector List의 자세한 입력방법은 5.12절과 5.13절에서 다루기로 한다.
- Demand Side Inlet Node Name과 Demand Side Outlet Node Name은 해당 Plant Loop Demand Side의 주요 Node 이름을 입력하는 Field들이다. Demand Side Inlet Node는 Plant Heating Loop의 Supply Side에서 Demand Side로 들어오는 첫 번째 Node 이름으로서 VAVSystemOffice.idf 파일에서는 Hot water loop HW Demand Inlet으로 지정되어 있음을 확인할 수 있다. 반면 Demand Side Outlet Node는 Demand Side에서 Supply Side로 보내기 전 Demand Side에서의 마지막 Node 이름으로서 VAVSystemOffice.idf 파일에서는 Hot water loop HW Demand Outlet으로 지정되어 있음을 확인할 수 있다(그림 5-2 참조).

- Demand Side Branch List Name은 Plant Side Branch List Name과 마찬가지로 Plant Loop Demand Side의 Branch List 이름을 입력하는 Field로서, BranchList Object에서 선행적으로 입력된 Name을 입력해야 한다. BranchList Object의 자세한 입력방법은 5.9절에서 설명하기로 한다.
- Demand Side Connector List Name도 Plant Side Connector List Name과 마찬가지로 Plant Loop Demand Side의 Connector List 이름을 입력하는 Field로서, ConnectorList Object에서 선행적으로 입력된 Name을 입력해야 한다. Connector List의 자세한 입력방법은 5.12절과 5.13절에서 다루기로 한다.
- Load Distribution Scheme은 보일러나 냉동기 등의 열원장치가 동일 Plant Loop 내에서 2대 이상이 작동할 경우에 대수 제어 등의 부하 분배 알고리즘을 입력하는 Field로서 Sequential, Optimal, 그리고 Uniform 등 총 3가지의 선택사항이 존재한다. Optimal 제어 방식은 부하 발생 시 작동 우선순위가 높은 열원장치가 우선적으로 부하를 처리하게 되며, 열원장치의 부하 상한치는 해당 열원장치의 Object에서 입력한 Optimum Part Load Ratio 값으로 제한이 된다. 그 이상의 부하가 발생하게 될 경우 우선순위에 따라 다음 열원장치가 부하를 처리하게 되는 방식이다. Sequential 제어 방식은 부하 발생 시 열원장치의 작동 우선순위가 높은 열원장치가 우선적으로 부하를 처리하게 되며, 열원장치의 부하 상한치는 해당 열원장치의 Object에서 입력한 Maximum Part Load Ratio 값으로 제한이 된다. 그 이상의 부하가 발생하게 될 경우 우선순위에 따라 다음 열원장치가 부하를 처리하게 되는 방식이다. 마지막으로 Uniform 제어 방식은 열원장치의 우선순위와 상관없이, 발생하는 부하를 각각의 열원장치가 동일하게 부하를 처리하게 된다. 이 중에서 Optimal 제어 알고리즘의 입력 변수가 되는 Optimum Part Load Ratio와 Minimum Unloading Ratio의 값에 비하여, Sequential 제어 알고리즘의 입력 변수가 되는 Minimum과 Maximum Part Load Ratio의 입력 값의 차이가 없기 때문에 보통 Optimal과 Sequential 제어방식은 동일한 거동을 보인다. 따라서 Optimal과 Sequential 제어방식을 구분하는 것은 일반적으로 큰 의미가 없다.

열원장치 대수 제어 방식의 중요성을 강조하기 위하여 필자가 사무소 건물에서의 냉동기 대수 제어 관련된 주제로 최근에 Energy and Buildings 저널에 게재한 논문의 결과 중 일부를 공유하고자 한다[29]. 그림 5-4와 5-5는 각각 Uniform과 Sequential 제어 시의 냉동기 10개 부분부하율 구간별 연간 누적 가동시간 및 연간 총 냉동기 전기소비량을 나타낸 그래프이다. Uniform 제어 방식을 채택한 그림 5-4의 경우, 구간별 가동시간은 PLR(부분부하율, Part Load Ratio) 0% 이상 10% 미만의 구간이 951시간으로 가장 많았고, 90% 이상

100% 이하 구간이 7시간으로 가장 낮았다. 해당 Plant Cooling Loop에 걸리는 부하는 40% 이상 50% 미만 구간이 116,886.2 kW, 50% 이상 60% 미만 구간이 79,347.8 kW 순으로 높게 나타났으며, 0% 이상 10% 미만 구간이 83.3 kW로 가장 낮은 값을 보였다. 냉동기의 전기 사용량은 PLR 10% 이상 20% 미만 구간이 27,479.9 kWh, 40% 이상 50% 미만 구간이 19,773.3 kWh 순으로 높게 나타났으며, 0% 이상 10% 미만 구간이 83.3 kWh로 가장 낮았다. 즉, 부분부하율 0% 이상 10% 미만 구간이 가장 많은 냉동기 가동시간을 나타낸 반면 부하량과 냉동기 전기에너지 소비량은 가장 낮은 값을 나타내었다. 이는 가동시간이 많고 부분부하율이 낮아서 COP가 낮기는 하지만, 냉동기가 처리해야 하는 부하가 워낙 낮고 그로 인해 전기 에너지 소비량 또한 낮기 때문이다[29]. 부분부하율 10% 이상 20% 미만 구간이 누적 가동시간과 냉방 부하량에 비해 전기에너지 소비량이 높은 이유는, 냉동기는 Minimum Part Load Ratio의 설정 값에 따라 냉동기를 On/Off 제어를 하기 때문에 설정 값인 10% 구간의 전기사용량이 부하에 대비하여 높게 발생하는 것으로 판단된다. 또한 냉동기의 PLR 구간이 50% 이상 60% 미만을 기점으로 가동 시간, 전기사용량, 부하량이 현저하게 감소하는 것을 확인할 수 있으며, PLR 0% 이상 50% 미만 구간의 전기사용량이 냉동기의 연간 전기사용량의 74%를 차지한다. 냉동기가 작동하는 부분부하율이 낮으면 COP가 낮아지고 그로 인해 전기소비량이 늘어나는 결과를 초래하는데, 그로 인해 1대의 냉동기만을 작동시키기보다는 2대 이상의 냉동기를 작동시키는 대수 제어의 필요성을 입증하는 결과이다[29].

반면 Sequential 제어 방식을 채택한 그림 5-5의 연간 총 전기소비량은 50% 이상 60% 미만 구간이 24,028.9 kWh, 80% 이상 90% 미만 구간이 10,756.2 kWh 순으로 높게 나타났으며, 0%

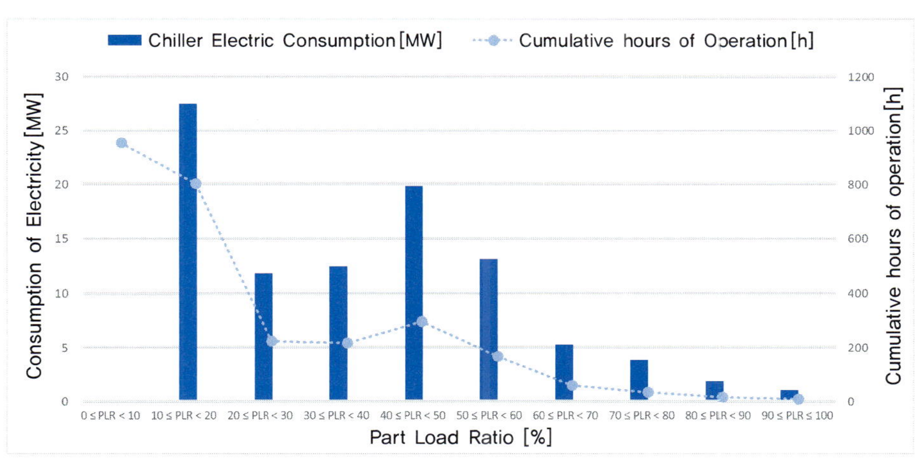

그림 5-4. 냉동기의 부분부하율 구간별 누적 가동시간 및 전기소비량 - Uniform 제어[29]

이상 10% 미만 구간이 60.4 kWh로 가장 낮았다. 그림 5-5의 연간데이터를 보면, 그림 5-4와는 확연한 차이를 보이는 것을 확인할 수 있다. 가장 큰 차이점은 PLR 10% 이상 20% 미만의 구간에서는 전기 사용량이 절반이하로 줄어든 것을 확인할 수 있다. 특히, 그림 5-4와 비교하여 50% 미만의 낮은 PLR의 전기사용은 28% 수준으로 감소하고, 그 이상의 높은 PLR 조건에서의 전기 사용량은 대폭 증가한 것을 확인할 수 있다. 이는 냉동기의 용량을 동일하게 2대로 분할하였고 부하를 Chiller1과 Chiller2 순서대로 차등 분배하는 Sequential 알고리즘을 적용하였기 때문이다[29]. 50% 이하의 낮은 부분부하율 조건하에서 동일한 부하가 발생했을 때, 2대의 냉동기가 동시에 작동하는 Uniform (그림 5-4) 방식에 비해서 부분부하율이 2배로 높아지고 그로 인해 COP가 상승하기 때문인 것으로 판단된다. 반면에, 50% 이상의 높은 부분부하율 조건하에서는 부분부하율이 상승함에 따라 COP가 오히려 낮아지기 때문에 작은 용량의 냉동기를 작동시키는 그림 5-5(Sequential)가 그림 5-4(Uniform)에 비해서 높은 전기소비량을 나타내었다[29].

결론적으로, 냉동기를 대수분할 하여 부분부하율이 낮은 중간기에는 Sequential 제어 알고리즘을 적용하고, 부분부하율이 높은 냉방기에는 Uniform 제어 알고리즘을 적용하는 것이 냉동기의 최대효율을 위한 최적의 제어 알고리즘일 것으로 판단된다[29].

- Availability Manager List Name의 경우 필수 입력사항은 아니지만 EnergyPlus의 상위 제어 단계에 해당하는데, 전체 HVAC 시스템의 On/Off 제어를 결정하는 Availability Manager의 이름을 입력하는 Field이다. Availability Manager List Name Field를 입력하기 위해서는 AvailabilityManagerAssignmentList Object가 우선적으로 입력되어 있어야 한다. AvailabilityManagerAssignmentList Object를 입력하기 위해선 그림 4-7

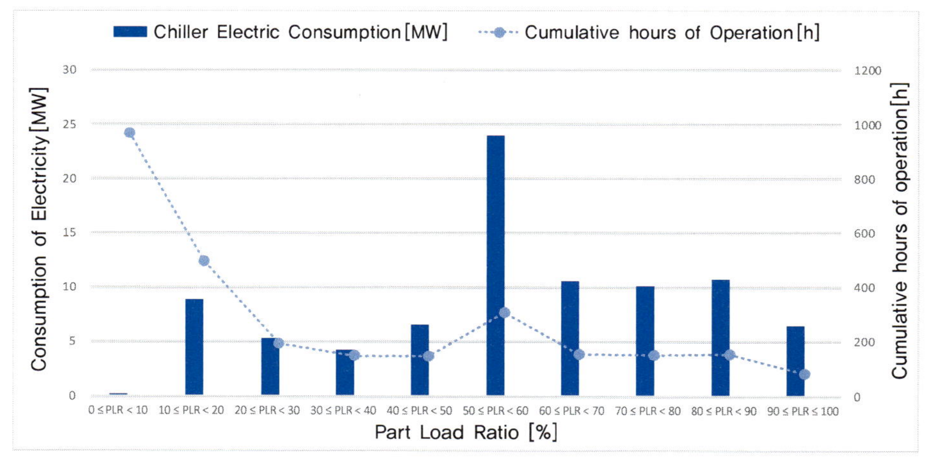

그림 5-5. 냉동기의 부분부하율 구간별 누적 가동시간 및 전기소비량 – Sequential 제어[29]

에 나열된 System Availability Managers Group의 여러 Availability Manager들 중에서 사용자가 모델링하고자 하는 시스템에 가장 적합한 AvailabilityManager Object를 우선적으로 입력해야 한다. 즉, AvailabilityManager Object의 입력을 바탕으로 AvailabilityManagerAssignmentList Object가 만들어지고, 다시 이를 바탕으로 최종적으로 PlantLoop Object내의 Availability Manager List Name Field를 입력하게 된다.

– Plant Loop Demand Calculation Scheme은 Plant Loop가 담당해야 하는 부하 산출방식을 입력하는 Field로서, SingleSetPoint와 DualSetPointDeadband 등 두 가지 선택사항이 존재한다. 만약 사용자가 별다른 선택 없이 빈 칸으로 놔두면 Default 값인 SingleSetPoint가 자동적으로 선택된다. 해당 Field는 4.14와 4.15절에서 살펴본 SetPointManager와 연동시켜서 입력해야 한다.

- SingleSetPoint의 경우 Plant Loop의 제어변수에 매 Time-step별 단일 설정 값을 지정하여 필요한 부하를 산출하는 방식이다. SingleSetPoint가 선택되어야 하는 대표적인 SetPointManager 종류에는 SetPointManager:Schedule와 SetPointManager:OutdoorAir 등이다. VAVSystemOffice.idf 파일에서도 SingleSetPoint로 입력되어 있는데, Plant Heating Loop Supply Side로부터의 온수공급 Node인 Hot Water Loop HW Supply Outlet,

Field	Units
Name	
Fluid Type	
Plant Equipment Operation Scheme Name	
Loop Temperature Setpoint Node Name	
Maximum Loop Temperature	C
Minimum Loop Temperature	C
Maximum Loop Flow Rate	m3/s
Minimum Loop Flow Rate	m3/s
Plant Loop Volume	m3
Plant Side Inlet Node Name	
Plant Side Outlet Node Name	
Plant Side Branch List Name	
Plant Side Connector List Name	
Demand Side Inlet Node Name	
Demand Side Outlet Node Name	
Demand Side Branch List Name	
Demand Side Connector List Name	
Load Distribution Scheme	
Availability Manager List Name	
Plant Loop Demand Calculation Scheme	
Common Pipe Simulation	
Pressure Simulation Type	

그림 5-6. PlantLoop Object 입력화면

Plant Cooling Loop Supply Side로부터의 냉수공급 Node인 Chilled Water Loop ChW Supply Outlet에 각각 7.2℃, 80.0℃의 단일 설정 값들을 지정했음을 확인할 수 있다. 시스템이 제대로 작동하고 있다면 전술한 2가지 설정 값과 동일한 온도로 제어가 되어야 한다.

- DualSetPointDeadband의 경우 단일 설정 값을 지정하는 SingleSetPoint와 달리 최대 및 최저 설정 값과 같이 제어변수 설정 값 "범위"를 설정하여 부하를 산출하는 방식이다. DualSetPointDeadband가 선택되어야 하는 대표적인 SetPointManager 종류로는 SetPointManager:Scheduled:DualSetPoint가 있다.

- Pressure Simulation Type은 해당 Plant Loop에서의 압력강하 고려 유무를 결정하는 Field이다. PumpPowerCorrection이나 LoopFlowCorrection을 선택함으로써 압력 강하를 모델링하고자 한다면 해당 Plant Loop에 속한 Branch들 중에서 최소 1개의 Branch는 압력강하와 관련된 데이터가 입력되어야 한다. 해당 Field의 경우 None으로 지정해주는 것이 일반적으로 무난한 선택이다.

5.2 CondenserLoop _ [Condenser Loop 정의]

Condenser Loop는 5.1절의 Plant Loop와 전반적으로 유사하지만, 열매체가 냉각수라는 점이 다르다. 그림 5-7은 Condenser Loop의 전개도를 나타내고 있는데, Condenser Loop의 열매체인 냉각수는 냉각탑에서 생산되고, 냉동기내의 응축기에서 냉매를 응축시키기 위해 소비된다. 따라서 냉각수를 생산하는 냉각탑이 Supply Side가 되며, 생산된 냉각수를 소비하는 냉동기내의 응축기가

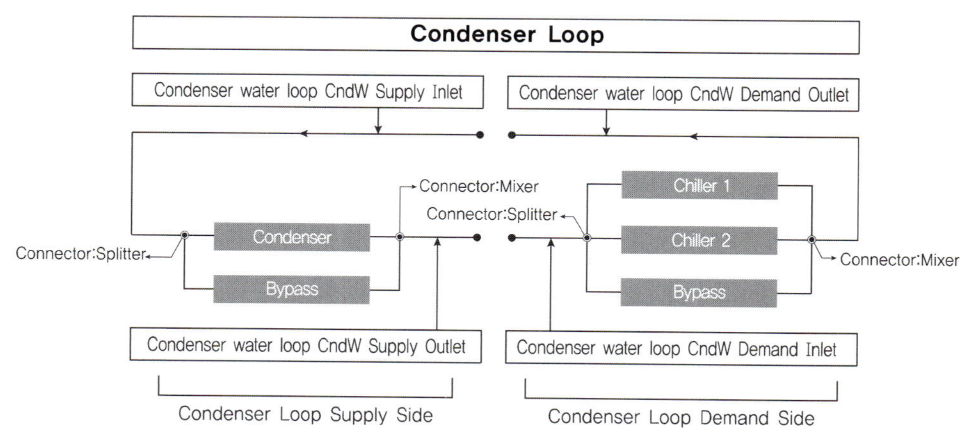

그림 5-7. Condenser Loop의 전개도(VAVSystemOffice.idf 파일 참조)

Demand Side가 된다. 그림 5-7을 보면, Plant Cooling Loop 및 Plant Heating Loop와 마찬가지로 Condenser Loop에서도 4개의 주요 Node 이름이 존재함을 확인할 수 있다. VAVSystemOffice.idf 파일에서 Condenser water loop CndW Supply Inlet은 Condenser Loop의 Demand Side에서 Supply Side로 보내는, 즉 Supply Side로 진입하는 Condenser Side Inlet Node이다. Condenser water loop CndW Supply Inlet을 통과한 냉각수는 Connector:Splitter를 통해 냉각탑 Branch와 Bypass Branch로 나뉘게 된다. Plant Cooling Loop 및 Plant Heating Loop와 마찬가지로, Condenser Loop에서도 Bypass Pipe를 통과하는 냉각수 유량이 전혀 없더라도 EnergyPlus에서는 Bypass를 되도록이면 모델링해주는 것이 안전하다. 냉각탑이나 Bypass를 통과한 Supply Side의 냉각수는 Connector:Mixer를 통해 하나의 Node로 다시 합쳐지게 되고, 합쳐진 Node는 냉각수를 소비하기 위해 Demand Side로 보내지게 된다. VAVSystemOffice.idf 파일에서 Condenser water loop CndW Supply Outlet은 Supply Side에서 Demand Side로 보내기 전 Supply Side에서의 마지막 Node인 Condenser Side Outlet Node이다. Demand Side로 넘어 온 냉각수는 Connector:Splitter를 통해 나뉘었다가 Chiller 1, Chiller 2 또는 Bypass를 통과한 후 다시 Connector:Mixer로 합쳐지게 된다. Condenser water loop CndW Demand Inlet은 Supply Side에서 Demand Side로 들어오는 첫 번째 Node인 Demand Side Inlet Node Name이다. 마지막으로, VAVSystemOffice.idf 파일에서 Condenser water loop CndW Demand Outlet은 Demand Side

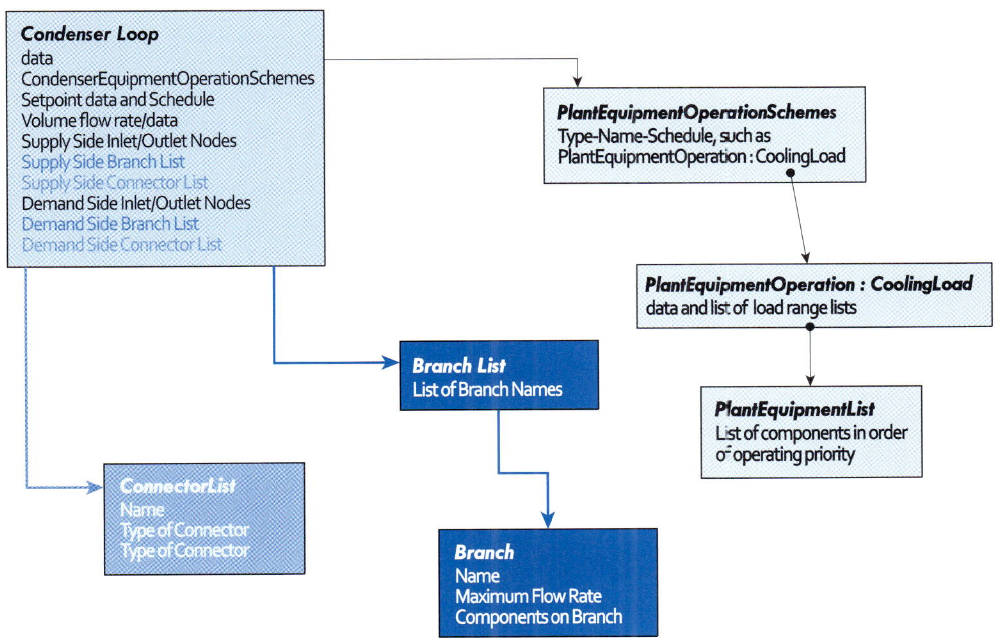

그림 5-8. Condenser Loop의 전체적인 입력 순서[5]

에서 Supply Side로 보내기 전 마지막 Demand Side의 Node인 Demand Side Outlet Node이다. 즉, Demand Side Outlet Node와 Condenser Side Inlet Node가 직접 연결되어 있고, Condenser Side Outlet Node와 Demand Side Inlet Node가 직접 연결되어 있음을 확인할 수 있다.

그림 5-8은 Condenser Loop와 관련된 Object들의 전체적인 입력 순서를 도식화하고 있다. 입력방법에 있어서 Plant Loop와의 유일한 차이점은, Plant Loop에서는 제어 전략을 설정할 때 PlantEquipmentOperationSchemes Object를 입력해야 하지만 Condenser Loop의 경우에는 CondenserEquipmentOperationSchemes Object를 입력해야 한다는 점이다. 나머지 입력순서 및 방법은 5.1절의 Plant Loop와 전반적으로 유사하다. 그림에 나타나 있듯이 Branch와 PlantEquipmentList Object를 가장 먼저 입력하고, 입력된 Branch와 PlantEquipmentList Object를 바탕으로 BranchList, ConnectorList, PlantEquipmentOperation:CoolingLoad, 그리고 CondenserEquipmentOperationSchemes Object들을 순서대로 입력해야 한다. 이러한 Object들이 모두 입력되어야 최종적으로 Condenser Loop Object 입력이 완성된다. 각 Object의 자세한 입력방법은 5.3, 5.4, 5.5, 5.9, 5.10, 5.12, 5.13절에서 설명하기로 한다.

그림 5-9는 CondenserLoop Object의 입력화면으로서, 주요 입력 사항은 다음과 같다. 본 절에서도 VAVSystemOffice.idf 파일에 입력된 Condenser Loop를 바탕으로 설명하고자 한다.

- 우선 Name Field에 Condenser Loop 고유의 이름을 지정한다.
- Fluid Type은 Condenser Loop의 열매체를 선택하는 Field인데, 현재 Water만 선택 가능하다.
- Condenser Equipment Operation Scheme Name의 경우 CondenserEquipmentOperationSchemes Object에서 선행적으로 입력된 Name을 입력해야 한다. VAVSystemOffice.idf 파일에서는 Condenser Loop 관련하여 유일하게 입력된 CondenserEquipmentOperationSchemes 이름인 Condenser_Water_Loop_Operation으로 설정되어 있음을 확인할 수 있다.
- Condenser Loop Temperature Setpoint Node Name or Reference는 5.1절의 Plant Loop와 마찬가지로 해당 Condenser Loop의 제어변수 설정 값을 지정하는 Node 이름을 입력하는 중요한 Field이다. 일반적으로 Condenser Loop에서는 Condenser Side Outlet Node로 지정한다. 해당 Node는 Condenser Loop의 Supply Side에서 생성된 냉각수를 Demand Side로 보내기 직전의 Node로서 5장에서 다루고 있는 Plant Modeling에서 매우 중요한 Node중의 하나이다. VAVSystemOffice.idf 파일에서는 Condenser Loop Supply Side로부터의 냉각수 공급 Node인 Condenser water loop CndW Supply Outlet

Field	Units
Name	
Fluid Type	
Condenser Equipment Operation Scheme Name	
Condenser Loop Temperature Setpoint Node Name or Reference	
Maximum Loop Temperature	C
Minimum Loop Temperature	C
Maximum Loop Flow Rate	m3/s
Minimum Loop Flow Rate	m3/s
Condenser Loop Volume	m3
Condenser Side Inlet Node Name	
Condenser Side Outlet Node Name	
Condenser Side Branch List Name	
Condenser Side Connector List Name	
Demand Side Inlet Node Name	
Demand Side Outlet Node Name	
Condenser Demand Side Branch List Name	
Condenser Demand Side Connector List Name	
Load Distribution Scheme	
Pressure Simulation Type	

그림 5-9. CondenserLoop Object 입력화면

으로 해당 Field가 입력되어 있음을 확인할 수 있다. 해당 Field에서 입력된 Node에서의 온도 설정 값이 냉동기 내의 응축기로 유입되는 냉각수 온도가 된다.

- Maximum Loop Temperature와 Minimum Loop Temperature는 해당 Condenser Loop의 열매체인 냉각수가 Loop를 통과할 수 있는 최대/최소 온도를 각각 지정할 수 있는 Field인데, VAVSystemOffice.idf 파일에서와 같이 충분히 넓은 범위를 지정해주는 것이 무난한 선택이다.
- Maximum Loop Flow Rate와 Minimum Loop Flow Rate는 해당 Condenser Loop의 최대/최소 유량을 각각 지정할 수 있는 Field들인데, Maximum Loop Flow Rate의 경우에는 Autosize로, Minimum Loop Flow Rate의 경우에는 0으로 지정해주는 것이 무난한 선택이다.
- Condenser Loop Volume은 해당 Condenser Loop가 갖는 열용량에 의한 온도 변화 지연효과를 모델링하기 위해서 입력하는 Field이다. 해당 Field를 0으로 지정하게 된다면 Demand Side의 Inlet Temperature 값이 직전 Time-step의 Condenser Side Outlet Temperature와 동일하게 되는 반면, 해당 Field를 너무 크게 설정하게 되면 비현실적인 시간 지연효과로 인하여 해당 Condenser Loop의 설정온도 변화에 대한 대응이 늦어질 수 있다. 해당 Field는 Autocalculate로 지정해주는 것이 일반적으로 무난한 선택이다.
- Condenser Side Inlet Node Name과 Condenser Side Outlet Node Name은, 앞서 설명하

였듯이 해당 Condenser Loop Supply Side의 주요 Node 이름을 입력하는 Field들이다. Condenser Side Inlet Node는 Condenser Loop의 Demand Side에서 Supply Side로 보내는, 즉 Supply Side로 진입하는 Node 이름으로서 VAVSystemOffice.idf 파일에서는 Condenser water loop CndW Supply Inlet으로 지정되어 있음을 확인할 수 있다. 반면 Condenser Side Outlet Node는 Supply Side에서 Demand Side로 보내기 전 Supply Side에서의 마지막 Node 이름으로서 VAVSystemOffice.idf 파일에서는 Condenser water loop CndW Supply Outlet으로 지정되어 있음을 확인할 수 있다(그림 5-12 참조).

- Condenser Side Branch List Name은 Condenser Loop Supply Side의 Branch List 이름을 입력하는 Field로서 BranchList Object에서 선행적으로 입력된 Name을 입력해야 한다. Branch List는 모델링하고자 하는 시스템의 배관 계통을 설계하는, 5장의 Plant Modeling에서 중요한 부분이기 때문에 5.9절에서 자세히 설명하기로 한다.
- Condenser Side Connector List Name은 Condenser Loop Supply Side의 Connector List 이름을 입력하는 Field로서 ConnectorList Object에서 선행적으로 입력된 Name을 입력해야 한다. 5.1절에서도 설명하였듯이, Connector List에는 하나의 배관을 2개 이상의 배관으로 분산시켜 주는 Connector:Splitter와 2개 이상의 배관을 다시 하나의 Node로 합쳐 주는 Connector:Mixer가 있다(그림 5-7 참조). Connector List의 자세한 입력 방법은 5.12절과 5.13절에서 다루기로 한다.
- Demand Side Inlet Node Name과 Demand Side Outlet Node Name은 해당 Condenser Loop Demand Side의 주요 Node 이름을 입력하는 Field들이다. Demand Side Inlet Node는 Condenser Loop의 Supply Side에서 Demand Side로 들어오는 첫 번째 Node 이름으로서 VAVSystemOffice.idf 파일에서는 Condenser water loop CndW Demand Inlet으로 지정되어 있음을 확인할 수 있다. 반면 Demand Side Outlet Node는 Demand Side에서 Supply Side로 보내기 전 Demand Side에서의 마지막 Node 이름으로서 VAVSystemOffice.idf 파일에서는 Condenser water loop CndW Demand Outlet으로 지정되어 있음을 확인할 수 있다(그림 5-12 참조).
- Condenser Demand Side Branch List Name은 Condenser Side Branch List Name과 마찬가지로 Condenser Loop Demand Side의 Branch List 이름을 입력하는 Field로서 BranchList Object에서 선행적으로 입력된 Name을 입력해야 한다. BranchList Object의 자세한 입력방법은 5.9절에서 설명하기로 한다.
- Condenser Demand Side Connector List Name도 Condenser Side Connector List Name과 마찬가지로 Condenser Loop Demand Side의 Connector List 이름을 입력하는

Field로서, ConnectorList Object에서 선행적으로 입력된 Name을 입력해야 한다. Connector List의 자세한 입력방법은 5.12절과 5.13절에서 다루기로 한다.

- Load Distribution Scheme은 냉각탑 등의 기기가 동일 Condenser Loop내에서 2대 이상이 작동할 경우에 대수 제어 등의 부하 분배 알고리즘을 입력하는 Field로서 Sequential과 Optimal 등 2가지의 선택사항이 존재하다. Optimal제어 방식은 부하 발생 시 작동 우선순위가 높은 기기가 우선적으로 부하를 처리하게 되며, 각 기기의 브하 상한치는 해당 기기의 Object에서 입력한 Optimum Part Load Ratio 값으로 제한이 된다. 그 이상의 부하가 발생하게 될 경우 우선순위에 따라 다음 기기가 부하를 처리하게 되는 방식이다. Sequential 제어 방식은 해당 Condenser Loop에 부하 발생 시 기기의 작동 우선순위가 높은 기기가 우선적으로 부하를 처리하게 되며, 각 기기의 부하 상한치는 해당 기기의 Object에서 입력한 Maximum Part Load Ratio 값으로 제한이 된다. 그 이상의 부하가 발생하게 될 경우 우선순위에 따라 다음 기기가 부하를 처리하게 되는 방식이다. 일반적으로 단일 냉각탑 내에 2개 Cell이상의 Multi-cell 냉각탑을 작동하는 경우는 많아도, 동일 Condenser Loop내에서 2대 이상의 냉각탑을 작동하는 경우는 흔치 않다. 이처럼 2대 이상의 냉각탑을 작동하지 않는 일반적인 경우에는 해당 Field를 Sequential로 지정해주는 것이 무난한 선택이다.
- Pressure Simulation Type은 해당 Condenser Loop에서의 압력강하 고려 유무를 결정하는 Field이다. PumpPowerCorrection이나 LoopFlowCorrection을 선택함으로써 압력강하를 모델링하고자 한다면 해당 Condenser Loop에 속한 Branch들 중에서 최소 1개의 Branch는 압력강하와 관련된 데이터가 입력되어야 한다. 해당 Field의 경우 None으로 지정해주는 것이 일반적으로 무난한 선택이다.

5.3 PlantEquipmentList _ [열원장치의 분배]

PlantEquipmentList Object는 해당 Plant Loop 또는 Condenser Loop에서 작동시키고자 하는 1개 이상의 열원 장치들을 하나로 묶는 기능을 하는데, 해당 Object에서 설정된 Plant Equipment List 이름이 5.4절에서 살펴볼 PlantEquipmentOperation:CoolingLoad Object나 PlantEquipmentOperation:HeatingLoad Object에서 Equipment List Name Field의 주요 입력사항이 된다. 그림 5-10은 PlantEquipmentList Object의 입력화면으로서, 주요 입력 사항은 다음과 같다.

Field	Units
Name	
Equipment 1 Object Type	
Equipment 1 Name	
Equipment 2 Object Type	
Equipment 2 Name	
Equipment 3 Object Type	
Equipment 3 Name	
Equipment 4 Object Type	
Equipment 4 Name	
Equipment 5 Object Type	
Equipment 5 Name	
Equipment 6 Object Type	
Equipment 6 Name	
Equipment 7 Object Type	
Equipment 7 Name	
Equipment 8 Object Type	
Equipment 8 Name	
Equipment 9 Object Type	
Equipment 9 Name	
Equipment 10 Object Type	
Equipment 10 Name	

그림 5-10. PlantEquipmentList Object 입력화면

- 우선 Name Field에 해당 Plant Equipment List 고유의 이름을 지정한다. 각 Plant Equipment List에는 최대 10개까지의 열원장치를 하나로 묶을 수 있다.
- Equipment Object Type과 Equipment Name은 Plant Equipment List를 구성하는 각 열원장치의 Object 종류와 해당 열원장치 고유의 이름을 입력하는 Field들이다. VAVSystemOffice.idf 파일에서는 Plant Heating Loop의 경우 Equipment 1 Object Type은 Boiler:HotWater로, Equipment 1 Name은 첫 번째 보일러 고유의 이름인 Boiler로 입력되어 있고, Equipment 2 Object Type도 Boiler:HotWater로, Equipment 2 Name은 두 번째 보일러 고유의 이름인 Boiler2로 입력되어 있음을 확인할 수 있다. 즉, 해당 Plant Heating Loop에서는 Boiler와 Boiler2라는 이름의 보일러 2대가 순차적으로 작동하게 된다. 마찬가지로, Plant Cooling Loop의 경우 Equipment 1 Object Type은 Chiller:Electric:EIR로, Equipment 1 Name은 첫 번째 냉동기 고유의 이름인 Chiller로 입력되어 있고, Equipment 2 Object Type도 Chiller:Electric:EIR로, Equipment 2 Name은 두 번째 냉동기 고유의 이름인 Chiller2로 입력되어 있음을 확인할 수 있다. 즉, 해당 Plant Cooling Loop에서는 Chiller와 Chiller2라는 이름의 냉동기 2대가 순차적으로 작동하게 된다.

5.4 PlantEquipmentOperation:CoolingLoad, HeatingLoad _[열원장치용 제어로직 설정]

PlantEquipmentOperation:CoolingLoad와 PlantEquipmentOperation:HeatingLoad는 해당 Plant Loop 또는 Condenser Loop에서 작동시키고자 하는 각 Plant Equipment List(5.3절 참조)들이 담당해야 하는 부하의 범위를 지정해주는 Object로서, 해당 Object에서 설정된 Plant Equipment Operation 이름이 5.5절에서 살펴볼 PlantEquipmentOperationSchemes Object에서 Control Scheme Name Field의 주요 입력사항이 된다. 그림 5-11과 5-12는 PlantEquipmentOperation:CoolingLoad와 PlantEquipmentOperation:HeatingLoad Object의 입력화면으로서, 주요 입력 사항은 다음과 같다.

- 우선 Name Field에 Plant Equipment Operation 고유의 이름을 지정한다. 각 Plant Equipment Operation에는 최대 10개까지의 Equipment List를 포함할 수 있다.
- Load Range Lower Limit, Load Range Upper Limit 그리고 Range Equipment List Name은 해당 Plant Equipment Operation을 구성하는 각 Equipment List 고유의 이름과 해당 Equipment List가 담당해야 하는 최소/최대 부하를 입력하는 Field들이다. VAVSystemOffice.idf 파일에서는 Plant Cooling Loop의 경우 Load Range 1 Lower Limit은 0 W, Load Range 1 Upper Limit은 무한대에 가깝게 큰 수치인 1E+15 W, Range 1 Equipment List Name은 Plant Cooling Loop 관련하여 유일하게 입력된, 5.3절 Plant Equipment List 고유의 이름인 Chilled water loop All Chillers로 입력되어 있음을 확인할 수 있다. 즉, 해당 Plant Cooling Loop에서

Field	Units
Name	
Load Range 1 Lower Limit	W
Load Range 1 Upper Limit	W
Range 1 Equipment List Name	
Load Range 2 Lower Limit	W
Load Range 2 Upper Limit	W
Range 2 Equipment List Name	
Load Range 3 Lower Limit	W
Load Range 3 Upper Limit	W
Range 3 Equipment List Name	
Load Range 4 Lower Limit	W
Load Range 4 Upper Limit	W
Range 4 Equipment List Name	
Load Range 5 Lower Limit	W
Load Range 5 Upper Limit	W
Range 5 Equipment List Name	

그림 5-11. PlantEquipmentOperation:CoolingLoad Object 입력화면

Field	Units
Name	
Load Range 1 Lower Limit	W
Load Range 1 Upper Limit	W
Range 1 Equipment List Name	
Load Range 2 Lower Limit	W
Load Range 2 Upper Limit	W
Range 2 Equipment List Name	
Load Range 3 Lower Limit	W
Load Range 3 Upper Limit	W
Range 3 Equipment List Name	
Load Range 4 Lower Limit	W
Load Range 4 Upper Limit	W
Range 4 Equipment List Name	
Load Range 5 Lower Limit	W
Load Range 5 Upper Limit	W
Range 5 Equipment List Name	

그림 5-12. PlantEquipmentOperation:HeatingLoad Object 입력화면

는 2대의 냉동기로 구성된 Plant Equipment List인 Chilled water loop All Chillers가 해당 Plant Cooling Loop에 발생하는 모든 부하를 담당함을 의미한다.

- 마찬가지로, PlantEquipmentOperation:HeatingLoad Object에서도 Load Range Lower Limit, Load Range Upper Limit 그리고 Range Equipment List Name Field들을 입력해야 한다. VAVSystemOffice.idf 파일이 모델링하고 있는 Plant Heating Loop의 경우 Load Range 1 Lower Limit은 0 W, Load Range 1 Upper Limit은 무한대에 가깝게 큰 수치인 1E+15 W, Range 1 Equipment List Name은 Plant Heating Loop 관련하여 유일하게 입력된, 5.3절 Plant Equipment List 고유의 이름인 Hot water loop All Equipment로 입력되어 있음을 확인할 수 있다. 즉, 해당 Plant Heating Loop에서는 2대의 보일러로 구성된 Plant Equipment List인 Hot water loop All Equipment가 해당 Plant Heating Loop에 발생하는 모든 부하를 담당함을 의미한다.

5.5 PlantEquipmentOperationSchemes _ [열원장치의 제어로직 탑재]

PlantEquipmentOperationSchemes은 해당 Plant Loop 또는 Condenser Loop에서 적용시키고자 하는 각 Plant Equipment Operation(5.4절 참조)들의 작동 우선순위 및 해당 Plant Equipment Operation의 각 시간대별 On/Off 제어를 설정하는 Object이다. PlantEquipmentOperationSchemes Object에서 설정된 Plant Equipment Operation Schemes 이름이, 5.1절의 Plant Loop 및 5.2절

의 Condenser Loop에서 각각 살펴본 Plant Equipment Operation Scheme Name Field나 Condenser Equipment Operation Scheme Name Field의 주요 입력사항이 된다. 그림 5-13은 PlantEquipmentOperationSchemes Object의 입력화면으로서, 주요 입력 사항은 다음과 같다.

- 우선 Name Field에 Plant Equipment Operation Schemes 고유의 이름을 지정한다. 각 Plant Equipment Operation Schemes에는 최대 8개까지의 Plant Equipment Operation을 포함할 수 있다.
- Control Scheme Object Type, Control Scheme Name 그리고 Control Scheme Schedule Name은 Plant Equipment Operation Schemes을 구성하는 각 Plant Equipment Operation의 Object 종류 및 해당 Plant Equipment Operation 고유의 이름과 각 시간대별 On/Off 제어를 명령하는 Schedule 이름을 입력하는 Field들이다. 특히 Control Scheme Schedule Name은 해당 Plant Equipment Operation의 On/Off를 제어하는 상위 레벨의 작동 스케줄로서, Schedule:Compact 또는 Schedule:File Object에서 입력한 스케줄 고유의 이름을 불러오는 Field이다. 특정 Time-step에서의 Schedule 값이 0인 경우 Off로 인지하고 1인 경우 On으로 인지한다. VAVSystemOffice.idf 파일에서는, Plant Cooling Loop의 경우 Control Scheme 1 Object Type은 PlantEquipmentOperation:CoolingLoad, Control Scheme 1 Name은 Plant Cooling Loop 관련하여 유일하게 입력된, 5.4절 PlantEquipmentOperation:CoolingLoad 고유의 이름인 Chilled water loop Chiller Operation All Hours, Control Scheme 1 Schedule Name은 Sch_HVAC_System_Availability로 입력되어 있음을 확인할 수 있다. 즉, 해당 Plant

Field	Units
Name	
Control Scheme 1 Object Type	
Control Scheme 1 Name	
Control Scheme 1 Schedule Name	
Control Scheme 2 Object Type	
Control Scheme 2 Name	
Control Scheme 2 Schedule Name	
Control Scheme 3 Object Type	
Control Scheme 3 Name	
Control Scheme 3 Schedule Name	
Control Scheme 4 Object Type	
Control Scheme 4 Name	
Control Scheme 4 Schedule Name	
Control Scheme 5 Object Type	
Control Scheme 5 Name	
Control Scheme 5 Schedule Name	

그림 5-13. PlantEquipmentOperationSchemes Object 입력화면

Cooling Loop에서는 Sch_HVAC_System_Availability Schedule 값이 1인 모든 시간대에서, 2대의 냉동기로 구성된 Plant Equipment Operation인 Chilled water loop Chiller Operation All Hours가 해당 Plant Cooling Loop에 발생하는 모든 부하를 담당함을 의미한다. 마찬가지로, Plant Heating Loop의 경우 Control Scheme 1 Object Type은 PlantEquipmentOperation:HeatingLoad, Control Scheme 1 Name은 Plant Heating Loop 관련하여 유일하게 입력된, 5.4절 PlantEquipmentOperation:HeatingLoad 고유의 이름인 Hot water loop Operation All Hours, Control Scheme 1 Schedule Name은 Sch_HVAC_System_Availability로 입력되어 있음을 확인할 수 있다. 즉, 해당 Plant Heating Loop에서는 Sch_HVAC_System_Availability Schedule 값이 1인 모든 시간대에서, 2대의 보일러로 구성된 Plant Equipment Operation인 Hot water loop Operation All Hours가 해당 Plant Heating Loop에 발생하는 모든 부하를 담당함을 의미한다.

5.6 Boiler:HotWater _ [보일러 모델링]

보일러는 가스나 전기에너지를 소비하여 온수를 생산하는 열원장치인데, 보일러에서 소비되는 에너지는 부분부하율(PLR, Part Load Ratio) 및 온수 출수 온도의 변화에 따라 수시로 변화하게 된다. 따라서 EnergyPlus에서는 온수 출수 온도와 부분부하율 등의 2가지 변수의 변화에 따른 보일러 에너지 소비량의 변화를 고려하기 위하여 Normalized Boiler Efficiency Curve 성능 곡선(부분부하율 및 온수 출수 온도에 따른 효율비 변화 곡선)을 입력 값으로 요구한다. VAVSystemOffice.idf 파일에서는 부분부하율 변화에 따른 효율만을 고려하였기 때문에 다음과 같이 부분부하율 위주로 설명을 진행하기로 한다.

Normalized Efficiency는 부분부하율 100%인 전부하 조건 하에서의(정격 조건) Efficiency(효율) 대비 부분부하율(PLR, Part Load Ratio) 변화에 따라 변화하는 Efficiency(효율)의 비율을 나타내는 함수로써, Linear(1차 함수), Quadratic(2차 함수), Cubic(3차 함수)의 형태를 취할 수 있는데 식 5-1은 Quadratic 형태의 함수를 나타내고 있다.

$$z = C_1 + C_2 \times x + C_3 \times x^2 \quad \text{(식 5-1)}$$

여기서,
C = 상수(계수)
x = 부분부하율(PLR, Part Load Ratio)
z = 정격 조건하 Efficiency에 대한 부분부하 조건하 Efficiency의 비율

다음 그림 5-14와 그림 5-15, 그림 5-16은 각각 식 5-1을 통하여 산출된 Normalized Efficiency, 실제 Efficiency 그리고 가스 소비량 그래프를 나타낸다. 특히, EnergyPlus에 직접 입력되어야 하는 그림 5-14는 Normalized Efficiency 그래프로서, 부분부하율 100%인 전부하 조건하에서의 Efficiency에 대한 특정 부분부하 조건하 Efficiency의 비율로써 산출된다. 부분부하율이 높을수록 Normalized Efficiency 값이 상승함을 확인할 수 있다.

또한 그림 5-14의 Normalized Efficiency 값에 정격 Efficiency(효율) 값을 곱할 시 그림 5-15와 같은 부분부하율 변화에 따른 실제 Efficiency(효율)를 산출할 수 있다. VAVSystemOffice.idf 파일에서는 정격 Efficiency의 경우 0.78을 사용하였다. Normalized Efficiency 그래프와 마찬가지로, 부분부하율이 높을수록 Efficiency 값이 상승함을 확인할 수 있다.

마지막으로, 보일러의 정격 용량과 부분부하율을 곱하여 부하를 산출한 후, 산출된 부하 값을 그림 5-15의 부분부하율 변화에 따른 Efficiency(효율) 값으로 나눌 시, 그림 5-16과 같이 부분부하율 변화에 따른 보일러의 에너지 소비량을 산출할 수 있다. VAVSystemOffice.idf 파일에서는 보일러 정격 용량의 경우 97 kW를 입력하였다.

지금까지 살펴본 바와 같이, EnergyPlus에서 보일러를 모델링하기 위해서는 부분부하율과 온수 출수 온도 등 2가지 변수의 변화에 따른 에너지 소비량의 변화를 고려하기 위하여 Normalized Boiler Efficiency Curve 성능 곡선(부분부하율 및 온수 출수 온도에 따른 효율비 변화 곡선)을 입력 값으로 요구하고 있고, 그로 인해 Normalized Efficiency 성능 곡선에 대한 확실한 이해가 뒷받침되어야 한다. 추가적으로, EnergyPlus를 이용한 보일러를 모델링함에 있어서 사용자들이

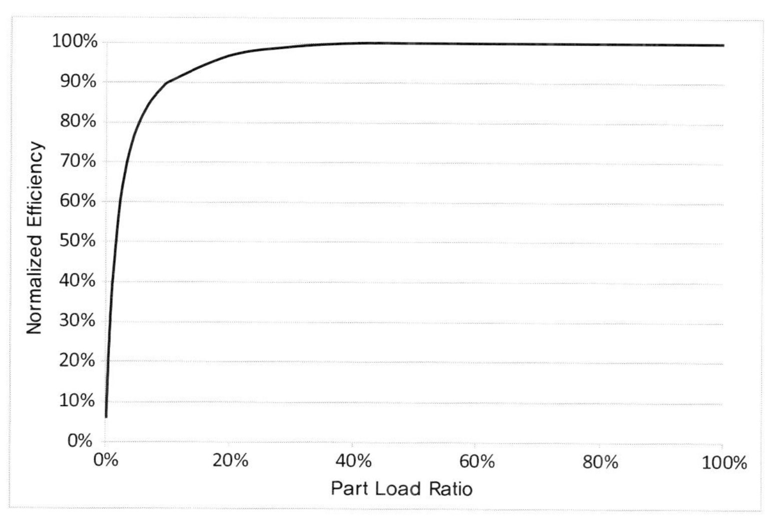

그림 5-14. 부분부하율 변화에 따른 Normalized Efficiency 그래프

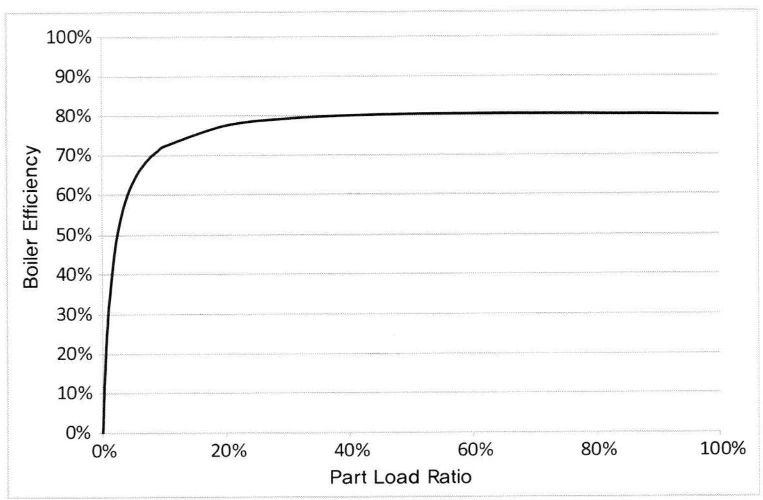

그림 5-15. 부분부하율 변화에 따른 Boiler Efficiency (효율) 그래프

숙지하고 있어야 하는 중요 사항은, 냉동기에 반해 EnergyPlus의 보일러 Autosizing 기능이 신뢰할 만큼의 정확성이 확보되어있지 않다는 점이다. 3.6절에서도 살펴보았고 그림 5-15와 그림 5-16에서도 나타나듯이 각 기기의 용량산정은 해당 기기의 에너지 소비량에 지대한 영향을 미친다. 따라서 필자의 경우에는 보일러 용량 산정 시에 Autosizing 기능을 사용하지 않고 직접 보일러 용량을 입력한다. 어떠한 보일러 용량 값을 입력해야 하는지 모를 경우에는, 보일러 용량을 충분히 크게 입력 후 연간 시뮬레이션을 수행하여, 난방 기간의 시간별 Plant Loop Heating Demand 결과 값 추이를 살펴보도록 한다. 이를 통해 적절한 보일러 용량을 선택하는 데 도움이 될 것이다.

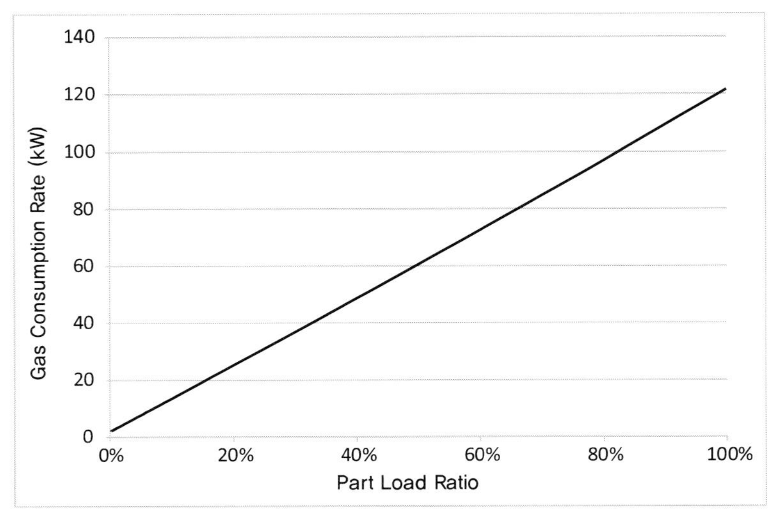

그림 5-16. 부분부하율 변화에 따른 가스 소비량 그래프

5.7 Chiller:Electric:EIR _ [냉동기 모델링]

냉동기는 증발, 압축, 응축, 팽창의 4간계 과정을 거치는 냉동 사이클을 통하여 냉수를 생산할 수 있으며, 실질적인 전기 에너지의 소비는 냉동기의 구성요소 중 압축기에서 발생한다. 작동조건과 상관없이 용량이 고정되어 있는 보일러와는 달리 냉동기의 냉방능력(Capacity)은 증발기에서 공급되는 냉수 출수 온도(LCWT, Leaving Chilled Water Temperature)와 응축기로 유입되는 냉각수 입수 온도(ECFT, Entering Condenser Fluid Temperature)에 따라 가변적으로 변한다. 또한, 압축기에서 소비되는 에너지는 냉수 출수 온도, 냉각수 입수 온도뿐만 아니라 부분부하율(PLR, Part Load Ratio)의 영향을 받으며, 이 3가지 변수의 변화에 따라 수시로 변화하게 된다. 그러므로 건물 에너지 시뮬레이션을 통한 시스템 모델링 시 이와 같은 부분들이 고려되어야 한다. 따라서 EnergyPlus에서는 냉수 출수 온도, 냉각수 입수 온도, 부분부하율 등의 3가지 변수의 변화에 따른 냉방 능력(용량, Capacity) 및 에너지 소비량의 변화를 고려하기 위하여 CapFT(냉수 출수 및 냉각수 입수 온도에 따른 용량 변화 곡선), EIRFT(냉수 출수 및 냉각수 입수 온도에 따른 에너지 소비량 변화 곡선), EIRFPLR(부분부하에 따른 에너지 소비량 변화 곡선)의 3가지 성능 곡선을 입력 값으로 요구하며, 그 설명은 다음과 같다.

– Cooling Capacity Function of Temperature Curve (CapFT)

CapFT는 정격조건하에서의 냉방능력(Reference Capacity) 대비 냉동기 출수 온도와 냉각수 입수 온도에 따라 변화하는 냉방 능력의 비율을 나타내는 함수로써 식 5-2와 같이 Biquadratic의 형태를 취한다.

$$z = C_1 + C_2 \times x + C_3 \times x^2 + C_4 \times y + C_5 \times y^2 + C_6 \times xy \quad \text{(식 5-2)}$$

여기서,
C = 상수(계수)
x = 냉수 출수 온도
y = 냉각수 입수 온도
z = 정격 용량(Reference Capacity) 대비 특정 조건하 냉방 용량의 비율

그림 5-17과 그림 5-18은 식 5-2를 통하여 산출된 CapFT 곡선 그래프와 이를 통하여 산출된 용량 그래프이다. 특정 냉동기 모델의 성능식으로, C_1=0.9226438, C_2=0.02878831, C_3=0.0003756957, C_4=−0.001963636, C_5=−0.00008415584, C_6=−0.0001262338을 사용하였다. 또한 2차원 그래프로 표현하기 위해 냉수 출수 온도를 4℃, 3℃, 8℃, 9℃, 10℃의 5가지 경우로 제한하였다.

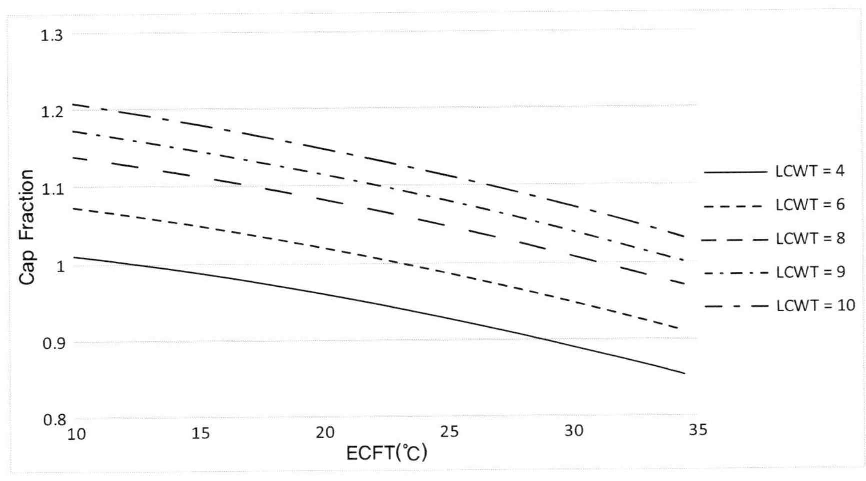

그림 5-17. 냉수 및 냉각수 온도 변화에 따른 CapFT 그래프

그림 5-17의 CapFT 그래프의 경우 정격 용량 대비 특정 냉수 출수 온도 및 냉각수 입수 온도 조건하의 냉방 용량의 비율로써 산출되며, 조건에 따라 1.0 이상의 값이 존재할 수 있다. 증발기에서 공급되는 냉수 출수 온도가 높을수록, 그리고 응축기로 유입되는 냉각수 입수온도가 낮을수록 냉방 능력이 향상됨을 확인할 수 있다.

또한 그림 5-17의 CapFT 값에 정격 용량을 곱하면 그림 5-18과 같이 실질적인 냉방 용량을 산출할 수 있다. 정격 용량의(Reference Capacity) 경우 160 kW를 사용하였으며, 2차원 그래프로 표현하기 위해 냉수 출수 온도를 4℃, 6℃, 8℃, 9℃, 10℃의 5가지 경우로 제한하였다.

- Electric Input to Cooling Output Ratio Function of Temperature Curve (EIRFT)

EIRFT는 CapFT와 유사하게 정격조건하에서의 EIR 대비 증발기에서 공급되는 냉수 출수 온도와 응축기로 유입되는 냉각수 입수 온도에 따라 변화하는 EIR의 비율을 나타내는 함수로써 식 5-3과 같이 Biquadratic의 형태를 취한다. 여기서 EIR이란, COP(Coefficient of Performance)의 역수로써 식 5-4와 같이 표현할 수 있다.

$$z = C_1 + C_2 \times x + C_3 \times x^2 + C_4 \times y + C_5 \times y^2 + C_6 \times xy \quad \text{(식 5-3)}$$

여기서,
C = 상수(계수)
x = 냉수 출수 온도
y = 냉각수 입수 온도
z = 정격 EIR에(Reference COP의 역수) 대한 특정 조건하 EIR의 비율

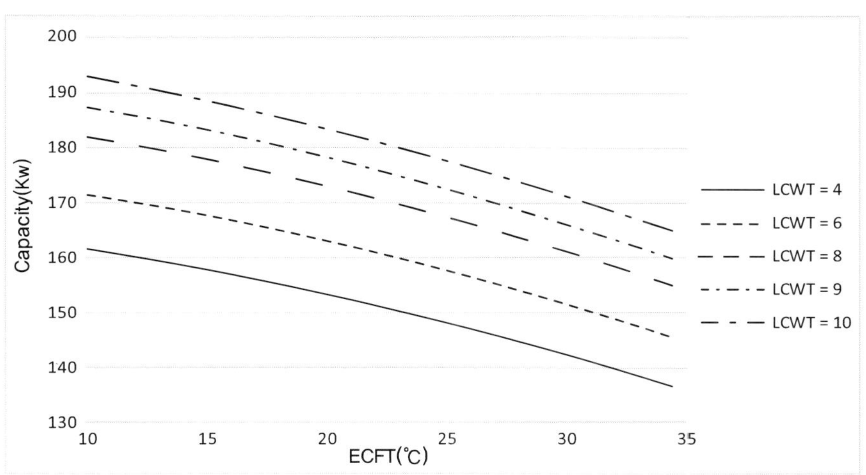

그림 5-18. 냉수 및 냉각수 온도 변화에 따른 냉방 용량 그래프

$$EIR = \frac{1}{COP} = \frac{\text{압축기 동력}}{\text{냉동 능력}} \qquad \text{(식 5-4)}$$

그림 5-19와 그림 5-20, 그림 5-21은 각각 식 5-3을 통하여 산출된 EIRFT, EIR 그리고 전기 소비량 그래프를 나타낸다. 특정 냉동기 모델의 성능식으로, C_1=0.4953775, C_2=−0.0135934, C_3=0.0005784637, C_4=0.02778142, C_5=0.0001747259, C_6=−0.0008590768을 사용하였다. 또한 2차원 그래프로 표현하기 위해 냉수 출수 온도를 4℃, 6℃, 8℃, 9℃, 10℃의 5가지 경우로 제한하였다.

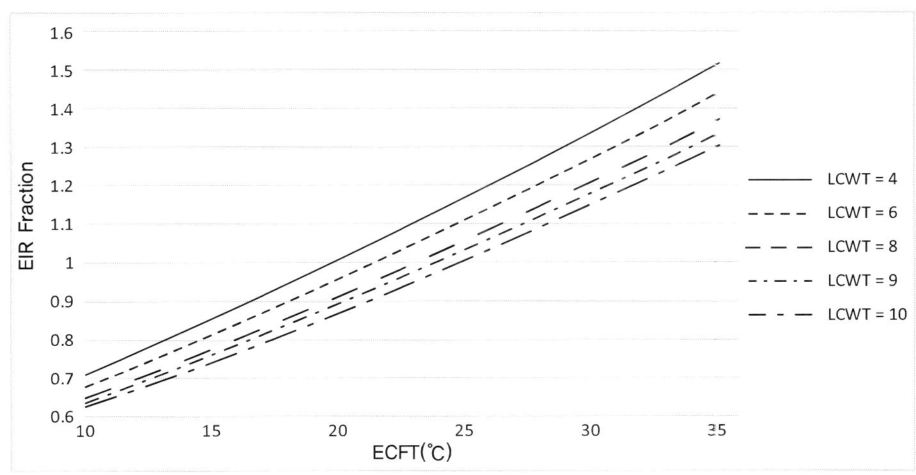

그림 5-19. 냉수 및 냉각수 온도 변화에 따른 EIRFT 그래프

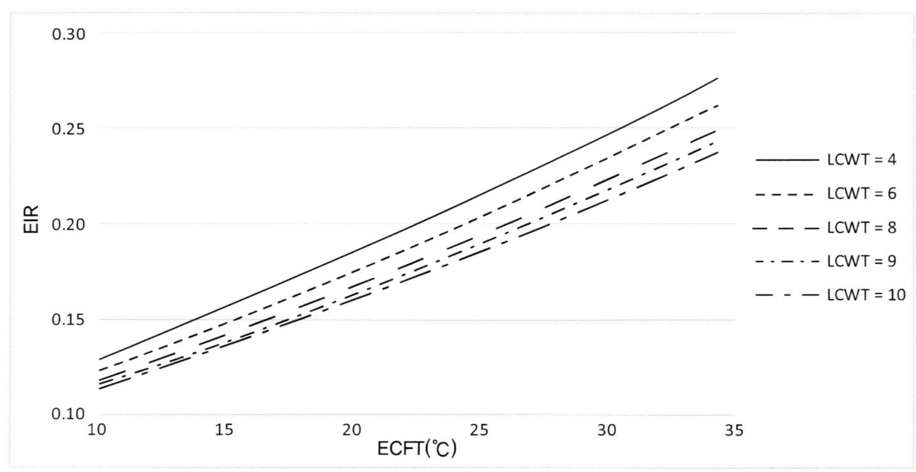

그림 5-20. 냉수 및 냉각수 온도 변화에 따른 EIR 그래프

그림 5-19는 EIRFT 그래프로 정격조건하에서의 EIR에(Reference COP의 역수) 대비 특정 냉수 출수 온도 및 냉각수 입수 온도 조건하의 EIR의 비율로써 산출된다. 증발기에서 공급되는 냉수 출수 온도가 높을수록, 그리고 응축기로 유입되는 냉각수 입수온도가 낮을수록 EIRFT 값이 줄어듦을 확인할 수 있다.

또한 그림 5-19의 EIRFT 값에 정격 EIR을 곱하면 그림 5-20과 같이 증발기에서 공급되는 냉수 출수 온도 및 응축기로 유입되는 냉각수 입수 온도 조건하에서의 EIR 값을 산출할 수 있다. 정격 EIR의 경우 정격 COP (Reference COP) 5.5의 역수인 0.181818을 사용하였으며, 2차원 그래프로 표현하기 위해 냉수 출수 온도를 4℃, 6℃, 8℃, 9℃, 10℃의 5가지 경우로 제한하였다. EIRFT 그래프와 마찬가지로, 증발기에서 공급되는 냉수 출수 온도가 높을수록, 그리고 응축기로 유입되는 냉각수 입수온도가 낮을수록 EIR 값이 줄어듦을 확인할 수 있다.

또한 그림 5-20의 특정 조건하의 EIR 값에 그림 5-18의 특정 조건하의 냉방 용량을 곱하면, 그림 5-21과 같이 냉수 및 냉각수 온도 변화에 따른 실질적인 전기 소비량(압축기 동력)을 산출할 수 있다. 이때 전기 소비량은 부분부하율 100%인 전부하 상태를 전제 조건으로 하며, 그림 5-18에서 산출된 정격 용량 160 kW에서의 전기 소비량을 사용하였다. 또한 2차원 그래프로 표현하기 위해 냉수 출수 온도를 4℃, 6℃, 8℃, 9℃, 10℃의 5가지 경우로 제한하였다. EIRFT 및 EIR 그래프와 마찬가지로, 증발기에서 공급되는 냉수 출수 온도가 높을수록, 그리고 응축기로 유입되는 냉각수 입수온도가 낮을수록 실질적인 전기소비량이 줄어듦을 확인할 수 있다.

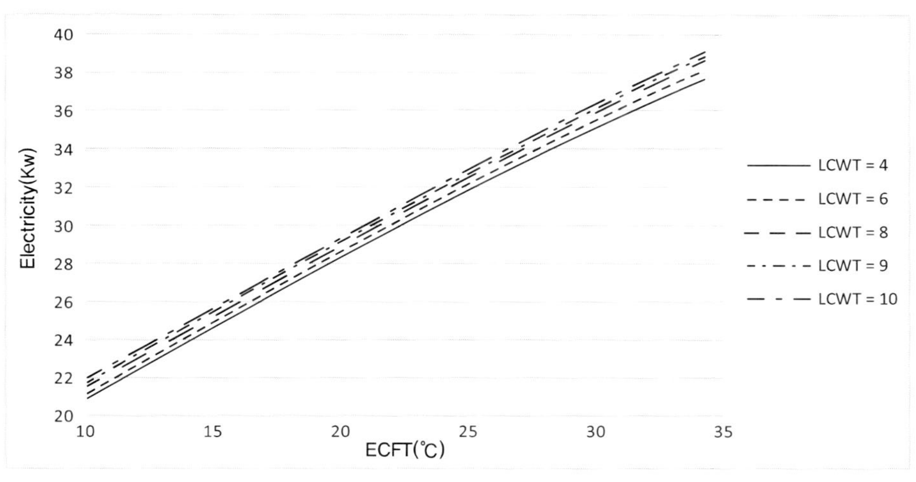

그림 5-21. 냉수 및 냉각수 온도 변화에 따른 전기 소비량 그래프

- Electric Input to Cooling Output Ratio Function of Part Load Ratio Curve (EIRFPLR)

EIRFPLR은 부분부하율 100%인 전부하 조건하에서의 EIR 대비 부분부하율(PLR, Part Load Ratio) 변화에 따라 변화하는 EIR의 비율을 나타내는 함수로써 식 5-5와 같이 Quadratic의 형태를 취한다.

$$z = C_1 + C_2 \times x + C_3 \times x^2 \qquad \text{(식 5-5)}$$

여기서,

C = 상수(계수)

x = 부분부하율(PLR, Part Load Ratio)

z = 정격 EIR에 대한 부분부하 조건하 EIR의 비율

다음 그림 5-22와 그림 5-23, 그림 5-24는 각각 식 5-5를 통하여 산출된 EIRFT, EIR 그리고 전기 소비량 그래프를 나타낸다. 특정 냉동기 모델의 성능식으로, C_1=0.3057645, C_2=-0.1548084, C_3=0.8484536을 사용하였다.

그림 5-22는 EIRFPLR 그래프로 부분부하율 100%인 전부하 조건하에서의 EIR 대비 특정 부분부하율 조건하 EIR의 비율로써 산출된다. 부분부하율이 높을수록 EIRFPLR 값이 상승함을 확인할 수 있다.

또한 그림 5-22의 EIRFPLR 값에 정격 EIR 값을 곱할 시 그림 5-23과 같은 부분부하율 변화에 따른 EIR을 산출할 수 있다. 정격 EIR의 경우 정격 COP 5.5의 역수인 0.181818을

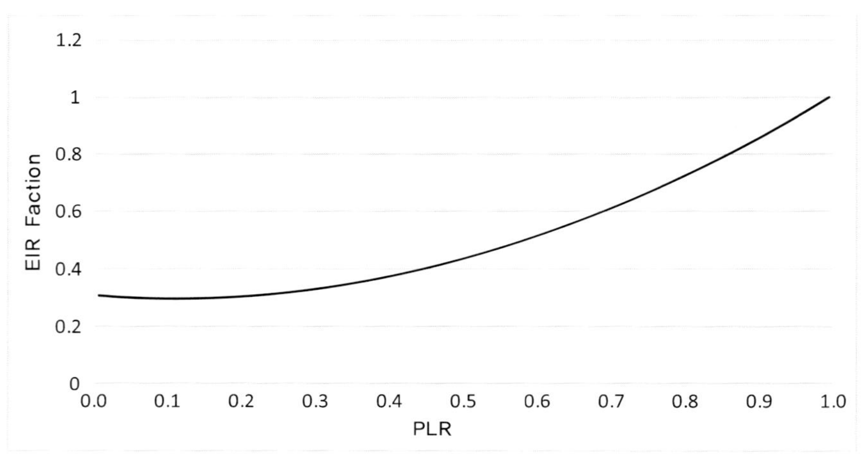

그림 5-22. 부분부하율 변화에 따른 EIRFPLR 그래프

사용하였으며, 냉수 및 냉각수 조건은 정격조건으로 가정하였다. EIRFPLR 그래프와 마찬가지로, 부분부하율이 높을수록 EIR 값이 상승함을 확인할 수 있다.

또한 그림 5-18의 특정 냉수 및 냉각수 온도 조건하의 냉방 용량과 부분부하율을 곱하여 부하를 산출한 후, 산출된 부하 값을 그림 5-23의 부분부하율 변화에 따른 특정 냉수 및 냉각수 조건하의 EIR 값을 곱할 시, 그림 5-24와 같이 부분부하율 변화에 따른 특정 냉수 및 냉각수 온도 조건하의 전기 소비량(압축기 동력)을 산출할 수 있다. 앞선 조건들이 정격 조건을 사용하였으므로 냉방 용량 또한 정격 용량 160kW를 사용하였다. EIRFPLR 및 EIR 그래프와 마찬가지로, 부분부하율이 높을수록 전기소비량이 상승함을 확인할 수 있다.

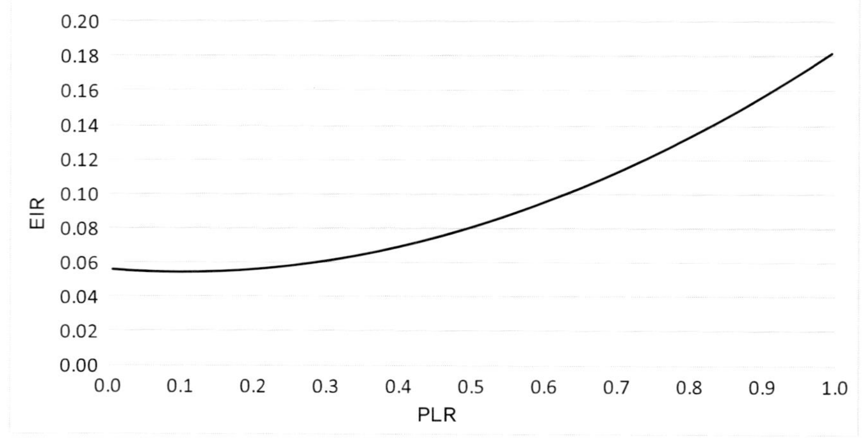

그림 5-23. 부분부하율 변화에 따른 EIR 그래프

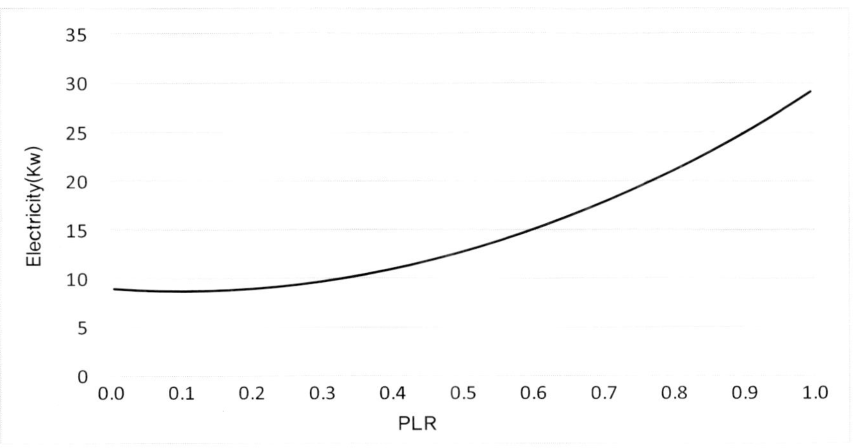

그림 5-24. 부분부하율 변화에 따른 전기 소비량 그래프

마지막으로, 그림 5-25는 지금까지 살펴본 CapFT(냉수 출수 및 냉각수 입수 온도에 따른 용량 변화 곡선), EIRFT(냉수 출수 및 냉각수 입수 온도에 따른 에너지 소비량 변화 곡선), EIRFPLR(부분부하에 따른 에너지 소비량 변화 곡선)의 3가지 성능 곡선을 입력한 후, EnergyPlus 시뮬레이션을 통해 출력해본 결과 값이다. 부분부하율 변화에 따른 냉동기 COP 변화를 나타내는데, 본 결과에는 부분부하율 뿐만 아니라, 냉수 출수 온도 및 냉각수 입수 온도 변화에 따른 냉방 능력 변화와 EIR 값의 변화까지 모두 고려된 결과이다. 그림 5-25에 나타나듯이, 부분부하율 50~60% 조건하에서 COP 값이 최대가 됨을 확인할 수 있는데, 이는 일반적인 냉동기 제품에서 확인할 수 있는 특징이다.

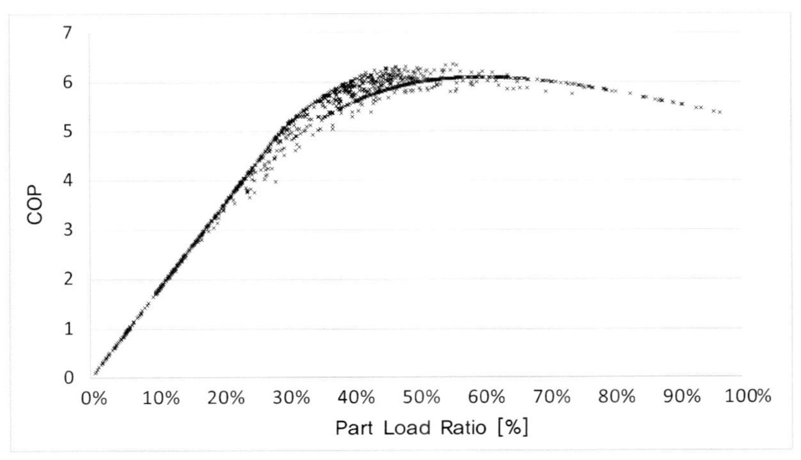

그림 5-25. 부분부하율 변화에 따른 냉동기 COP 변화

지금까지 살펴본 바와 같이, EnergyPlus에서 냉동기를 모델링하기 위해서는, 냉수 출수 온도, 냉각수 입수 온도, 부분부하율 등 3가지 주요 작동 변수의 변화에 따른 냉방 능력 및 에너지 소비량의 변화를 고려하기 위하여 CapFT(냉수 출수 및 냉각수 입수 온도에 따른 용량 변화 곡선), EIRFT(냉수 출수 및 냉각수 입수 온도에 따른 에너지 소비량 변화 곡선), EIRFPLR(부분부하에 따른 에너지 소비량 변화 곡선)의 3가지 성능 곡선을 입력 값으로 요구하고 있고, 그로 인해 이러한 3가지 성능 곡선에 대한 확실한 이해가 뒷받침되어야 한다. 무엇보다, 냉동기 제조사에서 제공하는 성능 데이터를 바탕으로 EnergyPlus 입력용 3가지 곡선의 계수들을 산출하는 것이 중요한데, 성능곡선 산출 프로세스에 대한 자세한 설명은 본 저서의 부록 8.2절에서 제공하기로 한다. 부록 8.2절에서는 냉동기의 성능곡선 산출 프로세스가 아닌, 공랭식 VRF(냉매유량가변형, Variable Refrigerant Flow) 시스템 성능곡선 산출 프로세스를 다루고 있는데, 냉동기보다는 VRF 성능곡선들이 더 많고 복잡하다. 따라서 VRF 성능곡선 산출 프로세스에 대해서 확실히 이해를 하면, 냉동기 성능곡선 산출 과정을 이해하는데 별 어려움이 없을 것이다.

5.8 Pump:VariableSpeed _ [변속 펌프 모델링]

Pump는 냉수나 온수와 같은 액체를 이동시키는 동력장치로서, EnergyPlus에서 입력할 수 있는 Pump Object의 종류에는, Pumps라는 Group에 나열되어 있듯이 Pump:ConstantSpeed, Pump:VariableSpeed, Pump:VariableSpeed:Condensate, HeaderedPumps:ConstantSpeed 그리고 HeaderedPumps:VariableSpeed 등이 있다. 이러한 Pump Object들에서 요구되는 공통된 입력요소들은 Pump 고유의 이름, 압력강하, 최대유량, 효율 등이 있다. 본 절에서는 VAVSystemOffice.idf 파일에서 입력된 Pump:VariableSpeed Object를 중심으로 설명하고자 한다. 변유량인 Pump:VariableSpeed를 모델링하기 위해서는 4.9절에서 살펴본 Fan:VariableVolume과 마찬가지로 유량 변화에 따른 펌프의 전기 에너지 소비량의 변화를 고려해야 한다. 이를 위하여 유량 비율의 변화에 따른 전기소비량 비율 변화 곡선의 계수 값들을 입력 값으로 요구하고 있고, 그로 인해 Pump에 대한 정확한 모델링을 위해서는 이러한 성능 곡선에 대한 이해가 뒷받침되어야 한다. 따라서 Pump:VariableSpeed Object의 주요 입력사항들을 다루기에 앞서 Pump의 성능곡선에 대한 이론적 설명부터 진행하고자 한다. 그림 5-26은 특정 Pump의 성능곡선을 나타낸다. 그래프 제목인 PLF(Fraction of Full Load Power)은 Power Fraction과 동일한 의미를 가지며

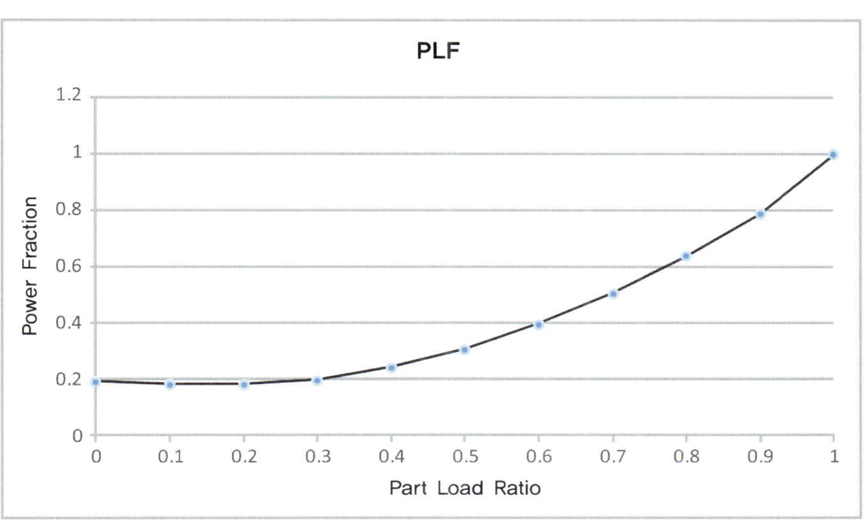

그림 5-26. Pump의 성능 곡선

최대 유량일 때, 즉 PLR(Part Load Ratio)가 1.0일 때의 전기에너지 소비량 대비 특정 유량일 때의 전기소비량의 비율을 의미한다. Power Fraction을 수학적으로 표현하면 식 5-6과 같이 (현재 소비되는 전기소비량 / 최대 부하 조건하에서의 전기 소비량)으로 나타낼 수 있다. PLR(Part Load Ratio)은 식 5-7과 같이 (현재의 유량 / 설계 유량)으로 계산되어 진다. 따라서 Pump가 감당할 수 있는 최대유량인 설계 유량은 Pump의 성능에 상당한 영향을 미치는 요소로 Pump의 중요한 입력 요소 중 하나이다. 펌프의 전기소비량을 산정하기에 앞서 식 5-7을 통해 PLR을 먼저 계산한 후, 그림 5-26을 통해서 Power Fraction(PLF)을 산출하게 된다. 산출된 Power Fraction과 전부하 조건하에서의 (PLR이 1.0일 때의) 전기 에너지 소비량을 바탕으로 현재 유량에서의 전기 에너지 소비량을 최종적으로 계산하게 된다.

$$Power\,Fraction = \text{현재 전기소비량} / \text{전부하 전기소비량} \quad (5\text{-}6)$$

$$Part\,Load\,Ratio = \text{현재 유량} / \text{설계(최대) 유량} \quad (5\text{-}7)$$

$$\text{전부하조건 전기소비량} = \text{최대유량}(Design\,Flow) \times \frac{\text{압력강하}(Pressure\,Rise)}{\text{효율}(Efficiency)} \quad (5\text{-}8)$$

그림 5-27은 Pump:VariableSpeed Object의 입력화면으로서, 주요 입력 사항은 다음과 같다.

- 우선 Name Field에 해당 Pump 고유의 이름을 지정한다.
- Inlet Node Name과 Outlet Node Name의 경우 해당 Pump로 유입/토출되는 유체 Node 이름을 입력하는 Field들이다. VAVSystemOffice.idf 파일의 Plant Heating Loop를 모사하고 있는 그림 5-2와 그림 5-28을 보면, Hot water loop HW Supply Pump가 Supply

Field	Units
Name	
Inlet Node Name	
Outlet Node Name	
Rated Flow Rate	m3/s
Rated Pump Head	Pa
Rated Power Consumption	W
Motor Efficiency	
Fraction of Motor Inefficiencies to Fluid Stream	
Coefficient 1 of the Part Load Performance Curve	
Coefficient 2 of the Part Load Performance Curve	
Coefficient 3 of the Part Load Performance Curve	
Coefficient 4 of the Part Load Performance Curve	
Minimum Flow Rate	m3/s
Pump Control Type	
Pump Flow Rate Schedule Name	

그림 5-27. Pump:VariableSpeed Object 입력화면

Side의 Inlet Branch를 형성함을 확인할 수 있다. 따라서 해당 Pump Object의 Inlet Node Name이 PlantLoop Object의 Plant Side Inlet Node Name과 동일한 Node 이름인 Hot water loop HW Supply Inlet으로 입력되어 있음을 확인할 수 있다.

- Rated Flow Rate는 해당 Pump가 담당할 수 있는 정격조건 최대 유량(m^3/s)을 입력하는 Field이다. 전술하였듯이, 최대 유량은 Part Load Ratio와 Power Fraction 등 Pump의 성능에 상당한 영향을 미치는 중요한 입력 요소 중 하나이다. 해당 Pump의 정격 유량에 대한 정보가 없는 경우 autosize로 입력 가능하다.
- Rated Pump Head는 해당 Pump가 담당해야 하는 압력 강하를 입력하는 Field이며, 이는 Pump의 전후 유체압력의 차로 이해하면 된다.
- Rated Power Consumption은 정격조건하에서 Pump의 소비 전력을 입력하는 Field로서 단위는 W이다. 모델링하고자 하는 Pump의 전부하조건 전기소비량에 대한 정보가 없는 대부분의 경우 autosize로 입력하는 것이 일반적으로 무난한 선택이다. 해당 Field를 autosize로 입력할 경우, 앞의 Field들에서 입력된 Rated Flow Rate, Rated Pump Head 및 효율 조건을 이용하여 식 5-8에 의해 전부하조건 전기소비량이 자동계산 된다.
- Motor Efficiency로 Motor의 효율을 입력하는 Field로서, Motor에 공급되는 전력 대비 Shaft에 전달되는 동력의 비율로 정의할 수 있다.
- Fraction of Motor Inefficiencies to Fluid Stream은 Motor에서 발생하는 열량 중에서 Pump 유체에 전달되는 열량의 비율을 입력하는 Field이다. 해당 Field에 0을 입력하면 Pump 유체에 어떠한 열도 전달되지 않아서 Pump 전후의 유체 온도가 동일함을 의미하

며, 1을 입력하면 Motor에서 발생하는 모든 열이 유체로 전달되어서 Pump 통과에 의한 유체의 온도 상승을 유발한다.

- Coefficient 1 ~ 4 of the Part Load Performance Curve는 그림 5-26에서 살펴본 Pump의 성능곡선 계수 값을 입력하는 Field들이다. 전술하였듯이, Pump의 성능곡선은 Pump의 전기 에너지 소비량에 직접적인 영향을 미치는 중요한 인자이다. PLR(Part Load Ratio) 변화에 따른 Fraction of Full Load Power(PLF)의 함수로서 식 5-9와 같이 3차 방정식으로 표현된다. C1인 상수를 포함하여 최대 입력 가능한 계수는 4개로서, Fan Coefficient 1 Field에서 입력된 값이 C1로 설정되고 Fan Coefficient 4 Field에서 입력된 값이 C4로 설정된다.

$$FractionFullLoadPower = C_1 + C_2PLR + C_3PLR^2 + C_4PLR^3 \quad (5\text{-}9)$$

- Minimum Flow Rate는 해당 Pump가 담당할 수 있는 최소풍량을 입력하는 Field로서 단위는 앞의 Rated Flow Rate와 마찬가지로 m^3/s이다.

VAVSystemOffice.idf 파일에서는 총 3개의 Pump:VariableSpeed Object가 입력되어 있음을 확인할 수 있다. Plant Heating Loop, Plant Cooling Loop 그리고 Condenser Loop를 나타내는 그림 5-28, 그림 5-29 그림 5-30을 보면, 각 Loop의 Supply Side Inlet Branch에 Pump가 설치되어 있기 때문에 총 3개의 Pump가 존재한다.

5.9 BranchList _ [Branch의 그룹화]

Branch와 Branch List는 EnergyPlus 사용자들이 일반적으로 많이 어려워하고 혼란스러워 하는 입력사항들 중의 대표적인 Object들이다. Branch List는 4.1절과 5.1절에서 다루었던 중요한 개념인 Loop의 Supply Side와 Demand Side를 각각 구성하는 하위개념의 Branch들을 하나로 묶음으로써, Supply Side와 Demand Side를 최종적으로 완성시키는 중요 Object이다. 5.10절에서 살펴볼 Branch는 EnergyPlus의 Plant Modeling 부분에서 가장 기본이 되는 하위 개념의 입력사항이기에, Branch Object의 입력정보를 바탕으로 본 절의 BranchList Object가 입력되어야 한다. 하지만 EnergyPlus 설비 모델링에 익숙하지 않은 사용자가 BranchList Object를 입력하기 위해서는 그림 5-28, 그림 5-29, 그림 5-30과 같이 각 Loop의 Supply Side와 Demand Side를 완성하는 Branch List에 대한 그림이 우선적으로 그려져야 각 Branch Object에 대한 입력이 가능하기 때문에, 본 저서에서는 Branch보다는 BranchList Object에 대한 설명을 먼저 진행하고자 한다. BranchList Object에서 입력된 Branch List Name은 PlantLoop Object의 Plant Side Branch List Name Field와 Demand Side Branch List Name Field, 그리고 CondenserLoop Object의 Condenser Side Branch List Name Field와 Condenser Demand Side Branch List Name Field에 각각 입력되어 각 Loop의 Supply Side와 Demand Side를 최종적으로 완성시킨다. VAVSystemOffice.idf 파일에서도, Plant Loop와 Condenser Loop에 해당하는 6개의 Branch List가 해당 Loop의 (Plant Heating Loop, Plant Cooling Loop, Condenser Loop) Branch List Name Field에 각각 입력되어 있음을 확인할 수 있다.

EnergyPlus의 초보자들이 많이 어려워하는 Branch와 Branch List에 대한 개념의 이해를 돕기 위해 VAVSystemOffice.idf 파일에서 입력된 사항들을 바탕으로 구체적으로 설명하고자 한다. Branch List는 기본적으로 "Inlet Branch, Outlet Branch, Bypass Branch, 그리고 Equipment Branch" 등 최소 4개의 Branch로 구성되어야 한다. 여기에서 Equipment Branch라 함은 각 Loop의 열매체를 (냉수, 온수, 냉각수 등) 실질적으로 생산 또는 소비하는 핵심적인 역할의 Branch이다. Plant Heating Loop를 나타내는 그림 5-28의 Supply Side를 우선적으로 살펴보면, Inlet Branch인 Pump에 의해 열매체인 온수가 최초로 Supply Side에 유입되고, 그 이후 Connector:Splitter를 통해 2개의 Boiler Branch와 1개의 Bypass Branch로 나뉘게 된다. Boiler나 Bypass를 통과한 Supply Side의 온수는 Connector:Mixer를 통해 Outlet Branch로 다시 합쳐지게 되고 온수를 소비하기 위해 Demand Side로 보내지게 된다. 5.1절에서도 설명하였듯이 Bypass는 보일러 등의 Equipment Branch를 통과하지 않고 곧바로 Demand Side로 향하는 온수의 통로가 되는 배관으로서 Bypass 유량이 전혀 없더라도 EnergyPlus에서는 되도록이면 모델링해주는 것을 권장한다. Bypass는 일반적으로 Pipe Object로 모델링하면 된다. EnergyPlus에서 Pipe Object들은, Branch List를 구성해야 하지만 아직 정의되지 않은 요소들을 모델링하는데 사용되는 입력 Object라고 이해하면 된다. 예를 들어, 그림 5-28의 Plant Heating Loop의 Supply Side로 다시 설명하면, Branch List를 구성하는 4개의 Branch인 Inlet Branch, Outlet Branch, Bypass Branch, 그리고 Equipment Branch 중에서 Inlet Branch는 Pump, 2개의 Equipment Branch는 보일러로 이미 정의되어 있지만, Outlet과 Bypass Branch는 따로 정의되어 있지 않다. 따라서 그림 5-28과 같이 Outlet과 Bypass Branch는 Pipe로 모델링되어야 Supply Side의 Branch List가 완성된다. Supply Side와 마찬가지로 Plant Heating Loop의 Demand Side에서도, 온수가 최초 유입된 Inlet Branch로부터

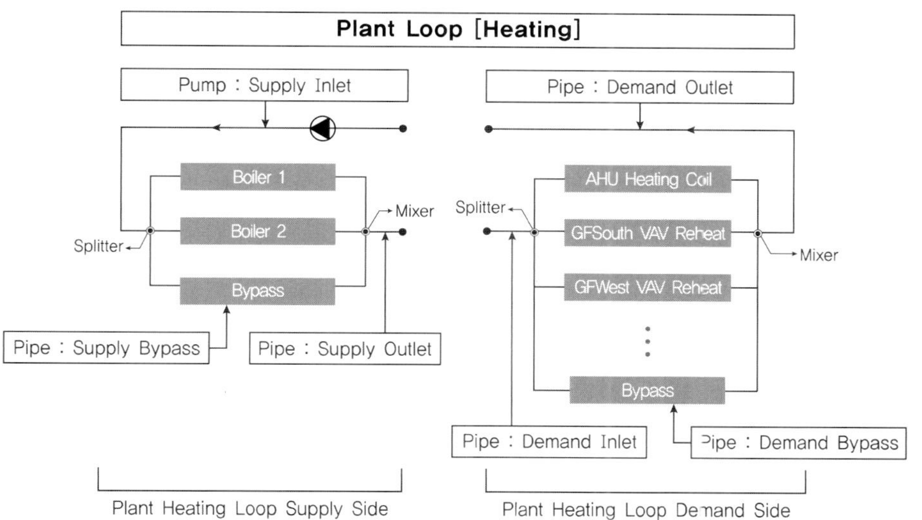

그림 5-28. Pump와 Pipe 위치가 표시된 Plant Heating Loop의 전개도

Connector:Splitter를 통해 Bypass 및 Equipment Branch들인 Coil로 나뉘게 된다. Coil이나 Bypass를 통과하면서 소비된 온수는 Connector:Mixer를 통해 Outlet Branch로 다시 합쳐지게 되고 온수를 다시 생산하기 위해 Supply Side로 보내지게 된다. Demand Side에서는, Branch List를 구성하는 4개의 Branch인 Inlet Branch, Outlet Branch, Bypass Branch, 그리고 Equipment Branch 중에서 16개의 Equipment Branch인 Coil들만 이미 정의되어 있다. 반면에 나머지 Branch들인 Inlet, Outlet 그리고 Bypass Branch는 따로 정의되어 있지 않기 때문에 Inlet, Outlet 그리고 Bypass Branch는 Pipe로 모델링되어 있음을 확인할 수 있다. 마지막으로 VAVSystemOffice.idf 파일 및 그림 5-29를 살펴보면, 총 15개의 Reheat Coil, 1개의 AHU Heating Coil, Bypass, Inlet 그리고 Outlet 등 총 19개의 Branch가 Demand Side Branch List를 구성하고 있음을 확인할 수 있다. Demand Side와 Supply Side를 합친 Plant Heating Loop 전체적으로는 총 24개의 Branch가 존재한다.

그림 5-29는 VAVSystemOffice.idf 파일에서 모델링한 Plant Cooling Loop의 전개도이다. 위의 Plant Heating Loop와 마찬가지로 Pump는 Supply Side Inlet Branch를 구성하며, Pump와 Pipe의 개수는 Heating과 동일하게 각각 1개와 5개로 입력되어 있다. 그림 5-29의 Supply Side를 살펴보면, Inlet Branch인 Pump에 의해 열매체인 냉수가 최초로 Supply Side에 유입되고, 그 이후 Connector:Splitter를 통해 2개의 Chiller Branch와 1개의 Bypass Branch로 나뉘게 된다. Chiller나 Bypass를 통과한 Supply Side의 냉수는 Connector:Mixer를 통해 Outlet Branch로 다시 합쳐지게 되고 냉수를 소비하기 위해 Demand Side로 보내지게 된다. Supply

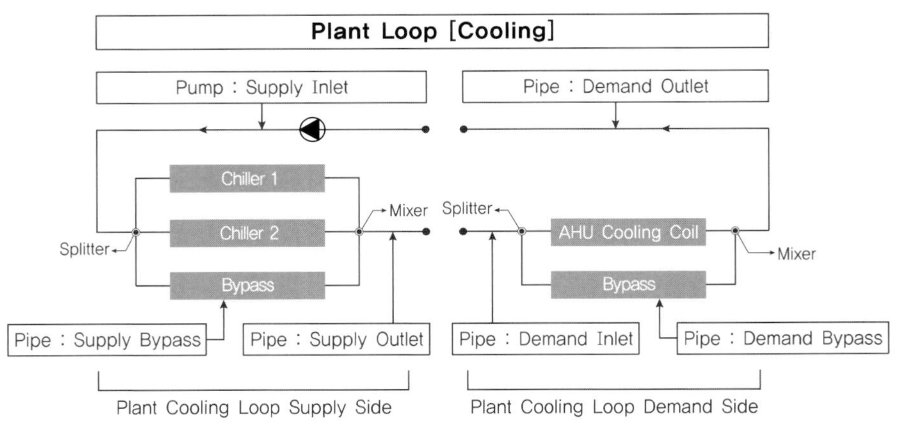

그림 5-29. Pump와 Pipe 위치가 표시된 Plant Cooling Loop의 전개도

Side와 마찬가지로 Plant Cooling Loop의 Demand Side에서도, 냉수가 최초 유입된 Inlet Branch로부터 Connector:Splitter를 통해 Bypass 및 Equipment Branch인 Cooling Coil로 나뉘게 된다. Cooling Coil이나 Bypass를 통과하면서 소비된 냉수는 Connector:Mixer를 통해 Outlet Branch로 다시 합쳐지게 되고 냉수를 다시 생산하기 위해 Supply Side로 보내지게 된다. 16개의 Heating Coil에서 온수가 소비되는 Plant Heating Loop와는 달리 1개의 Cooling Coil에서만 냉수가 소비되기 때문에 1개의 AHU Cooling Coil, Bypass, Inlet 그리고 Outlet 등 총 4개의 Branch가 Demand Side Branch List를 구성하고 있음을 확인할 수 있다. Demand Side와 Supply Side를 합친 Plant Cooling Loop 전체적으로는 총 9개의 Branch가 존재한다.

그림 5-30은 VAVSystemOffice.idf 파일에서 모델링한 Condenser Loop의 전개도이다. Plant Heating Loop 및 Plant Cooling Loop와 동일하게, 1개의 Pump와 5개의 Pipe Branch가 존재한다. Equipment Branch로는, Supply Side에 입력된 1개의 Cooling Tower와 Demand Side에 입력된 2개의 Chiller가 Branch로 입력되어 있음을 확인할 수 있다. 따라서 Demand Side와 Supply Side를 합친 Condenser Loop 전체적으로는, Plant Cooling Loop와 동일하게 5개의 Pipe Branch, 1개의 Pump Branch, 그리고 3개의 Equipment Branch 등 총 9개의 Branch가 존재한다. 따라서 VAVSystemOffice.idf 파일에 입력된 Branch 개수를 요약하면, Plant Heating Loop의 24개 Branch, Plant Cooling Loop의 9개 Branch, 그리고 Condenser Loop의 9개 Branch 등 총 42개의 Branch가 Plant Modeling 관련하여 입력되어 있다.

하지만 VAVSystemOffice.idf 파일의 Branch Object에는 총 43개의 Branch가 존재하고 있는

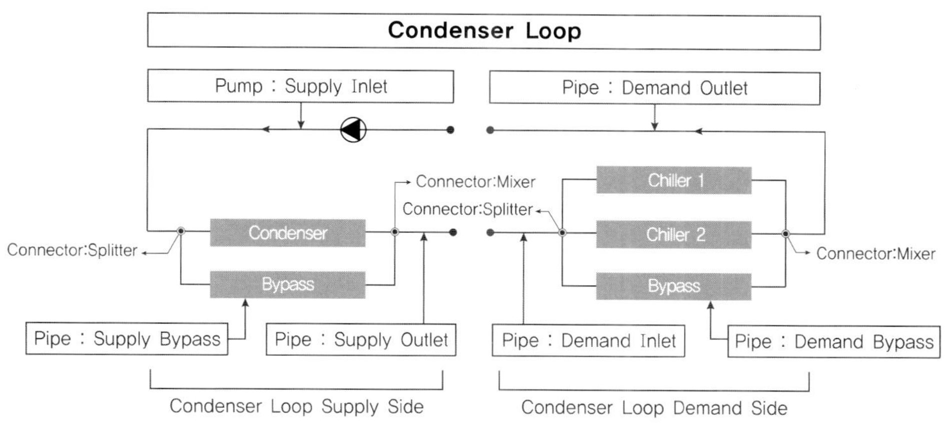

그림 5-30. Pump와 Pipe 위치가 표시된 Condenser Loop의 전개도

데, 나머지 1개의 Branch는 AirLoopHVAC의 AHU 관련된 Branch이다. AirLoopHVAC의 AHU는 Plant Loop와 관련된 앞선 Branch들과는 달리, 여러 요소들이 1개의 Branch로 입력되어 있음을 확인할 수 있다. Plant Loop와 Condenser Loop처럼 열매체가 액체가 아니기 때문에, Pipe가 존재하지 않으며 Pump 대신 Fan이 입력되어 있다. 그림 5-31은 VAVSystemOffice.idf 파일에 입력되어 있는 Air Loop의 AHU Branch를 묘사하고 있다. AHU Branch는 냉 · 온수코일과 팬 등의 AHU 구성요소들을 개별적으로 입력하지 않고 단일 Branch로 한꺼번에 묶어서 입력하기 때문에, AHU내에 설치된 순서대로 Outdoor Air System, Cooling Coil, Heating Coil, 그리고 Fan이 단일 Branch로 입력되어 있음을 확인할 수 있다.

지금까지 살펴본 VAVSystemOffice.idf 파일에 입력된 BranchList Object를 요약하면, Plant Heating Loop의 Supply Side와 Demand Side, Plant Cooling Loop의 Supply Side와 Demand Side, Condenser Loop의 Supply Side와 Demand Side, 그리고 Air Loop의 AHU Branch까지 총 7개의 Branch List가 설정되어 있음을 확인할 수 있다.

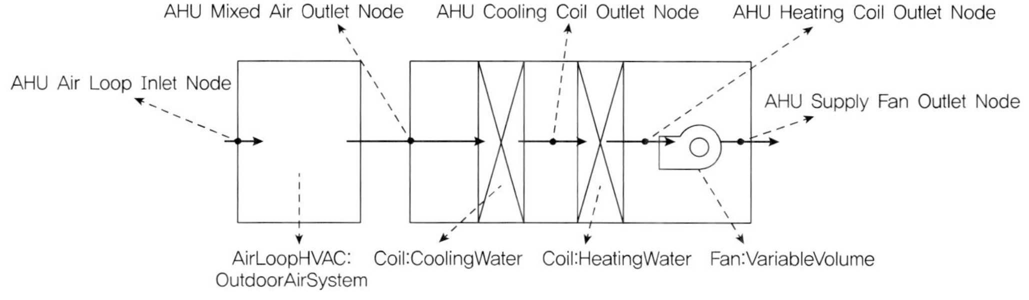

그림 5-31. VAVSystemOffice.idf 파일의 Branch List에 입력되는 Air Loop 전개도

Field	Units
Name	
Branch 1 Name	
Branch 2 Name	
Branch 3 Name	
Branch 4 Name	
Branch 5 Name	
Branch 6 Name	
Branch 7 Name	
Branch 8 Name	
Branch 9 Name	
Branch 10 Name	

그림 5-32. BranchList Object 입력화면

그림 5-32는 BranchList Object의 입력화면으로서, Branch List 고유의 이름을 우선적으로 입력한 후, 해당 Branch List를 구성하는 각각의 Branch 이름을 순서대로 입력한다. BranchList Object를 입력할 때 중요한 것은 Branch Object에서 입력한 모든 Branch들은 Branch List에 입력되어야 한다는 점이다. 또한 BranchList Object를 입력할 때 각 Branch의 입력 순서가 중요한데, 가장 위의 Branch 1 Name Field에는 Supply Side나 Demand Side의 Inlet Branch를 일반적으로 입력하는 것이 무난한 선택이다. Bypass Branch와 Equipment Branch를 중간에 입력하고 Outlet Branch를 마지막에 입력하면 된다.

5.10 Branch _ [Branch 입력]

5.9절에서도 서술하였듯이, Branch는 EnergyPlus의 Plant Modeling 부분에서 가장 기본이 되는 하위 개념의 입력사항이고, Branch Object에서의 입력을 바탕으로 BranchList Object 설정 및 각 Loop의 Supply Side와 Demand Side의 구성이 완성된다. 그림 5-33은 Branch Object의 입력화면으로서, 주요 입력 사항은 다음과 같다.

- 우선 Name Field에 해당 Branch 고유의 이름을 지정한다. 해당 Field에서 입력된 고유의 이름은 5.9절의 Branch List를 구성하는 중요 입력사항이 된다.
- Maximum Flow Rate는 해당 Branch가 통과시킬 수 있는 유체의 최대 유량을 지정해주는 Field인데, 공란으로 놔두는 것이 일반적으로 무난한 선택이다.
- Pressure Drop Curve Name은 해당 Branch가 속해 있는 Loop에서 압력강하를 모델링하고자 할 때 필요한 입력 Field이다. PlantLoop Object나 CondenserLoop Object의 Pressure Simulation Type Field가 PumpPowerCorrection이나 LoopFlowCorrection으로 입력되어 있

을 때 설정해야 하는 Field인데, 이러한 특수한 경우를 제외하고는 해당 Field 역시 공란으로 놔두는 것이 일반적으로 무난한 선택이다.

- Component Object Type과 Component Name은 해당 Branch의 구성요소에 해당하는 Object Type과 해당 Object 고유의 이름을 입력하는 Field들이다. 예를 들어, VAVSystemOffice.idf 파일에서 AHU Cooling Coil ChW Branch의 Component Object Type에 AHU의 냉수코일 Object Type인 Coil:Cooling:Water가 입력되어 있고, Component Name에는 Coil:Cooling:Water Object에서 입력된 냉수코일 고유의 이름인 AHU Cooling Coil과 동일한 이름이 입력되어 있음을 확인할 수 있다.
- Component Inlet Node Name과 Outlet Node Name은 해당 Branch로 유입되고 배출은 Node의 이름을 각각 입력하는 Field인데, 반드시 해당 Component Object에서 입력된 Node 이름들과 동일하게 입력하여야 한다. 예를 들어, VAVSystemOffice.idf 파일에서 AHU Cooling Coil ChW Branch의 Inlet과 Outlet Node Name으로 입력된 AHU Cooling Coil ChW Inlet과 AHU Cooling Coil ChW Outlet이 Coil:Cooling:Water Object의 Water Inlet Node Name과 Water Outlet Node Name Field에 입력된 Node 이름들과 동일함을 확인할 수 있다.
- Component Branch Control Type은 해당 Branch가 통과시키는 유체의 유량 제어 관련하여 설정해주는 입력 Field로서 Active, SeriesActive, Passive 그리고 Bypass 등 총 4가지의 선택사항이 존재한다. 해당 Branch가 Chiller, Boiler, Pump, Coil 등의 설비 기기일 경우에는 Active로, Bypass Pipe일 경우에는 Bypass로, Bypass를 제외한 나머지 Pipe일 경우에는 Passive로 설정해주는 것이 일반적으로 무난한 선택이다. 무엇보다, 해당 Field는 EnergyPlus 버전 7.0 이후부터는 입력사항에서 삭제된 Field이기 때문에 버전 7.0이후부터는 고려하지 않아도 되는 입력 Field이다.

Field	Units
Name	
Maximum Flow Rate	m3/s
Pressure Drop Curve Name	
Component 1 Object Type	
Component 1 Name	
Component 1 Inlet Node Name	
Component 1 Outlet Node Name	
Component 1 Branch Control Type	
Component 2 Object Type	
Component 2 Name	
Component 2 Inlet Node Name	
Component 2 Outlet Node Name	
Component 2 Branch Control Type	

그림 5-33. Branch Object 입력화면

5.11 Pipe:Adiabatic _ [배관 모델링]

5.9절에서도 전술하였듯이, EnergyPlus에서 Pipe Object들은 Branch List를 구성해야 하지만 아직 정의되지 않은 Branch들을 모델링하는데 사용되는 입력 Object라고 이해하면 된다. 예를 들어, 그림 5-28의 Plant Heating Loop의 Supply Side로 설명하면, Branch List를 구성하는 4개의 Branch인 Inlet Branch, Outlet Branch, Bypass Branch, 그리고 Equipment Branch 중에서 Inlet Branch는 Pump, 2개의 Equipment Branch는 보일러로 이미 정의되어 있지만, Outlet과 Bypass Branch는 따로 정의되어 있지 않다. 따라서 그림 5-28과 같이 Outlet과 Bypass Branch는 Pipe로 모델링되어야 Supply Side의 Branch List가 완성된다. 즉, Pipe:Adiabatic Object는 일반적으로 Inlet, Outlet 또는 Bypass Branch를 정의하는데 사용된다. 입력 방법은 매우 간단하며 Inlet과 Outlet Node의 이름을 지정해주면 된다. 그림 5-34는 Pipe:Adiabiatic Object의 입력화면으로서, 주요 입력 사항은 다음과 같다.

- 우선 Name Field에 해당 Pipe 고유의 이름을 지정한다.
- Inlet Node Name과 Outlet Node Name Field에서는 해당 Pipe의 Inlet과 Outlet Node이름을 지정한다. 주의해야 할 점은 반드시 해당 Branch Object에서 입력할 Node 이름들과 동일하게 입력하여야 한다는 점이다. 예를 들어, VAVSystemOffice.idf 파일에서 Hot water loop HW Supply Bypass Branch의 Inlet과 Outlet Node Name으로 입력된 Hot water loop HW Supply Bypass Inlet과 Hot water loop HW Supply Bypass Outlet이 Hot water loop HW Supply Side Bypass Pipe의 이름을 갖는 Pipe:Adiabiatic Object의 Inlet Node Name과 Outlet Node Name Field에 입력된 Node 이름들과 동일함을 확인할 수 있다. 또한, Plant Heating Loop에 해당하는 PlantLoop Object의 Plant Side Outlet Node Name Field에 입력된 Hot water loop HW Supply Outlet은 Plant Heating Loop의 Supply Side에서 Demand Side로 보내기 전 Supply Side에서의 마지막 Node인데, Hot water loop HW Supply Outlet Pipe의 이름을 갖는 Pipe:Adiabiatic Object의 Outlet Node Name Field에 입력된 Node 이름과 동일함을 확인할 수 있다 (그림 5-2와 그림 5-28 참조).

VAVSystemOffice.idf 파일의 Plant Heating Loop, Plant Cooling Loop, 그리고 Condenser Loop를 묘사하고 있는 그림 5-28, 그리 5-29, 그림 5-30을 살펴보면, 각 Loop의 Supply Side Bypass Branch, Supply Side Outlet Branch, Demand Side Inlet Branch, Demand Side Outlet Branch, 그리고 Demand Side Bypass Branch 등 5개의 Pipe Object가

Field	Units
Name	
Inlet Node Name	
Outlet Node Name	

그림 5-34. Pipe:Adiabatic Object 입력화면

존재함을 확인할 수 있다. 따라서 VAVSystemOffice.idf 파일에는 총 15개의 Pipe Object가 존재한다.

5.12 Connector:Splitter, Mixer _ [냉 · 온수 이동 경로의 분산 및 결합]

Connector:Splitter와 Connector:Mixer는 위의 4.3절에서 설명한 AirLoopHVAC:Zone Splitter 및 AirLoopHVAC:Zone Mixer와 동일한 기능을 수행한다고 이해하면 된다. 차이점은 AirLoopHVAC:ZoneSplitter와 AirLoopHVAC:ZoneMixer는 공조 "공기"의 이동경로를 분산/결합하는 Object이고, 본 절에서 다루는 Connector:Splitter와 Connector:Mixer는 냉수와 온수 등의 "물"을 분산/결합하는 Object들이라는 점이다. 또한, AirLoopHVAC:ZoneSplitter와 AirLoopHVAC:ZoneMixer는 Node Name을 통해 Splitter와 Mixer의 기능을 수행하는 반면, Connector:Splitter와 Connector:Mixer는 Branch Name을 통해 Splitter와 Mixer의 기능을 수행한다. Plant Heating Loop의 전개도를 나타내는 그림 5-28의 Supply Side에서 온수가 최초 유입된 Inlet Branch로부터 Bypass인 Pipe 및 Equipment Branch들인 Boiler로 분배되기 직전에 분산되는 지점이 Connector:Splitter이고, Bypass인 Pipe 및 Equipment Branch들인 Boiler를 통과한 후에 다시 Outlet Branch 직전에 합쳐지는 지점이 Connector:Mixer라고 이해하면 된다. 마지막으로, Plant Heating Loop, Plant Cooling Loop, Condenser Loop를 각각 나타내는 그림 5-28, 그림 5-19, 그림 5-30을 보면, Supply Side와 Demand Side에 각각 1쌍의 Splitter와 Mixer가 존재한다. 이처럼 각 Loop에서, Supply Side에서 Demand Side로 이동하거나, 반대로 Demand Side에서 Supply Side로 이동하기 위해서는 한 개의 Branch로 이동해야 하기 때문에 Splitter 개수와 Mixer의 개수는 동일해야 한다. 그림 5-35는 Connector:Splitter Object의 입력 화면으로서, 주요 입력 사항은 다음과 같다.

- 우선 Name Field에 해당 Connector:Splitter 고유의 이름을 지정한다.
- Inlet Branch Name은 Connector:Splitter에 의해 분산되기 직전의 Branch 이름을 입력

Field	Units
Name	
Inlet Branch Name	
Outlet Branch 1 Name	
Outlet Branch 2 Name	
Outlet Branch 3 Name	
Outlet Branch 4 Name	
Outlet Branch 5 Name	
Outlet Branch 6 Name	
Outlet Branch 7 Name	
Outlet Branch 8 Name	
Outlet Branch 9 Name	
Outlet Branch 10 Name	

그림 5-35. Connector:Splitter Object 입력화면

하는 Field로서 Connector:Splitter Object에서는 1개의 Inlet Branch만 존재한다. VAVSystemOffice.idf 파일에서 Plant Heating Loop 관련된 해당 Field 입력 값들이 Supply Side와 Demand Side의 Inlet Branch 이름들인 Hot water loop HW Supply Inlet Branch와 Hot water loop HW Demand Inlet Branch으로 각각 입력되어 있음을 확인할 수 있다.

- Outlet Branch Name들은 Connector:Splitter에 의해 분산된 직후의 Branch 이름을 입력하는 Field로서 Connector:Splitter Object에서는 1개 이상의 Outlet Branch들이 입력되어야 한다. Plant Heating Loop를 묘사하는 그림 5-28에서, Supply Side의 Inlet Branch로부터 Connector:Splitter에 의해 2개의 Boiler Branch와 1개의 Bypass Branch로 분산되기 때문에 VAVSystemOffice.idf 파일에서 3개의 Outlet Branch가 입력되어 있음을 확인할 수 있다. 마찬가지로 Demand Side에서는 Inlet Branch로부터 Connector:Splitter에 의해 16개의

Field	Units
Name	
Outlet Branch Name	
Inlet Branch 1 Name	
Inlet Branch 2 Name	
Inlet Branch 3 Name	
Inlet Branch 4 Name	
Inlet Branch 5 Name	
Inlet Branch 6 Name	
Inlet Branch 7 Name	
Inlet Branch 8 Name	
Inlet Branch 9 Name	
Inlet Branch 10 Name	

그림 5-36. Connector:Mixer Object 입력화면

Heating Coil Branch들과 1개의 Bypass Branch로 분산되기 때문에 VAVSystemOffice.idf 파일에서 17개의 Outlet Branch가 입력되어 있다.

그림 5-36은 Connector:Mixer의 입력화면이다. Mixer는 Splitter와 반대의 개념으로서, Connector:Splitter에서 Inlet Branch Name Field에 입력되었던 Branch가 Connector:Mixer에서는 Outlet Branch Name Field에 입력되어야 하며, 마찬가지로 Connector:Splitter에서 Outlet Branch Name Field에 입력되었던 Branch가 Connector:Mixer에서는 Inlet Branch Name Field에 입력되어야 한다.

5.13 ConnectorList _ [냉 · 온수 이동 경로의 설정]

ConnectorList는 5.12절에서 살펴본 Connector:Splitter와 Connector:Mixer를 하나로 묶는 기능을 하는 Object이다. 5-12절에서 서술하였듯이, Splitter로 나뉜 Branch들은 반드시 Mixer에 의해 다시 합쳐지기 때문에 Splitter와 Mixer의 개수는 동일해야 한다. VAVSystemOffice.idf 파일에서는 Plant Heating Loop, Plant Cooling Loop, Condenser Loop 등 3개 Loop의 Supply Side와 Demand Side에 각각 1쌍의 Connector:Splitter와 Connector:Mixer가 입력되어 있다. 따라서 VAVSystemOffice.idf 파일에는 총 6쌍의 Connector:Splitter와 Connector:Mixer가 존재하고, 그로 인해 6개의 ConnectorList Object가 입력되어 있음을 확인할 수 있다.

ConnectorList Object에서 입력된 Connector List Name은 PlantLoop Object의 Plant Side Connector List Name Field와 Demand Side Connector List Name Field, 그리고 CondenserLoop Object의 Condenser Side Connector List Name Field와 Condenser Demand Side Connector List Name Field에 각각 입력된다. VAVSystemOffice.idf 파일에서도, Plant Loop와 Condenser Loop에 해당하는 6개의 Connector List가 해당 Loop의 (Plant Heating Loop, Plant Cooling Loop, Condenser Loop) Connector List Name Field에 각각 입력되어 있음을 확인할 수 있다. 그림 5-37은 ConnectorList Object의 입력화면으로서, 주요 입력 사항은 다음과 같다.

- 우선 Name Field에 해당 ConnectorList 고유의 이름을 입력한다.
- Connector 1 Object Type은 Connector:Splitter와 Connector:Mixer 중 1개를 선택하여 입력하는 Field이다.

Field	Units
Name	
Connector 1 Object Type	
Connector 1 Name	
Connector 2 Object Type	
Connector 2 Name	

그림 5-37. ConnectorList Object 입력화면

- Connector 1 Name은 위의 Connector 1 Object Type에 해당하는 Connector:Splitter 또는 Connector:Mixer 고유의 이름을 지정해주는 입력 Field이다.
- Connector 2 Object Type은 Connector 1 Object Type에서 입력된 Object Type에 대응하는 반대의 Object Type을 입력해야 하는 Field이다. Connector 1 Object Type에서 Connector:Mixer를 선택했다면 해당 Field에서는 Connector:Splitter를 선택해야 하고, 반대로 Connector 1 Object Type에서 Connector:Spitter를 선택했다면 해당 Field에서는 Connector:Mixer를 선택해야 한다.
- Connector 2 Name은 위의 Connector 2 Object Type에 해당하는 Connector:Splitter 또는 Connector:Mixer 고유의 이름을 지정해주는 입력 Field이다.

6. Energy Management System

6 Energy Management System_[에너지 관리 시스템]

EnergyPlus는 내장된 EMS 기능을 사용함으로써 높은 수준의 제어를 구현하는 것이 가능하며 실제 건물에서 사용되는 에너지 관리 시스템 (Energy Management System) 의 모사 또한 가능하다. EMS의 제어 알고리즘은 ERL(EnergyPlus Runtime Language) 스크립트를 통하여 프로그래밍을 할 수 있다. EMS에서는 센서를 통한 다양한 데이터에 대한 접근이 가능하며, 수집된 데이터를 이용한 알고리즘을 통하여 시간단위별로 즉각적인 제어를 할 수 있다. 본 장에서는 EnergyPlus의 강력한 제어 기능 중 하나인 EMS Group과 더불어 인공신경망(ANN, Artificial Neural Network), 퍼지 로직(Fuzzy Logic), 유전자 알고리즘(GA, Genetic Algorithm) 등을 통한 보다 상위 개념의 제어를 가능하게 해주는 External Interface Group에 대하여 설명한다.

6.1 Energy Management System (EMS)

EnergyPlus는 기본적인 제어뿐만 아니라 사용자가 원하는 요소의, 원하는 방식의 제어를 구현할 수 있도록 EMS 기능을 탑재하고 있다. 그림 6-1과 같이 EMS Group은 Sensor, Actuator, ProgramCallingManager, Program, Subroutine, GlobalVariable, OutputVariable, TrendVariable, InternalVariable 등의 9개 Object로 구성된다. 보통 EMS Group의 Program Object를 이용하여 ERL 스크립트를 구성하며, Sensor Object를 통하여 습득한 데이터를 기반으로 생성된 결과를 Actuator Object를 통하여 제어대상 변수를 설정하게 된다.

EMS 기능을 제대로 활용하기 위해서는 Sensor(EnergyManagementSystem:Sensor)와 Actuator (EnergyManagementSystem:Actuator)의 개념을 확실히 이해하는 것이 중요하다. Actuator는

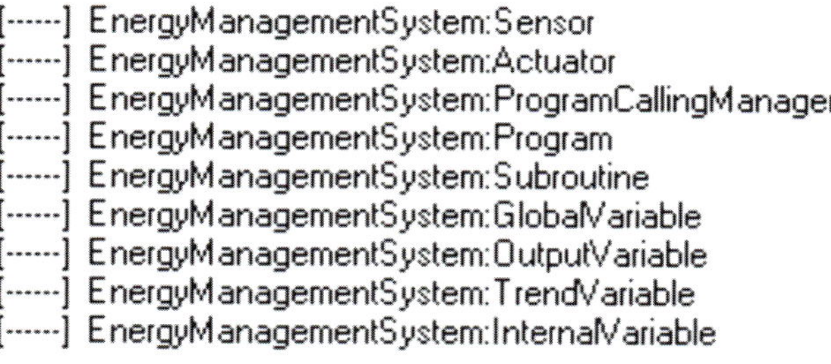

그림 6-1. EnergyPlus에서의 EMS Group

제어의 대상이 되는 설정인자이고, Sensor는 Actuator를 제어하기 위해서 EnergyPlus가 실시간 결과 값으로 계산해주는 인자이다[26].

EnergyPlus에 존재하는 모든 변수가 제어의 대상(Actuator)이 될 수 있는 것은 아니고, 대표적으로 다음의 인자들이 Actuator로서 제어 대상이 될 수 있다[26].

· Availability – On/off
· Schedules
· Set-points (Temperature, humidity)
· Flow rate

반면에, Sensor의 경우에는 EnergyPlus가 도출할 수 있는 모든 결과 값이 Sensor가 될 수 있다. 참고로, 2.3절에서도 전술하였듯이 EnergyPlus에서 도출할 수 있는 모든 결과 값은 RDD 확장자 파일에 나열되어 있다.

그림 6-2는 EnergyPlus의 EMS 기능을 이용해서 블라인드(On/off) 및 조명 디밍제어(Dimming Control)를 수행한 예이다[30]. 여기에서 시간별로 계산되어지는 T_{zone}은 Sensor가

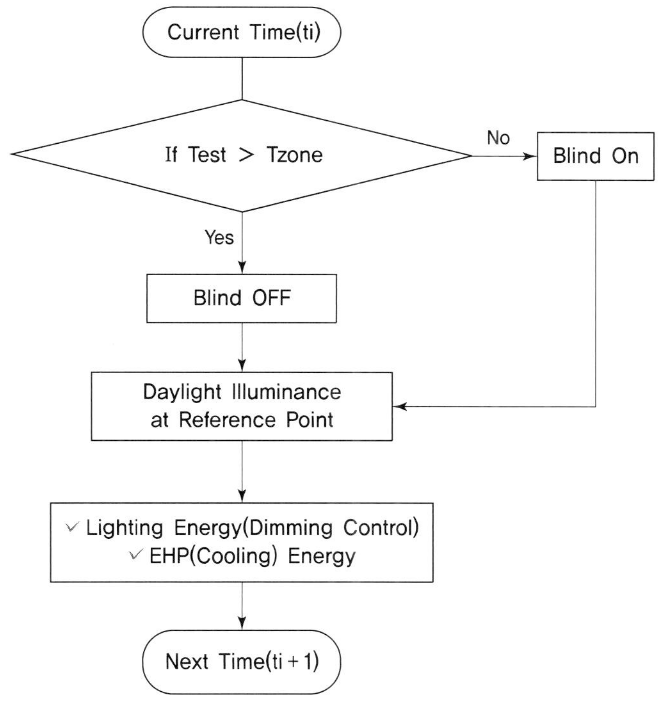

그림 6-2. EnergyPlus의 EMS 기능을 이용한 간단한 제어의 예[30]

되고, 실제 제어 대상인 Blind On/off 컨트롤 및 Dimming 컨트롤을 관장하는 Availability Manager가 Actuator가 된다. 이 예는 EMS 기능을 활용한 매우 간단한 예인데, 이 단계에서 더 나아가 EMS 기능을 통해 여러 조건에 따른 블라인드 Slat Angle 조절도 가능하다[26].

EnergyPlus EMS 기능을 활용하는 또 다른 좋은 예는 외기 습구온도 변화에 대응한 냉각수 설정온도 제어를 들 수 있다. 냉각수 설정온도를 외기 습구온도보다 5℃ (Approach 온도) 높게 설정하고 싶은데, 사용자가 1년 365일 동안의 시간별 8,760개 습구온도 데이터를 하나하나 EnergyPlus의 Schedule Object에 입력하기에는 현실적으로 어렵다. 이 경우에 EMS 기능을 활용하면 몇 줄의 ERL 스크립트 프로그래밍만으로 손쉽게 원하는 제어를 구사할 수 있다. 여기에서 시간별 외기 습구온도는 Sensor가 되고 냉각수 설정온도에 해당하는 Input Field는 Actuator가 된다[26].

필자가 최근 EMS를 이용해서 모델링한 또 다른 예 중의 하나는 사무소 건물의 천장 복사 냉방 시스템을, 천장 표면온도를 기준으로 시스템을 제어하는 방식이다. 현재 EnergyPlus 최신 버전에서 복사냉난방 시스템을 제어할 수 있는 방식은 실내 건구온도, 실내 평균복사온도, 실내 작용온도, 외기 건구온도, 외기 습구온도뿐이다. 하지만 EMS기능을 활용하면 사용자가 원하는 인자를 기준으로 (예를 들면 구조체 표면온도를 기준으로) 복사냉난방 시스템을 제어할 수 있다. 이외에도 열원장치 (보일러, 냉동기, 히트펌프)의 대수 제어, 냉·온수 설정온도 제어, 중앙공조기 (AHU) 공급공기 온도 제어 및 에코노마이저 정밀 제어 등의 모델링에도 EMS 기능을 활용할 수 있다. 이렇듯, EMS는 최근의 능동적인 에너지 절감 및 피크부하에 대응할 수 있는 강력한 기능이라고 할 수 있다[26].

1. EnergyManagementSystem:Sensor _ [EMS 센서]

EnergyManagementSystem:Sensor Object는 EnergyPlus의 Output:Variable 또는 Output:Meter의 데이터를 읽어 들임으로써 Program 작성 시 변수로 사용할 수 있도록 해준다. 이와 관련하여 시뮬레이션 결과 파일 중 확장자 RDD와 MDD 파일에는 각각 Output:Variable과 Output:Meter의 사용가능한 변수 목록이 정리되어 있는 동시에 Sensor에 적용 가능한 변수 목록이 나열되어 있다. 그림 6-3은 EnergyManagementSystem:Sensor Object의 입력화면으로서, 주요 입력사항은 다음과 같다.

Field	Units
Name	
Output:Variable or Output:Meter Index Key Name	
Output:Variable or Output:Meter Name	

그림 6-3. EnergyManagementSystem:Sensor Object 입력화면

- Name Field에는 해당 Sensor 고유의 이름을 공백 없이 기입하야 한다. 이때 지정된 이름은 EnergyManagementSystem:Program Object에서 변수 이름으로 사용되며, 지역변수(Local Variable)가 아닌 전역변수(Global Variable)로 선언된다. 따라서 ERL 범주에 포함되는 다른 변수 이름과 중복되지 않도록 주의해야 한다.
- Output:Variable or Output:Meter Index Key Name은 Output:Variable 혹은 Output:Meter의 Key Name을 입력하는 Field이다. 이 때 Key Name이란 Output의 특정 위치(노드, 존 등)를 의미하며, 기상데이터에 대한 Output일 경우 생략 가능하다.
- Output:Variable or Output:Meter Name은 Output:Variable 또는 Output:Meter의 Variable 또는 Meter Name을 입력한다. 이 때 Variable 혹은 Meter Name이란 얻고자 하는 Output의 종류(온도, 유량 등)를 의미하며, 앞서 언급한 바와 같이 확장자 RDD 혹은 MDD파일을 통하여 적용 가능 목록을 확인할 수 있다.

2. EnergyManagementSystem:Actuator _ [EMS 엑츄에이터]

EnergyManagementSystem:Actuator Object는 ERL 스크립트에서 수행된 시간별 결과를 통하여 '제어대상 변수를 설정'하는데 사용되며, 이러한 제어를 멈추고 일반적인 제어로 돌아가기 위해서는 Actuator의 변수 값에 "Null"이 입력되도록 구성하면 된다. 또한 6.1.1절의 EnergyManagementSystem:Sensor에서 언급한 바와 유사하게, Actuator의 경우 확장자 EDD 파일을 통하여 EnergyManagementSystem:Actuator로서 적용 가능한 제어변수 목록을 확인할 수 있다. 그림 6-4는 EnergyManagementSystem:Actuator의 입력화면으로서, 주요 입력사항은 다음과 같다.

Field	Units
Name	
Actuated Component Unique Name	
Actuated Component Type	
Actuated Component Control Type	

그림 6-4. EnergyManagementSystem:Actuator Object 입력화면

EnergyManagement System:Actuator Available	Unique Name	Type	Control Type	Unit
EnergyManagementSystem:Actuator Available	GFNORTH	Zone Temperature Control	Heating Setpoint	[C]
EnergyManagementSystem:Actuator Available	GFNORTH	Zone Temperature Control	Cooling Setpoint	[C]
EnergyManagementSystem:Actuator Available	GFSOUTH	Zone Temperature Control	Heating Setpoint	[C]
EnergyManagementSystem:Actuator Available	GFSOUTH	Zone Temperature Control	Cooling Setpoint	[C]
EnergyManagementSystem:Actuator Available	MFCORE	Zone Temperature Control	Heating Setpoint	[C]
EnergyManagementSystem:Actuator Available	MFCORE	Zone Temperature Control	Cooling Setpoint	[C]
EnergyManagementSystem:Actuator Available	MFEAST	Zone Temperature Control	Heating Setpoint	[C]
EnergyManagementSystem:Actuator Available	MFEAST	Zone Temperature Control	Cooling Setpoint	[C]
EnergyManagementSystem:Actuator Available	MFWEST	Zone Temperature Control	Heating Setpoint	[C]
EnergyManagementSystem:Actuator Available	MFWEST	Zone Temperature Control	Cooling Setpoint	[C]

그림 6-5. EDD 파일의 적용 가능 Actuator 목록 예시

- Name Field에는 해당 Actuator 고유의 이름을 공백 없이 기입해야 한다. 이때 지정된 이름은 ERL 스크립트에서 변수 이름으로 사용되며, 지역변수(Local Variable)가 아닌 전역변수(Global Variable)로 선언된다. 따라서 ERL 범주에 포함되는 다른 변수 이름과 중복되지 않도록 주의해야 한다.
- Actuated Component Unique Name은 제어할 수 있는 특정 개체 고유 이름이 입력된다.
- Actuated Component Type은 제어할 수 있는 특정 개체의 Type을 입력하는 Field이다. 해당 Field의 경우 앞서 언급한 바와 같이 확장자 EDD 파일을 통하여 입력 가능한 목록을 확인할 수 있다.
- Actuated Component Control Type은 제어할 수 있는 특정 개체의 제어 Type을 입력하는 Field이다. 앞의 Actuated Component Type Field와 마찬가지로, 확장자 EDD 파일을 통하여 입력 가능한 목록을 확인할 수 있다.

요컨대, 앞서 언급된 3가지 Field의 값은 Output:EnergyManagementSystem Object에서 Actuator Availability Dictionary Reporting Field에 Verbose를 입력할 시 생성되는 확장자 EDD 파일을 통하여 입력 가능한 목록을 확인할 수 있으며, 확장자 EDD 파일은 그림 6-5와 같이 "EnergyManagementSystem:Actuator Available, 고유 이름, Type, Control Type, 단위"의 형태로 출력된다.

3. EnergyManagementSystem:ProgramCallingManager _ [EMS 실행위치 설정]

EnergyManagementSystem:ProgramCallingManager Object에서는 시뮬레이션 실행 중 작성된 Program(EnergyManagementSystem:Program에서 작성된 ERL 스크립트)이 실행될 위치를 지정한다. 그림 6-6은 ProgramCallingManager의 입력화면으로서, 주요 입력사항은 다음과 같다.

- 우선 Name Field에는 중복되지 않는 해당 EnergyManagementSystem:ProgramCallingManager 고유의 이름을 입력한다.
- EnergyPlus Model Calling Point는 EMS 프로그램이 실행될 위치(Calling Point)를 설정해주는 Field이다. Calling Point란 EnergyPlus 시뮬레이션 절차 중에서 사용자에 의해 작성된 EMS Program을 실행할 특정위치를 의미한다. 이와 관련된 12개의 Calling Point에 대한 설명은 다음과 같으며, 시뮬레이션 실행 중의 각 Calling Point의 위치를 그림 6-7과 그림 6-8에 도식화하였다.
    - BeginNewEnvironment(그림 6-7과 그림 6-8의 ①번)는 Environment Period의 시작과 동시에 EMS Program이 실행되게 하며, Environment Period란 Design Period와 Run Period의 초반부에 위치한다. 해당 Calling Point는 제어에는 적절하지 않으며, ERL 변수의 초기 설정, 계산과 같이 매 Time-step이 아닌 초기에 한번만 진행해야 하는 경우에 사용하는 것이 바람직하다.
    - AfterNewEnvironmentWarmUpIsComplete(그림 6-7과 그림 6-8의 ②번)는 Warm Up Day가 완료된 후, 첫 번째 날에 대한 시뮬레이션이 수행되기 전에 EMS Program이 실행되게 한다. 해당 Calling Point 역시 일반적인 제어에는 적절하지 않으며, Warm Up Day가 완료된 시점에 새로운 값을 통해 Re-Initializing(초기설정을 다시 수행)하는 데에 사용된다.
    - BeginTimestepBeforePredictor(그림 6-7과 그림 6-8의 ③번)는 매 Time-step의 시작과 동시에, 그리고 Predictor가 수행되기 전에 EMS Program이 실행되게 한다. 여기서 Predictor란 EnergyPlus 시뮬레이션에서 존의 부하를 계산하는 단계를 의미한다. 해당 Calling Point는 부하에 관련된 컴포넌트를 제어하고자 하는 경우에 유용하다. 또한 이를 통해 실행되는 EMS Program의 경우 이전 Time-step의 결과와 현재의 기상 데이터에 의한 내·외부 열 획득 관련된 컴포넌트(조명, 설정온도, 차양 장치 등)에 사용될 수 있다.
    - AfterPredictorBeforeHVACManagers(그림 6-7과 그림 6-8의 ④번)는 매 Time-step에서 Predictor 수행 후 그리고 4.14절에서 다룬 기존의 제어 모델인 SetpointManager와 AvailabilityManager가 수행되기 전에 EMS Program을 실행시킨다. 해당 Calling Point는 다양한 제어에 유용하지만, EMS Program이 기존의 제어 모델과의 충돌이 있을 때, 순서가 뒤에 위치한 기존의 제어 모델에 우선권이 주어진다.
    - AfterPredictorAfterHVACManagers(그림 6-7과 그림 6-8의 ⑤번)는 매 Time-step에서 Predictor 그리고 4.14절에서 다룬 기존의 제어 모델인 SetpointManager와 AvailabilityManager

의 수행 후에 EMS Program을 실행시킨다. 해당 Calling Point는 다양한 제어에 유용하지만, 기존의 제어 모델이 해당 Program과 충돌이 있을 때, 순서가 뒤에 위치한 EMS Program에 우선권이 주어진다.

- InsideHVACSystemIterationLoop(그림 6-7과 그림 6-8의 ⑥번)는 매 HVAC Iteration (HVAC 모델관련 계산결과 수렴을 위한 반복 계산) 중에 EMS Program을 실행시키며 HVAC System Solver는 매 Time-step에서 계산결과가 수렴할 때까지 반복된다. 해당 Calling Point는 System 작동에 관한 다양한 제어에 사용될 수 있다. 또한 Iteration Loop 안에서 제어 입력 값들이 유기적으로 변화하는 경우에 제어의 정확성을 향상시킬 수 있다는 장점이 있다. 하지만 시뮬레이션 실행 시간을 길게 만들 수 있다는 단점도 존재한다.
- EndOfZoneTimestepBeforeZoneReporting(그림 6-7과 그림 6-8의 ⑦번)은 매 Zone Time-step에서 출력 결과가 생성되기 직전에 EMS Program을 실행시킨다. 해당 Calling Point는 Custom Output Variable(사용자 정의 출력 변수)을 생성할 때 유용하다.
- EndOfZoneTimestepAfterZoneRepoting(그림 6-7과 그림 6-8의 ⑧번)은 매 Zone Time-step에서 출력 결과가 생성된 직후에 EMS Program을 실행시킨다. 해당 Calling Point는 Time-step의 가장 마지막 단계이며, 현재의 Zone Time-step의 결과를 이용하여 다음 Time-step의 제어를 결정하기 위해 사용된다.
- EndOfSystemTimeStepBeforeHVACReporting(그림 6-7과 그림 6-8의 ⑨번)은 매 System Time-step에서 HVAC Time-step의 출력 결과가 생성되기 직전에 EMS Program을 실행시킨다. 해당 Calling Point는 Custom Output Variable(사용자 정의 출력 변수)을 생성할 때 유용하다.
- EndOfZoneTimestepAfterZoneRepoting(그림 6-7과 그림 6-8의 ⑩번)은 매 System Time-step에서 출력 결과가 생성된 직후에 EMS Program을 실행시킨다. 해당 Calling Point는 현재의 System Time-step의 결과를 이용하여 다음 Time-step의 제어를 결정하기 위해 사용된다.
- EndOfZoneSizing(그림 6-7과 그림 6-8의 ⑪번)은 SimulationControl Object에서 Do Zone Sizing Calculation이 'Yes'일 경우에 전체 시뮬레이션 중에서 EMS Program을 한 번만 실행시키며, Zone Sizing Calculation이 완료된 후 그리고 Sizing 결과가 적용되기 전에 수행된다. 해당 Calling Point는 Zone Sizing Calculation 결과 대신 EMS Program의 결과를 사용하고자 할 때 유용할 수 있다.
- EndOfSystemSizing(그림 6-7과 그림 6-8의 ⑫번)은 SimulationControl Object에서 Do System Sizing Calculation이 'Yes'일 경우에 전체 시뮬레이션 중에서 EMS Program을

한 번만 실행시키며, System Sizing Calculation이 완료된 후 그리고 Sizing 결과가 적용되기 전에 수행된다. 해당 Calling Point는 System Sizing Calculation 결과 대신 EMS Program의 결과를 사용하고자 할 때 유용할 수 있다.

- Program Name은 앞서 설정한 Calling Point에서 실행될 ERL 스크립트(EnergyManagementSystem: Program Field에 작성된 EMS Program) 고유의 이름을 입력하는 Field이다. 이때 동시에 여러 개의 Program을 입력하는 것이 가능하며, 입력된 순서에 따라 EMS가 순차적으로 실행된다.

Field	Units
Name	
EnergyPlus Model Calling Point	
Program Name 1	
Program Name 2	
Program Name 3	
Program Name 4	
Program Name 5	

그림 6-6 EnergyManagementSystem:ProgramCallingManager Object 입력화면

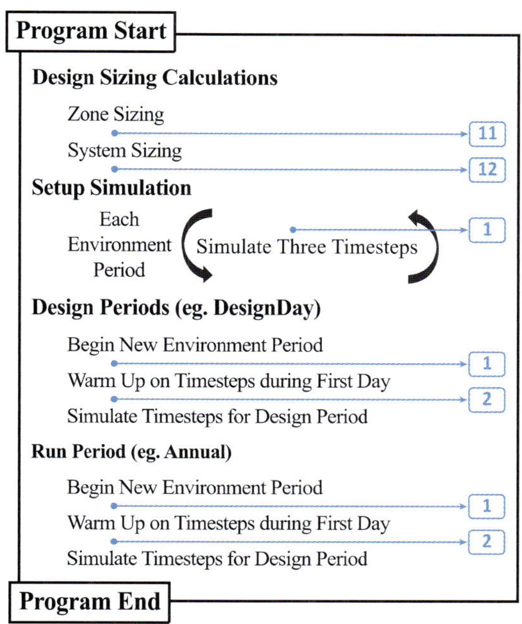

그림 6-7. 전체적인 EnergyPlus 시뮬레이션 실행 순서 및 EMS Calling Point 위치[20]

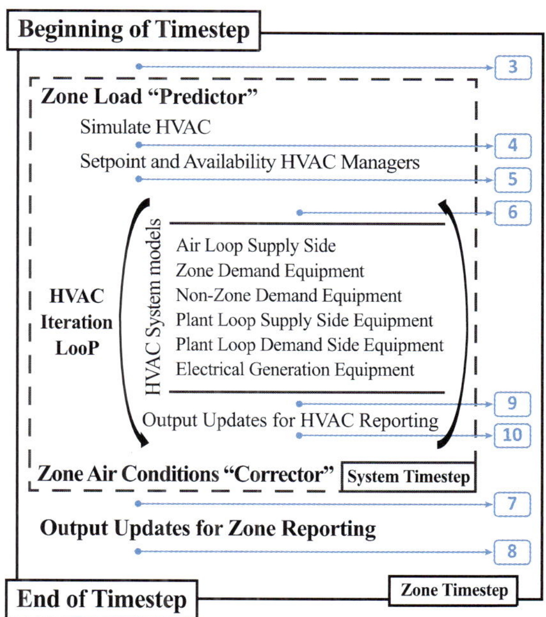

그림 6-8. EnergyPlus의 각 Time-step별 실행 순서 및 EMS Calling Point 위치[20]

4. EnergyManagementSystem:Program _ [EMS 프로그램 코드 작성]

EnergyManagementSystem:Program Object는 ERL 스크립트로 작성된 EMS의 중앙 처리기라고 할 수 있으며, EnergyManagementSystem:ProgramCallingManager Object에서 작성된 순서에 따라 실행된다. ERL 스크립트에 대한 자세한 설명은 EMS Application Guide 문헌을 참고하기 바란다. 그림 6-9는 EnergyManagementSystem:Program Object의 입력화면으로서, 주요 입력사항은 다음과 같다.

- Name은 EnergyManagementSystem:ProgramCallingManager Object에서 불러들일 해당 Program 고유의 이름을 입력하는 Field이다.
- Program Line은 ERL 스크립트 작성이 실질적으로 수행되는 Field로서, EMS Program을 구성하는 핵심이다. IDF Editor를 통하여 작성할 경우 일반적으로 문장의 끝을 의미하는 '；' (세미콜론) 없이 입력한다.

Field	Units	Obj1
Name		MFCoeffOverwriteMGR
Program Line 1		SET XSixth = 53.04958
Program Line 2		SET XFirst = 0.24708
A4		SET YSixth = 35.45167
A5		SET YFirst = 0.25000
A6		SET TotalArea = (XSixth - XFirst) * (YSixth - YFirst)
A7		SET TotalAirflow = MFAirflow
A8		SET FlowPerArea = TotalAirflow / TotalArea
A9		SET MFCeilingCoeff = (849.03 * FlowPerArea - 0.4717)
A10		SET MFFloorCoeff = (612.84 * FlowPerArea + 0.5445)
A11		IF MFFloorCoeff > 4.675
A12		SET MFFloorCoeff = 4.675
A13		ENDIF
A14		IF MFCeilingCoeff > 6.567882
A15		SET MFCeilingCoeff = 6.567882
A16		ENDIF
A17		IF MFCeilingCoeff < 1.7
A18		SET MFCeilingCoeff = 1.7
A19		ENDIF
A20		IF MFFloorCoeff < 1.7
A21		SET MFFloorCoeff = 1.7
A22		ENDIF
A23		SET MFCoreCoeff_Floor = MFFloorCoeff
A24		SET MFEastCoeff_Floor = MFFloorCoeff
A25		SET MFWestCoeff_Floor = MFFloorCoeff
A26		SET MFSouthCoeff_Floor = MFFloorCoeff
A27		SET MFNorthCoeff_Floor = MFFloorCoeff
A28		SET MFCoreCoeff_Ceiling = MFCeilingCoeff

그림 6-9. EnergyManagementSystem:Program Object 입력화면과 작성예시

Field	Units
Name	
Program Line 1	
Program Line 2	

그림 6-10. EnergyManagementSystem:Subroutine Object 입력화면

5. EnergyManagementSystem:Subroutine _ [EMS 서브루틴]

보통 어떤 하나의 종합된 기능을 가지는 명령의 모임을 루틴이라고 하며, 이러한 루틴에는 메인 루틴과 서브루틴이 있다. 메인 루틴이란 프로그램의 골격이 되는 루틴이고, 서브루틴이란 프로그램 속에서 반복 사용되는 부분적 프로그램인데 그자신이 독립하여 사용되는 경우는 없고 메인 루틴과 결부되어서 기능을 다하는 일련의 프로그램을 말한다. EnergyManagementSystem:Subroutine Object는 ERL 스크립트로 구성되어 있으며, 서브루틴으로써 메인루틴인 EnergyManagementSystem:Program에 의해 실행된다. 그림 6-10은 EnergyManagementSystem:Subroutine Object의 입력화면으로서, 주요 입력사항은 다음과 같다.

- Name은 EnergyManagementSystem:Program에서 불러들일 해당 Subroutine 고유의 이름을 입력하는 Field이다.
- Program Line은 ERL 스크립트 작성이 실질적으로 수행되는 Field이다. IDF Editor를 통하여 작성할 경우 일반적으로 문장의 끝을 의미하는 ';'(세미콜론) 없이 입력하며, Text Editor를 통하여 작성할 경우 각 문장의 끝에 ','(콤마)를 사용한다.

6. EnergyManagementSystem:GlobalVariable _ [EMS 전역변수 설정]

EnergyManagementSystem:GlobalVariable Object는 EMS에서 사용될 전역변수를 선언할 수 있게 해준다. Program과 Subroutine안에서 선언된 변수는 그 범주 안에 갇혀 지역변수로써의 역할을 하게 되며, 이를 다른 Object에서 활용하고자 한다면 전역변수로의 선언이 요구된다. Program내의 Sensor와 Actuator Name은 자동적으로 전역변수로 할당되어 특별한 경우를 제외하고 전역변수를 따로 선언할 필요가 없다. 하지만 Sensor와 Actuator와 관련이 없는 Program내의 다른 변수들 혹은 Subroutine의 변수들을 다른 곳에서 사용하고자 하는 경우 또는 EnergyManagementSystem:OutputVatriable Object를 통하여 결과 값을 저장하고자 하는 경우에는 변수를 전역변수로 할당해야 한다. 그림 6-11은 EnergyManagementSystem:GlobalVariable Object의 입력화면으로서, 주요 입력사항은 다음과 같다.

Field	Units
Erl Variable 1 Name	
Erl Variable 2 Name	
Erl Variable 3 Name	

그림 6-11. EnergyManagementSystem:GlobalVaribale Object 입력화면

- ERL Variable Name은 ERL 스크립트에서 쓰일 전역변수 고유의 이름을 입력하는 Field 이다. 이때 공백은 허용되지 않으며, Sensor와 Actuator 그리고 Built-in 변수와 같은 다른 전역변수와 중복되지 않게 주의하여야 한다.

7. EnergyManagementSystem:OutputVariable _ [EMS 출력변수 설정]

EnergyManagementSystem:OutputVariable Object는 사용자가 원하는 결과 값을 생성 및 출력할 수 있게 해주는 기능을 갖는다. Sensor, Actuator, GlobalVariable의 전역 변수뿐만 아니라 Program에서 사용되는 지역변수 또한 설정이 가능하다. 그림 6-12는 EnergyManagementSystem:OutputVariable Object의 입력화면으로서, 주요 입력사항은 다음과 같다.

- Name은 변수를 대표하기 위해 사용자가 원하는 Output Variable 고유의 이름을 입력하는 Field이다.
- EMS Variable Name Field에는 ERL Program에서 사용된 변수의 이름을 입력한다.
- Type of Data in Variable은 Summed와 Averaged 중에서 선택이 가능하다.
- Update Frequency는 Zone Time-step과 System Time-step 중에서 선택이 가능하다. 존의 부하와 관련된 경우 Zone Time-step으로 설정하며, HVAC 시스템의 작동과 관련된 경우 System Time-step으로 설정한다.
- EMS Program or Subroutine Name은 EnergyManagementSystem:GlobalVariable Object에서 전역변수로써 선언되지 않은 지역변수를 결과 값으로 생성하고자 할 때 그 위치를 입력하는 Field이다. 전역변수로 선언했을 경우에는 생략 가능하다.

Field	Units
Name	
EMS Variable Name	
Type of Data in Variable	
Update Frequency	
EMS Program or Subroutine Name	

그림 6-12. EnergyManagementSystem:OutputVariable Object 입력화면

6.2 External Interface

EnergyPlus는 EMS Group을 통하여 높은 수준의 제어를 구현하는 것이 가능하다. 하지만 EMS 기능보다도 상위 개념의 제어를 구현하고자 한다면 보다 특별한 기능이 요구되며, 인공신경망(ANN, Artificial Neural Network), 유전자 알고리즘 (GA, Genetic Algorithm), PID제어 (PID Control, Proportional Integral Derivative Control) 등과 같은 복잡한 기능을 구현하기 위해서는 프로그래밍에 대한 사용자의 전문지식 또한 요구된다. 이와 같은 상위 기능은 수치 해석, 시뮬레이션 및 프로그래밍 환경을 모두 제공하는 Matlab/Simulink로 구현 가능하다.

본 절에서 소개할 External Interface Group은 BCVTB(Building Controls Virtual Test Bed)와 EnergyPlus의 연동을 가능하게 하는 기능을 갖는다. 또한 BCVTB는 Matlab/Simulink와 EnergyPlus 뿐만 아니라 Dymola, Radiance, TRNSYS, Fortran, C언어, Python 등과도 연동할 수 있게 해주는 Middleware로서의 강력한 기능을 탑재하고 있다. 따라서 사용자는 External Interface 기능을 통하여 동시에 다수의 프로그램과 연동(Co-Simulation)하는 것이 가능하다. 예를 들어, 건물과 HVAC 시스템 모델링을 EnergyPlus에서, 제어를 위한 로직을 Matlab에서 진행한 후 EnergyPlus – BCVTB – Matlab의 형태로 연동하여 실시간으로 데이터를 교환하는 시뮬레이션을 진행할 수 있다. 그림 6-13과 같이 External Interface Group은 FMUs(Functional Mock-up Unit)와의 연동도 제공하고 있다. 하지만 본 절에서는 BCVTB와 관련된 Object인 ExternalInterface, Schedule, Variable, Actuator 등 4개의 Object만을 다루도록 하겠다.

```
External Interface
------------------------------
[------] ExternalInterface
[------] ExternalInterface:Schedule
[------] ExternalInterface:Variable
[------] ExternalInterface:Actuator
[------] ExternalInterface:FunctionalMockupUnitImport
[------] ExternalInterface:FunctionalMockupUnitImport:From:Variable
[------] ExternalInterface:FunctionalMockupUnitImport:To:Schedule
[------] ExternalInterface:FunctionalMockupUnitImport:To:Actuator
[------] ExternalInterface:FunctionalMockupUnitImport:To:Variable
[------] ExternalInterface:FunctionalMockupUnitExport:From:Variable
[------] ExternalInterface:FunctionalMockupUnitExport:To:Schedule
[------] ExternalInterface:FunctionalMockupUnitExport:To:Actuator
[------] ExternalInterface:FunctionalMockupUnitExport:To:Variable
```

그림 6-13. External Interface의 구성 Object

Field	Units
Name of External Interface	

그림 6-14. ExternalInterface Object 입력화면

1. ExternalInterface _ [External Interface 개요]

ExternalInterface Object는 External Interface를 활성화하기 위한 Object로서 활성화 가능한 프로그램으로는 BCVTB와 FMUs가 있다. 그림 6-14는 ExternalInterface Object의 입력화면으로서, 주요 입력사항은 다음과 같다.

- Name of External Interface는 External Interface를 통하여 연동시키고자 하는 프로그램의 정보를 입력하는 Field이다. PtolemyServer, FunctionalMockupUnitImport, FunctionalMockupUnitExport 등 3가지의 선택사항이 존재하며, BCVTB와 연동을 위해서는 PtolemyServer를 선택한다.

2. ExternalInterface:Schedule _ [External Interface 스케줄]

ExternalInterface:Schedule Object는 3.9절에서 살펴본 Schedule:Compact Object와 기본적으로 동일한 기능을 갖는다. 차이점은, ExternalInterface:Schedule의 경우 매 Time-step에서 Schedule 값이 제어 알고리즘에 의해 동적으로 변화하며, 이 값은 매 Time-step마다 실시간으로 External Interface를 통해 외부 프로그램으로부터 전송받는다는 것에 차이가 있다. 다만, Warm-up Period와 Sizing Period 중에는 사용자가 지정한 초기 값으로 시뮬레이션이 진행된다. 그림 6-15는 ExternalInterface:Schedule Object의 입력화면으로서, 주요 입력사항은 다음과 같다.

- Name은 해당 ExternalInterface:Schedule 고유의 이름을 지정해주는 Field로서 Schedules Group내의 다른 Schedule 이름들과 중복되지 않아야 한다. Name Field에서 입력된 Schedule 이름은 전역변수로 선언되므로 EMS Group의 다른 변수와도 중복되지 않는 고유의 이름으로 지정하여야 한다.

Field	Units
Name	
Schedule Type Limits Name	
Initial Value	

그림 6-15. ExternalInterface:Schedule Object 입력화면

- Schedule Type Limits Name은 3.9절에서 살펴본 Schedule:Compact Object와 마찬가지로, ScheduleTypeLimits Object에서 사용자가 입력한 사항들 중에서 선택하면 된다.
- Initial Value는 External Interface를 통해 연결된 타 프로그램으로부터 데이터를 전송받기 전인, Warm-up Period와 Sizing Period에 사용될 초기 값을 설정해주기 위한 Field이다.

3. ExternalInterface:Actuator _ [External Interface 엑츄에이터]

ExternalInterface:Actuator Object는 EnergyManagementSystem:Actuator와 기본적으로 동일한 기능을 갖는다. 차이점은, Actuator 값이 매 Time-step마다 실시간으로 External Interface를 통해 외부 프로그램으로부터 전송받는다는 것에 차이가 있다. 6.2.2절의 ExternalInterface:Schedule와 마찬가지로, Warm-up Period와 Sizing Period 중에는 사용자가 지정한 초기 값으로 시뮬레이션이 진행되므로 초기 값에 대한 입력 Field가 존재한다는 것에도 차이가 있다. 또한, 6.1.2절의 EnergyManagementSystem:Actuator와 마찬가지로 확장자 EDD 파일을 통하여 적용 가능 목록을 확인할 수 있다. 그림 6-16은 ExternalInterface:Actuator Object의 입력화면으로서, 주요 입력사항은 다음과 같다.

- Name은 해당 ExternalInterface:Actuator 고유의 이름을 지정해주는 Field로서, Name Field에서 입력된 Actuator 이름은 전역변수로 선언되므로 EMS Group의 다른 변수와도 중복되지 않는 고유의 이름으로 지정되어야 한다.
- Actuated Component Unique Name은 제어할 수 있는 특정 개체 고유의 이름을 입력하는 Field이다.
- Actuated Component Type은 제어할 수 있는 특정 개체의 Type을 입력하는 Field이다. 해당 Field의 경우 확장자 EDD 파일을 통하여 적용 가능 목록을 확인할 수 있다.
- Actuated Component Control Type은 제어할 수 있는 특정 개체의 제어 Type을 입력하는 Field이다. 앞의 Actuated Component Type Field와 마찬가지로, 확장자 EDD 파일을 통하여 적용 가능 목록을 확인할 수 있다.

Field	Units
Name	
Actuated Component Unique Name	
Actuated Component Type	
Actuated Component Control Type	
Optional Initial Value	

그림 6-16. ExternalInterface:Actuator Object 입력화면

- Optional Initial Value는 External Interface를 통해 연결된 타 프로그램으로부터 데이터를 전송받기 전인, Warm-up Period와 Sizing Period에 사용될 초기 값을 설정해주기 위한 Field이다.

앞서 언급된 5가지 Field들 중 3가지(Actuated Component Unique Name, Actuated Component Type, Actuated Component Control Type) Field의 값은 Output:EnergyManagementSystem Object에서 Actuator Availability Dictionary Reporting Field에 Verbose를 입력할 시 생성되는 확장자 EDD 파일을 통하여 적용 가능 목록을 확인할 수 있는데, EDD 파일은 6.1.2절의 EnergyManagementSystem:Actuator에서 언급한 바와 같이 "EnergyManagementSystem:Actuator Available, 고유 이름, Type, Control Type, 단위"의 형태로 출력된다(그림 6-5 참조).

4. ExternalInterface:Variable _ [External Interface 변수 설정]

ExternalInterface:Variable Object는 EnergyManagementSystem:GlobalVariable Object와 기본적으로 동일한 기능을 갖는다. 차이점은, Variable 값이 매 Time-step마다 실시간으로 External Interface를 통해 외부 프로그램으로부터 전송된다는 것에 차이가 있다. 또한 6.2.2절의 ExternalInterface:Schedule 및 6.2.3절의 ExternalInterface:Actuator와 마찬가지로, Warm-up Period와 Sizing Period 중에는 사용자가 지정한 초기 값으로 시뮬레이션이 진행된다. 해당 Object를 사용할 경우 실시간으로 입력되는 값을 EMS Program 혹은 EMS Subroutine 안에서 하나의 변수로써 활용하는 것이 가능하다. 그림 6-17은 ExternalInterface:Schedule Object의 입력화면으로서, 주요 입력사항은 다음과 같다.

- Name은 해당 ExternalInterface:Variable 고유의 이름을 지정해주는 Field로서, Name Field에서 입력된 Variable 이름은 전역변수로 선언되므로 EMS Group의 다른 변수와도 중복되지 않는 고유의 이름으로 지정되어야 한다.
- Initial Value는 External Interface를 통해 연결된 타 프로그램으로부터 데이터를 전송받기 전인, Warm-up Period와 Sizing Period에 사용될 초기 값을 설정해주기 위한 Field이다.

Field	Units
Name	
Initial Value	

그림 6-17. ExternalInterface:Variable Object 입력화면

6.3 BCVTB(Building Controls Virtual Test Bed)

BCVTB(Building Controls Virtual Test Bed)는 UC Berkeley에서 개발한 Ptolemy II를 기반으로 하는 프로그램이다. 앞서 언급한 바와 같이, BCVTB는 두 개 이상의 프로그램을 연동(Co-Simulation)할 수 있는 Middleware 기능을 수행한다. 예를 들어, 건물과 시스템 모델링을 EnergyPlus에서, 제어 로직을 Matlab/Simulink에서 구현한 후 두 프로그램의 실시간 데이터 교환을 통하여 서로 상호작용하는 시뮬레이션을 구현하는 것이 가능하다. BCVTB안에서의 시뮬레이션 모델은 그림 6-18과 같으며, GUI(Graphic User Interface) 환경으로 구성되어 있어 모델을 구성할 시 1번 박스에 위치한 Library를 2번 박스에 위치한 화면으로 옮기면 된다. BCVTB를 사용할 시 기본적으로 제공되는 Library를 통하여 제어 로직을 구성하는 것이 가능하지만, 본 절에서는 EnergyPlus와 Matlab의 연동을 위한 연결체로써의 BCVTB 모델에 대하여만 언급하고자 한다.

1. BCVTB 모델 작성

BCVTB의 모델은 EnergyPlus와 Matlab의 연동을 위하여 작성된 것으로 그림 6-19와 같이 구성된다. SDF Director, Parameter Actor, VectorAssembler Actor, Simulator Actor,

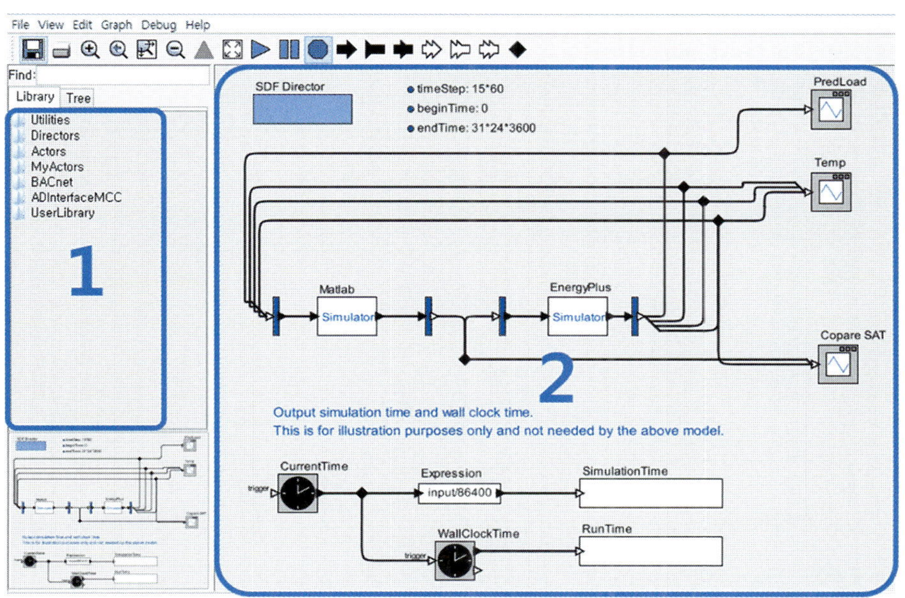

그림 6-18. BCVTB 구동 화면

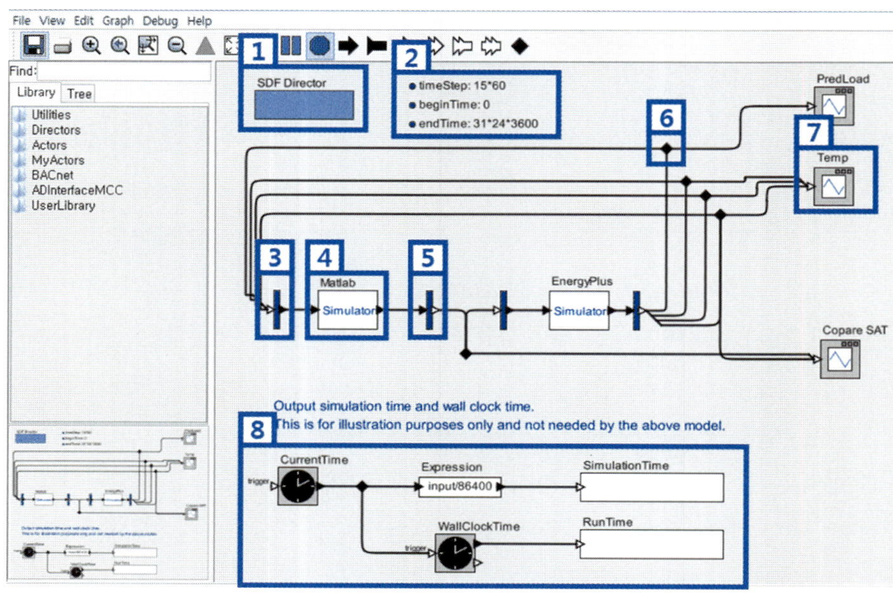

그림 6-19. BCVTB 모델 구성 화면

VectorDisassembler Actor, Relation, TimedPlotter Actor, 시간 관련 Actor로 구성되어 있으며, 각각의 설명은 다음과 같다.

- SDF Director는 동기식 데이터 전송 방식으로 그림 6-19의 1번에 위치한다. Ptolemy II에서는 서로 다른 Actor들이 어떻게 상호작용하는 가를 지정하기 위하여 다양한 계산 모델(Models of Computation)을 사용할 수 있으며 이는 Director로 정의된다. BCVTB에서는 일반적으로 SDF(Synchronous Data Flow) Director가 사용된다. 또한 실행 전에

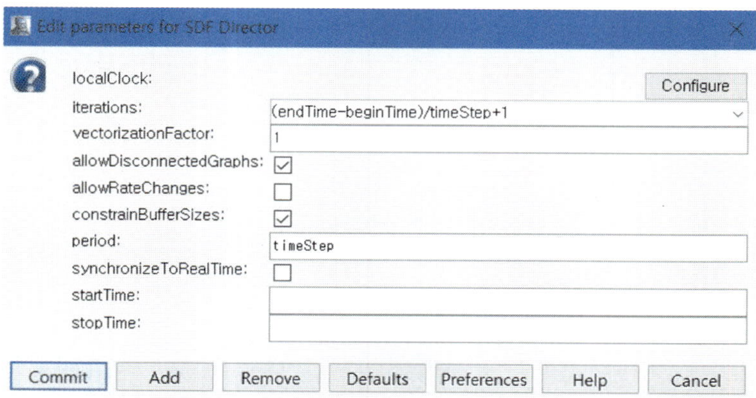

그림 6-20. SDF Director 입력 화면

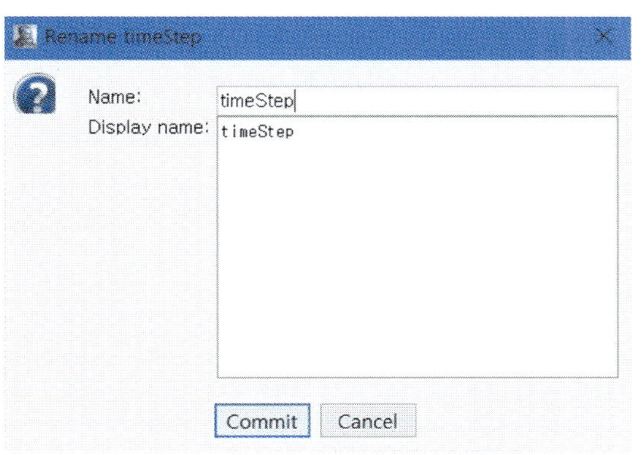

그림 6-21. Parameter Actor 이름 변경 화면

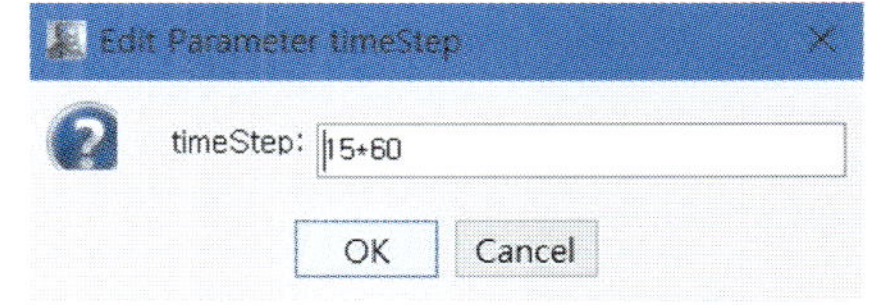

그림 6-22. Parameter Actor 입력 화면

Actor의 실행 순서가 고정되며, Deadlock(교착 현상)의 발생이 없는 것이 특징이다. 그림 6-20은 SFD Director의 입력 화면인데 Iterations는 해당 모델의 반복 횟수를 지정하는 것으로서, 이때 시작단계를 포함하여 1을 가산해 준다. EnergyPlus를 위한 모델에서는 (endTime-beginTiem)/timeStep+1을 사용하며, 숫자로 기입 시 초 단위로 작성하여야 한다. 또한 endTime, beginTime, tiemStep의 문자열의 경우 Parameter Actor를 통하여 값을 전송받게 된다.

- Parameter Actor는 다른 Actor에서 문자열로 작성된 입력 값을 치환하며 그림 6-19의 2번에 위치한다. 이때 그림 6-19의 2번과 같이 Parameter Actor의 이름은 입력 값에 작성된 문자열과 같아야 하며, 경우에 따라서 변동될 수 있는 입력 값에 적용 시 유용할 수 있다. 그림 6-21은 Parameter Actor의 이름 변경 화면으로서, Actor를 우 클릭한 후 Customize, Rename을 통하여 접근할 수 있다. 또한 그림 6-22는 Parameter Actor의 입력 화면으로서, 실제로 사용될 입력 값을 입력하면 된다. 본 예제의 경우 앞선 SDF Director에서 (endTime-beginTime)/timeStep+1을 사용하고 있으며 이에 따라 endTime, beginTime, timeStep의 이름을 갖는 3개의 Parameter Actor를 생성하였다. 또한 SDF Director에서 초 단위의 숫자를 요구하므로 Parameter Actor의 입력 값을 초 단위로 작성하였다.

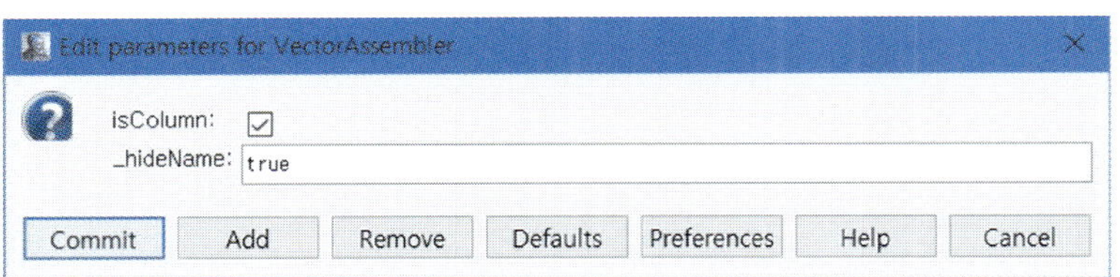

그림 6-23. VectorAssembler Actor 입력 화면

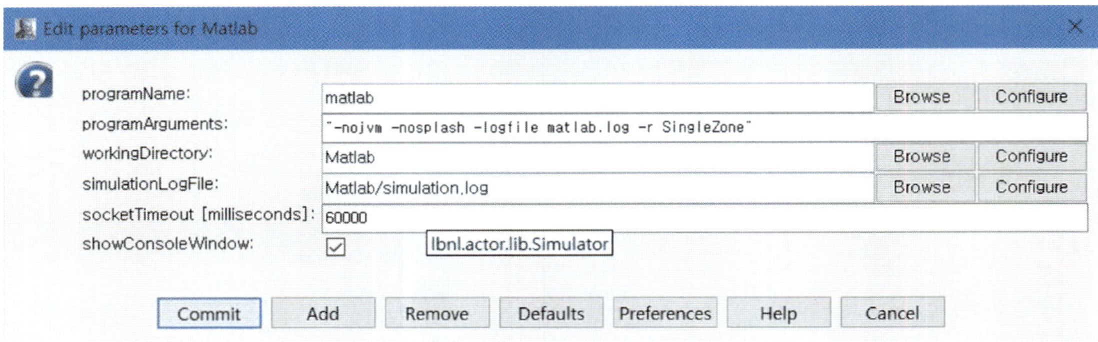

그림 6-24. Simulator Actor (Matlab) 입력 화면

- VectorAssembler Actor는 스칼라 형태의 데이터를 벡터의 형태로 변환하는 작업을 수행하며 그림 6-19의 3번에 위치한다. 흑색으로 채워진 연결선의 경우 벡터, 백색으로 채워진 경우 스칼라 형태를 취하며, 연결선이 Simulator에 입력될 시 벡터의 형태를 취해야 한다. 입력 부분의 경우 스칼라 형태의 연결선이 다수 입력되는 것이 가능하나, 출력 부분의 경우 벡터 형태의 연결선이 1개에 한하여 가능하다. 이때 연결되는 데이터의 순서가 벡터 배열의 순서가 된다. 그림 6-23은 VectorAssembler Actor의 입력 화면이며 이와 같은 형태로 작성된다.
- Simulator Actor는 적용된 시뮬레이션 프로그램과의 데이터 교환을 수행하며, 그림 6-19의 4번에 위치한다. 동시 연동 시뮬레이션 개수에 제한은 없다. Simulator Actor의 입력 화면은 그림 6-24와 그림 6-25와 같으며, 각각 Matlab과 EnergyPlus를 연결한다. 입력 화면에 대한 설명은 다음과 같다.
  - programName은 대상 시뮬레이션 이름을 설정하기 위한 입력사항으로서 Matlab의 경우 'matlab'을 입력하며, EnergyPlus의 경우 'RunEPlus.bat'을 입력한다.

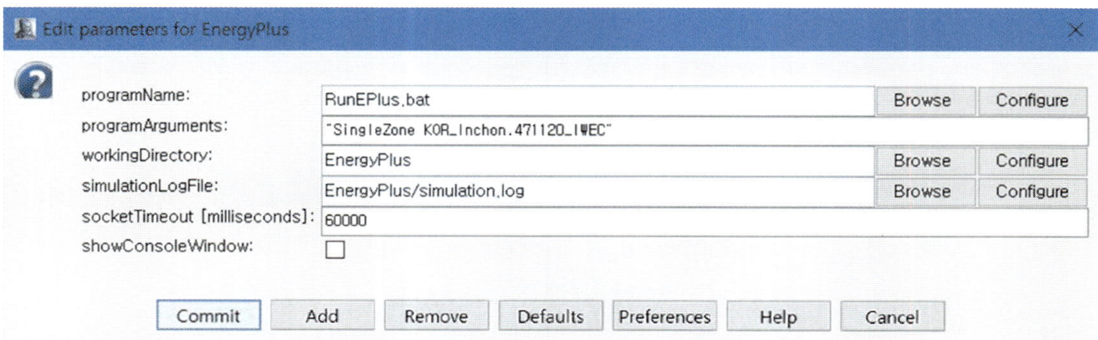

그림 6-25. Simulator Actor (EnergyPlus) 입력 화면

- programArguments에는 시뮬레이션에 따라 요구되는 Argument형식이 있으며 이를 큰따옴표(“ ”) 사이에 문자열로 입력한다. Matlab의 경우 “-nojvm -nosplash -logfile matlab.log -r SingleZone”을 입력한다. 이때 matlab.log의 위치에 Matlab 프로그램의 Log파일 이름을 입력하며, SingleZone의 위치에 Matlab 스크립트가 작성된 M파일의 이름을 입력한다. 또한 EnergyPlus의 경우 “SingleZone KOR_Inchon.471120_IWEC”을 입력한다. 이때 SingleZone의 위치에 EnergyPlus의 IDF 파일의 이름을 입력하며, KOR_Inchon.471120_IWEC의 위치에 기상데이터 파일의 이름을 입력한다. 기상데이터의 경우 EnergyPlus가 설치된 WeatherData 폴더를 참조한다.
- workingDirectory에는 시뮬레이션 파일이 속한 폴더의 경로를 입력하며, 이때 현재폴더까지의 경로는 생략한다. 만약 시뮬레이션 파일이 현재 폴더에 위치한다면 ‘.’을 입력한다. 그림 6-26과 같이 BCVTB 파일인 .xml파일이 위치한 폴더가 현재 폴더로써 정의되며 Matlab과 EnergyPlus를 연동할 경우, 각각의 폴더를 생성한 후 폴더 이름을 입력한다.
- simulationLogFile에는 BCVTB로부터 콘솔 출력과 오류 메시지가 입력될 텍스트 파일 이름을 입력한다. 현재 폴더가 아닐 경우 Log파일이 속하게 될 폴더의 경로를 같이 입력해야 하며 이때 현재 폴더까지의 경로는 생략한다.
- socketTimeout에는 대상 시뮬레이션과의 연결을 위한 대기시간을 밀리초 단위로 입력하며, 입력된 시간동안 응답이 없을 시 연결 실패로 간주하고 오류 메시지를 출력한다.
- ShowConsoleWindow는 체크 박스의 형태로 표시되며, 체크할 시 프로그램의 콘솔 출력이 별도의 창으로 열림으로 인해 시뮬레이션 중에 확인이 가능하다.

– VectorDisassembler Actor는 벡터 형태의 데이터를 스칼라의 형태로 변환하는 작업을 수행하며 그림 6-19의 5번에 위치한다. VectorAssembler Actor의 반대 개념으로서 입

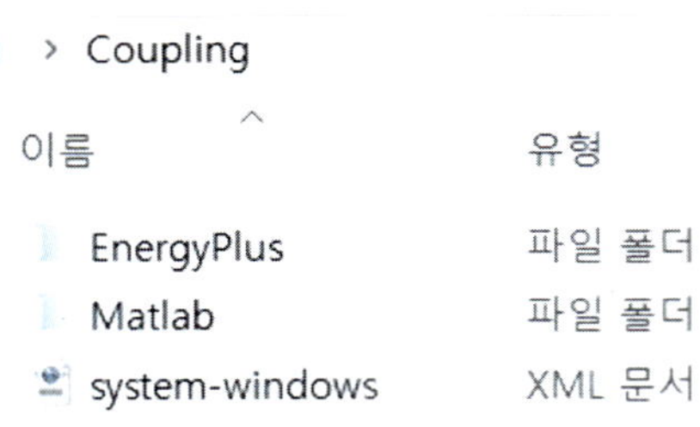

그림 6-26. 연동 관련 폴더 위치

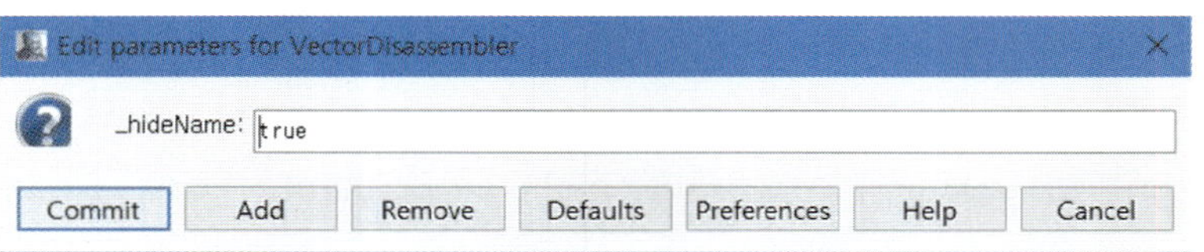

그림 6-27. VectorDisssembler Actor 입력 화면

력 부분의 경우 벡터 형태의 연결선이 1개에 한하여 가능하나, 출력 부분의 경우 스칼라 형태의 연결선을 다수 출력하는 것이 가능하다. 이때 출력되는 연결선의 순서는 벡터 배열의 순서에 상응한다. 또한 그림 6-27은 VectorDiassembler Actor의 입력 화면이며 이와 같은 형태로 작성된다.

- Relation은 연결선을 병렬로 변환하는 역할을 하며 그림 6-19의 6번에 위치한다. 또한 1개의 입력을 다수의 출력으로 변환한다는 점에서 VectorDisassembler Actor와 유사할 수 있지만, 데이터의 형태를 변환하지 않는다는 점에서 구분된다.
- Plotter Actor는 그래프를 출력하기 위해 사용되며 그림 6-19의 7번에 위치한다. 보통 시뮬레이션의 결과 값이 시뮬레이션 수행 후 파일의 형태로 저장되지만, Plotter Actor를 활용할 시 별도의 작업 없이 실시간으로 결과 값을 확인 할 수 있는 장점이 있다. 그림 6-28은 TimedPlotter Actor의 입력 화면이다. Legend는 생성될 그래프의 범례를 의미하며 콤마 ','로 구분하여 연결선의 입력 순서와 상응하게 작성한다.
- 그림 6-19 8번에 위치한 Actor들은 시간과 관련된 Actor들이며, 시뮬레이션의 결과에 직접적인 영향을 미치는 요소는 아니다. SimulationTime은 초 단위로 출력되는 시뮬레이션 기간을, Expression을 거쳐 일(Day)로 환산하여 나타낸다. 또한 RunTime의 경우 시뮬레이션이 완료되는데 걸린 시간을 초 단위로 나타낸다.

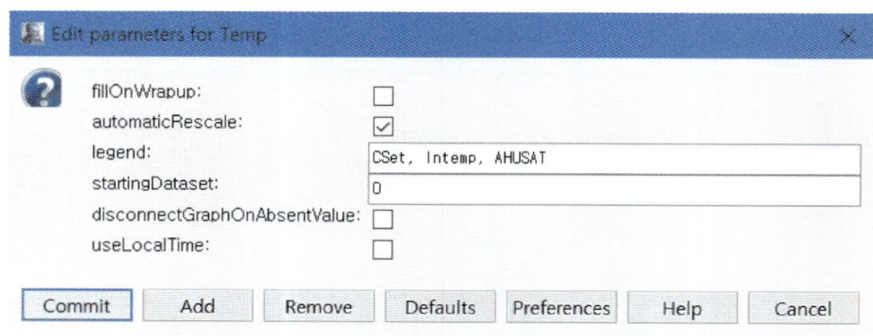

그림 6-28. TimedPlotter Actor 입력 화면

2. Configure 파일 작성

EnergyPlus–BCVTB–Matlab의 연동 중 EnergyPlus와 BCVTB 사이의 데이터 교환에는 확장자 CFG의 Configure 파일이 요구된다. 이는 EnergyPlus에서 어떤 변수를 받아올 것인가, BCVTB에서 어떤 데이터를 받아올 것이며 받아온 데이터가 어디에 쓰일 것인가에 대하여 설정하는 작업이다. 이와 관련하여 EnergyPlus에서는 Output:Variable, EnergyManagementSystem:OutputVariable 등 2가지 Object의 값을 전송하는 것이 가능하며, ExternalInterface:Schedule, ExternalInterface:Actuator, ExternalInterface:Variable 등 3가지 Object의 값을 전송받을 수 있다. 그림 6–29는 Configure 파일의 작성 예시이다. 파란색 박스에 해당하는 내용이 데이터 교환에 대한 내용을 정의하는 부분이며, 그 외의 입력 사항은 항상 동일해야 하며, 그 설명은 다음과 같다.

– 입력 데이터의 경우

〈variable source="Ptolemy"〉
〈EnergyPlus Object="Name"/〉
〈/variable〉

이와 같이 입력하며, Object의 경우 입력 데이터가 ExternalInterface:Schedule에 해당 할 경우 Schedule, ExternalInterface:Actuator에 해당할 경우 Actuator, External Interface:

variables.cfg - 메모장

파일(F) 편집(E) 서식(O) 보기(V) 도움말(H)

```
<?xml version="1.0" encoding="ISO-8859-1"?>
<!DOCTYPE BCVTB-variables SYSTEM "variables.dtd">

<BCVTB-variables>
  <variable source="Ptolemy">
    <EnergyPlus schedule="AHUSAT"/>
  </variable>


  <variable source="EnergyPlus">
   <EnergyPlus name="Single Zone" type="Zone Predicted Sensible Load to Cooling Setpoint Heat Transfer Rate"/>
  </variable>

  <variable source="EnergyPlus">
    <EnergyPlus name="Single Zone" type="Zone Thermostat Cooling Setpoint Temperature"/>
  </variable>

  <variable source="EnergyPlus">
    <EnergyPlus name="Single Zone" type="Zone Mean Air Temperature"/>
  </variable>

  <variable source="EnergyPlus">
    <EnergyPlus name="AHUSAT" type="Schedule Value"/>
  </variable>

</BCVTB-variables>
```

그림 6–29. Configure 파일 예시

Variable에 해당할 경우 Variable을 입력한다. 또한 Name의 경우 EnergyPlus에 입력된 Name Field와 동일하게 입력한다.

- 출력 데이터의 경우

  〈variable source="EnergyPlus"〉
  〈EnergyPlus name="Key Value" type="Variable"/〉
  〈/variable〉

이와 같이 입력하며, Output:Variable에 해당할 경우 Key Value에는 EnergyPlus에서의 Key Value Field, Variable에는 EnergyPlus에서의 Variable Name Field와 동일하게 입력한다. 또한 EnergyManagementSystem:OutputVariable에 해당할 경우 Key Value에는 "EMS"의 문자열을 그대로 입력하고, Variable에는 EMS Variable Name Field와 동일하게 입력한다.

전송하는 출력 데이터와 전송받는 입력 데이터의 개수는 같을 필요가 없다. 하지만 입력 데이터의 경우 BCVTB에서 전송받은 벡터 배열의 순서대로 작성되어야 하며, 출력 데이터의 경우 작성된 순서대로 벡터 배열에 입력되므로 주의하여야 한다.

6.4 Matlab 스크립트 작성

EnergyPlus의 EMS 기능으로도 구현할 수 없는 보다 높은 수준의 제어를 구현하기 위해서는 인공신경망 (ANN, Artificial Neural Network), 유전자 알고리즘 (GA, Genetic Algorithm), PID제어 (PID Control, Proportional Integral Derivative Control) 등이 요구될 수 있다. Matlab/Simulink에서는 수치 해석, 시뮬레이션 및 프로그래밍 환경을 모두 제공하기 때문에 위와 같은 기능들이 이미 구현가능하다. 따라서 Matlab과의 연동을 통하여 EnergyPlus에서도 비교적 간단하게 위와 같은 높은 수준의 제어 구현이 가능하다. Matlab 스크립트는 Matlab에 포함된 기능들을 간단히 프로그래밍 할 수 있는 하나의 프로그래밍 언어로 .m의 확장자를 갖는다. Matlab의 기본적인 스크립트 작성법은 Mathworks에서 제공하는 레퍼런스를 참고하기를 바란다. 또한 EnergyPlus와 BCVTB에 관한 내용이 앞서 설명되었으므로, 본 절에서는 Matlab 스크립트 중 EnergyPlus-BCVTB-Matlab의 연동 시 기본적으로 요구되는 내용을 중점적으로 다루기로 한다. 관련된 내용은 그림 6-30부터 그림 6-34까지와 같으며, 그 설명은 다음과 같다.

```
% Initialize model variables
delTim    = 15*60;  % time step
Result_1 = 0
Result_2 = 0
Result_3 = 0
dblValWri = [Result_1 Result_2 Result_3];
dblValRea = [0 0 0 0];

% Initialize flags
retVal    = 0;
flaWri    = 0;
flaRea    = 0;
simTimWri = 0;
simTimRea = 0;
```

그림 6-30. Matlab 스크립트 1

- 그림 6-30의 첫 번째 문단을 구성하는 Initialize model variables는 스크립트에서 사용될 변수를 초기화하는 작업이다. delTim은 Time-step을 의미하며, 이 때 EnergyPlus, BCVTB, Matlab에서 사용되는 Time-step은 모두 동일해야 한다. 또한 dbValwri는 BCVTB로 전송할 벡터 데이터, dbValRea는 전송받을 벡터 디이터를 의미한다. 이들의 초기 값을 0으로 설정하였으며, 사용자의 의도에 따라 변동 가능하다.
- 그림 6-30의 두 번째 문단을 구성하는 Initialize flags는 연동되는 시뮬레이션 사이에서 오류발생 등의 정보를 교환하기 위한 신호를 초기화하는 작업이다. 이 신호가 0이 아닌 다른 값을 나타낼 때, 시뮬레이션은 종료된다.
- 그림 6-31의 첫 번째 문단을 구성하는 Add path to BCVTB matlab libraries는 단지 경로를 추가하는 작업을 한다.
- 그림 6-31의 두 번째 문단을 구성하는 Establish the socket connection은 BCVTB와 Matlab의 소통 여부를 확인하는 작업이다. establishClientSocket( )이라는 함수를 통하여 sockfd 값을 생성하며, 만약 이 값이 0보다 작을 시 지정된 에러 메시지를 출력한다.
- 그림 6-32의 첫 번째 문단을 구성하는 Loop for simulation time steps는 시뮬레이션의 시작을 알린다. 또한 while은 스크립트의 가장 마지막에 있는 end와 쌍을 이룬다. 따

```
% Add path to BCVTB matlab libraries
addpath( strcat(getenv('BCVTB_HOME'), '/lib/matlab'));

% Establish the socket connection
sockfd = establishClientSocket('socket.cfg');
if sockfd < 0
fprintf('Error: Failed to obtain socket file descriptor. sockfd=%d.₩n'
sockfd);
exit;
end
```

그림 6-31. Matlab 스크립트 2

```
% Loop for simulation time steps.
simulate=true;
while (simulate)

  % Assign values to be exchanged.
  try
    [retVal, flaRea, simTimRea, dblValRea ] =
              exchangeDoublesWithSocket(sockfd, flaWri, length(dblValRea),
                                        simTimWri, dblValWri);
  catch ME1

    % exchangeDoublesWithSocket had an error. Terminate the connection
    processError(ME1, sockfd, -1);
    simulate=false;
  end
```

그림 6-32. Matlab 스크립트 3

라서 While(simulate)에서 simulate의 값이 true가 아니라면 스크립트는 종료된다.

- 그림 6-32의 두 번째 문단을 구성하는 Assign values to be exchanged는 오류 신호(retVal, flaRea), 시뮬레이션 상의 시간(simTimRea), 입력 벡터 데이터(dbValRea)를 exchangeDoublesWithSocket( )이라는 함수를 통하여 BCVTB로부터 전송받는다. 이 과정을 통하여 initialize model variables, initialize flags에서 입력된 초기 값이 사라지고 새로운 값이 할당된다.
- exchangeDoublesWithSocket had an error. Terminate the connection은 BCVTB에서 데이터를 전송받는 상황(Assign values to be exchanged)에서 문제가 발생하였을 때

```
% Check return flags

 if (flaRea == 1) % End of simulation
   disp('Matlab received end of simulation flag from BCVTB. Exit simulation.');
   closeIPC(sockfd);
   simulate=false;
 end

 if (retVal < 0) % Error during data exchange
   exception = MException('BCVTB:RuntimeError', 'exchangeDoublesWithSocket
                          returned value %d', retVal);
   processError(exception, sockfd, -1);
   simulate=false;
 end

 if (flaRea > 1) % BCVTB requests termination due to an error.
   exception = MException('BCVTB:RuntimeError', ['BCVTB requested MATLAB to
                    terminate by sending %d₩n', 'Exit simulation.₩n'],
                    retVal);
   processError(exception, sockfd, -1);
   simulate=false;
 end
```

그림 6-33. Matlab 스크립트 4

```
% No flags have been found that require termination of the  simulation.

 if (simulate)

    %Vector -> Scalar
    Variable_1 = dblValRea (1);
    Variable_2 = dblValRea (2);
    Variable_3 = dblValRea (3);
    Variable_4 = dblValRea (4);

    %Calculation
    (Calculation algorithm)

    %Scalar -> Vector
    dblValWri(1) = Result_1;
    dblValWri(2) = Result_2;
    dblValWri(3) = Result_3;

  % Advance simulation time
  simTimWri = simTimWri + delTim;
 end

end

exit
```

그림 6-34. Matlab 스크립트 5

Simulate를 false로 반환하면서 스크립트를 종료시킨다.

- 그림 6-33이 나타내고 있는 Check return flags는 전송 받은 오류 신호를 판단한다. 이 신호가 0이 아닐 경우 시뮬레이션이 종료되며, 지정된 오류 메시지를 출력한다. flaRea가 1을 나타낼 경우 시뮬레이션이 완료되었음을 의미하며 정상적으로 종료된다. 하지만 retVal이 0보다 작은 경우에는 데이터 교환에서의 오류를 의미하며, flaRea가 1보다 클 경우에는 BCVTB상의 오류를 의미한다. 위와 같은 상황에서 Simulate는 false를 할당받게 되며, 시뮬레이션이 조기 종료된다.
- 그림 6-34가 나타내고 있는 No flags have been found that require termination of the simulation 이하의 문장은 if (simulate)의 문구를 통하여 지금까지 살펴본 오류 검사를 통과할 시 수행된다. 첫 번째 문단은 전송받은 벡터 데이터인 dbValRea를 스칼라 데이터로 변환하는 작업으로서 Configure 파일에서 작성된 순서대로 전송받는다. 다음 두 번째 문단의 Calculation에는 사용자가 원하는 계산 모델을 작성하는 곳으로서, 사용자가 제어하고자 하는 알고리즘이나 모듈을 포함하는 핵심부분이라고 할 수 있다. 이후 세 번째 문단에서는 Calculation의 과정에 의하여 생성된 스칼라 형태의 결과 값 Result_1, Result_2, Result_3을 벡터 형태로 변환하는 작업이다. 마지막 simTimWri=simTimWri+delTime의 문구는 현재의 시간에 Time-step을 더하여 다음 Tiemstep으로 넘어감을 의미하며, exit의 문구를 통하여 현재의 Time-step이 종료된다.

7. Auxiliary Tools

7 Auxiliary Tools_[보조 툴]

본 장은 EnergyPlus의 입출력 절차 간소화 및 해석결과 시각화에 따른 정밀 분석을 위해 필자가 공동 개발한 Excel 기반 Interface, 그리고 민감도 분석 시에 해석 대상 주요 변수들을 자동적으로 변화시킴으로써 빠른 시간 안에 손쉽게 민감도 분석을 수행할 수 있게 해주는 jEPlus 등 2개의 유용한 Tool들에 대해서 소개하고자 한다. 주지하다시피, EnergyPlus의 입출력 절차는 모두 Text로 이루어지는 데다가 고려해야 하는 사항들도 많아서 매우 복잡하다. 또한, 다른 공학 분야와 마찬가지로 필자가 몸담고 있는 환경 설비분야에서도 민감도 분석을 수행해야 하는 경우가 많은데, 민감도 분석을 완성하기 위해 해석해야 하는 Case들의 수가 적을 경우에는 큰 문제가 되지 않지만, 해석해야 하는 Case들이 많을 경우에 사용자가 일일이 주요 변수들을 바꿔 가면서 반복적으로 시뮬레이션을 실행한다는 것은 매우 지루하고 비효율적인 작업이 될 수 있다. 필자가 공동 개발한 Excel Interface와 jEPlus는 이러한 EnergyPlus의 대표적인 한계점을 극복하기 위해 개발된 유용한 Tool들이다.

7.1 Excel Interface _[엑셀 기반 User 인터페이스]

Excel Interface는 기존 EnergyPlus 프로그램의 복잡한 입출력 방식의 간소화를 통해 사용자의 편의성을 향상시키기 위해 필자가 버클리대학교와 공동 개발한 Tool이다. EnergyPlus는 다른 프로그램과 차별화된 성능을 갖추고 있음에도 불구하고, 전체 매뉴얼이 10,000 페이지가 넘고 입력 조건을 대부분 Text 형태로 입력해야 한다. 따라서 고도로 숙달된 사용자가 아니면 쉽게 사용하기가 어렵고, 시뮬레이션 결과를 제대로 검증할 수 있는 방법이 없는 실정이다. 이로 인해 잦은 실수 유발을 일으키는 한계점을 지니고 있다. 필자 역시도, 필자가 몸담고 있는 학교의 대학원 과정에서 EnergyPlus를 가르치고 있지만, 한 학기 전체를 가르쳐도 턱없이 모자를 정도로 여간 어려운 프로그램이 아니다.

특히, EnergyPlus를 사용하다 보면 사용자가 특정 변수의 입력 값을 수정하고 싶은데 IDF 파일 상에서 대상 변수 관련된 여러 입력 Field를 동시에 수정함으로써 불필요하게 반복적인 작업을 요구하는 경우가 많다. 예를 들어, VAVSystemOffice.idf 파일에서는 AHU 토출온도가 연중 13.9℃로 설정되어 있다. 이 AHU 토출온도 설정을, 사용자가 13.9℃에서 연중 15.0℃로 바꾸고자 한다면 SetpointManager:Scheduled Object의 Schedule Name Field, Sizing:Zone Object의 Zone Cooling Design Supply Air Temperature Field, Sizing:System Object의 Central Cooling Design Supply Air Temperature Field, Coil:Cooling:Water Object의 Design Outlet Air Temperature Field, Coil:Heating:Water Object의 Rated Inlet Air Temperature Field 등 총 5개의 Input Field 값들을 동시에 수정해 줘야 한다. 즉, 이들 Input Field들 중에서 하나라도 누락되지 않고 수정되어야 하는데, 이는 비효율적일 뿐만 아니라 사용자의 실수를 유발시킬 소지가 다분하다. 주요 입력변수에는 AHU 토출온도를 포함하여 수십 가지의 변수들이 존재하는데, 각 변수를 바꾸고자 할 때마다 다수의 Input Field를 사용자가 모두 기억해서 바꾼다는 것은 불가능하다. 이를 해결하기 위해서 개발한 것이 Excel Interface이다. 또한, 입력 절차의 간소화뿐만 아니라 해석결과를 분석하는 데 있어서의 용이성도 매우 중요한 요소이다. EnergyPlus 실행 후 해석결과를 확인할 때, 그림 7-8과 같이 Excel 혹은 Text의 Spreadsheet형태로 단순 출력된 상태를 사용자가 접하게 된다. 이렇게 되면 EnergyPlus가 아무리 정밀한 결과를 제공한다고 해도, 결과 파일의 검증을 위해서는 많은 시간과 노력을 필요로 하고 EnergyPlus가 갖는 차별화된 성능은 퇴색될 소지가 다분하다. 필자가 개발한 Excel Interface는 EnergyPlus 해석결과의 시각화 및 사용자 친화적인 (User friendly) 분석 절차를 통해, 사용자가 결과를 분석하는데 있어서의 어려움을 극복하고자 하였다.

그림 7-1은 Excel Interface와 EnergyPlus의 연동 관계를 보여준다. 어려운 텍스트 형태의 입력 절차 대신에, Visual Basic을 이용해 Excel과 EnergyPlus 엔진을 연결시킴으로써 사용자가 손쉽게 Excel에서 원하는 입력 변수들을 수정할 수가 있다. 또한 Excel에서 설정된 입력변수들을 바탕으로, EnergyPlus의 입력파일이 자동적으로 생성됨과 동시에 EnergyPlus를 실행시킨다. 실행 후에는 모든 결과 값들을 다시 Excel Interface로 자동적으로 불러와서 사용자가 Interface를 통해 정밀 분석하고자 하는 중요한 결과들을 Time-step별로 손쉽게 이해할 수 있도록 결과들을 자동적으로 도식화하게 된다. 그림 7-3은 EnergyPlus 입력요소들 중에서 선별된 주요 입력변수가 Excel Interface에서 어떤 형태로 입력되는지 보여주는 예시이다[34].

사용자는 기존의 입출력 방식의 간소화 및 오류의 발생을 줄이기 위하여 고정 값들을 제외한 변수를 정의해줄 필요가 있다. 그 다음 단계로는 정의를 내린 변수를1 EnergyPlus 엔진이 이해할 수 있는 형태로 변환을 시켜 주어야 한다. 그림 7-4는 Excel에서 입력된 변수들이 EnergyPlus Macro 언어로 자동 Coding되는 장면을 보여주는 예시이다. 그림 7-4의 Parameter Text는 사용자가 정의를 해준 변수를 토대로 일련의 계산식을 이용하여, EnergyPlus 엔진이 이해할 수 있는 형태로 Data를 변환시키는 과정이다. 일련의 계산식을 통해 변환된 입력 값들을 EnergyPlus 엔진에 연동시키기 위해서 ##SET1 함수와 대괄호([])를 이용한다. 사용자가 설정한 ##SET1 함수와 대괄호([])를 통하여 Interface에 입력된 데이터들이 Visual Basic을 통해 EnergyPlus를 위한 IFD 파일로 치환이 된다. 즉, Excel Interface에서 설정된 입력 값들이 IMF 파일과 연결될 수 있도록 ##SET1 함수식을 사용하여 두 프로그램이 연결되는 것이다. 그 이후, EnergyPlus 시뮬레이션 후에 자체적으로 생성된 결과파일이 Excel Interface 결과 분석 단계로 넘어간다[34].

Excel Interface를 EnergyPlus 프로그램과 연결하는 방법은, 완성된 EnergyPlus IDF 파일을 다수의 IMF 파일로 세분화 하는 작업부터 시작된다. 그림 7-2와 같이 다수의 IMF 파일로 꼭 세분화할 필요는 없지만, 필자는 사용상의 편의를 위해 EnergyPlus 입력 Class List의 최상위 단위인 Group별로 묶어서 IMF 파일을 분류하였다. 각각의 IMF파일을 살펴보면, Excel에서 입력되어야 하는 주요 변수들을 제외하고 나머지 Field들은 사용자가 지정하고자 하는 고정 값들로 설정되어야 한다. 그림 7-5는 그림 7-2에 나열된 여러 IMF 파일들 중 062_systems_UFAD.imf 파일에 포함되어 있는 RoomAirSettings:UFADExterior Object의 Scripting 예시를 나타낸다. 그림 7-5를 살펴보면, 첫 번째 입력 Field인 Zone Name을 제외하고 나머지 입력 Field들은 입력변수 마지막 부분에 대괄호인 [ ]가 표시되어 있음을 확인할 수 있다. 이러한 대괄호([ ])가 표시되어 있는 Field들은 모두 Excel Interface에서 입력된 변수들의 영향을 받아 자동 변환되는 입력 값들이고, 대괄호([ ])표시가 없는 Zone Name Field에 입력된 GFNorth는 Excel Interface와 상관없이 상시 고정 값이다. 즉, 사용자가 선택한 주요 입력 변수들의 영향을 받는 입력 Field와 그렇지 않은 입력 Field를 구분하는 것이 IMF 파일 생성의 가장 중요한 절차라고 할 수 있다. 이와 같이 Excel에서 입력된 변수들이 EnergyPlus Macro 언어로 자동 Coding되도록 설정한 후(그림 7-4), Visual Basic 언어를 통하여 EnergyPlus 프로그램과 연동시킨 Excel Interface를 실행시키게 되면, 개별 IMF 파일 내에서 대괄호([ ])표시가 되어 있는 입력 값들이, Excel에서 사용자가 설정한 값에 따라 자동변환 되어 EnergyPlus의 최종 입력 값으로 결정된다[34]. 예를 들어, 그림 7-3의 우측상단에서 가장 상위에 입력되어 있는 Building Geometry Group을 살펴보면, 수많은 Surface Object들의 x, y, z 좌표들을 각각 입력함으로써 건물의 크기와 형상 그리고 창호 형태를 설정하는 EnergyPlus EP-Launch와는 달리, 단순히 Floor Area와 Window to Wall Ratio만 입력하면 EnergyPlus IDF파일에서 건물을 구성하는 각 Zone의 형상, 그리고 창호의 좌우길이 및 높이가 자동적으로 조정된다. 마찬가지로, Text기반 입력절차의 비효율성을 설명하기 위해 앞서 언급하였던 AHU 토출온도 설정을 13.9℃에서 연중 15.0℃로 수정하고자 할 때, Excel Interface에서 AHU Supply Air Temperature 입력 값을 바꿈으로써(그림 7-3의 우측하단), SetpointManager:Scheduled Object의 Schedule Name Field, Sizing:Zone Object의 Zone Cooling Design Supply Air Temperature Field, Sizing:System Object의 Central Cooling Design Supply Air Temperature Field, Coil:Cooling:Water Object의 Design Outlet Air Temperature Field, Coil:Heating:Water Object의 Rated Inlet Air Temperature Field 등 총 5개의 Input Field 값들이 자동적으로 업데이트된다.

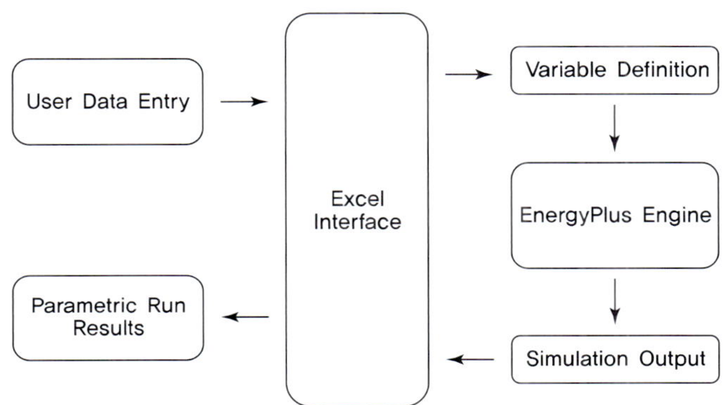

그림 7-1. EnergyPlus 프로그램과 Excel Interface의 연동 Process[21][34]

000_whole_bldg_v016.imf	2011-05-18 오후 2...	IMF 파일	3KB
002_parameters.imf	2015-10-15 오후 4...	IMF 파일	14KB
010_simulation.imf	2011-09-01 오후 9...	IMF 파일	21KB
020_building.imf	2010-01-29 오후 3...	IMF 파일	1KB
030_zones.imf	2010-08-03 오전 1...	IMF 파일	25KB
032_zones_UFAD.imf	2011-08-03 오후 9...	IMF 파일	13KB
040_internal_loads.imf	2011-08-03 오후 8...	IMF 파일	14KB
050_surfaces_OH.imf	2011-04-18 오후 1...	IMF 파일	178KB
052_surfaces_YesRP.imf	2015-03-18 오후 1...	IMF 파일	469KB
060_systems.imf	2011-04-18 오후 3...	IMF 파일	176KB
062_systems_UFAD.imf	2011-08-03 오후 9...	IMF 파일	125KB
070_plant.imf	2011-04-18 오후 3...	IMF 파일	70KB
080_materials_constructions.imf	2015-03-18 오전 9...	IMF 파일	34KB
090_schedules.imf	2011-04-18 오후 1...	IMF 파일	20KB
100_reports.imf	2015-03-23 오후 6...	IMF 파일	187KB

그림 7-2. EnergyPlus 입력(IDF)파일을 개별 IMF 파일로 세분화한 예시

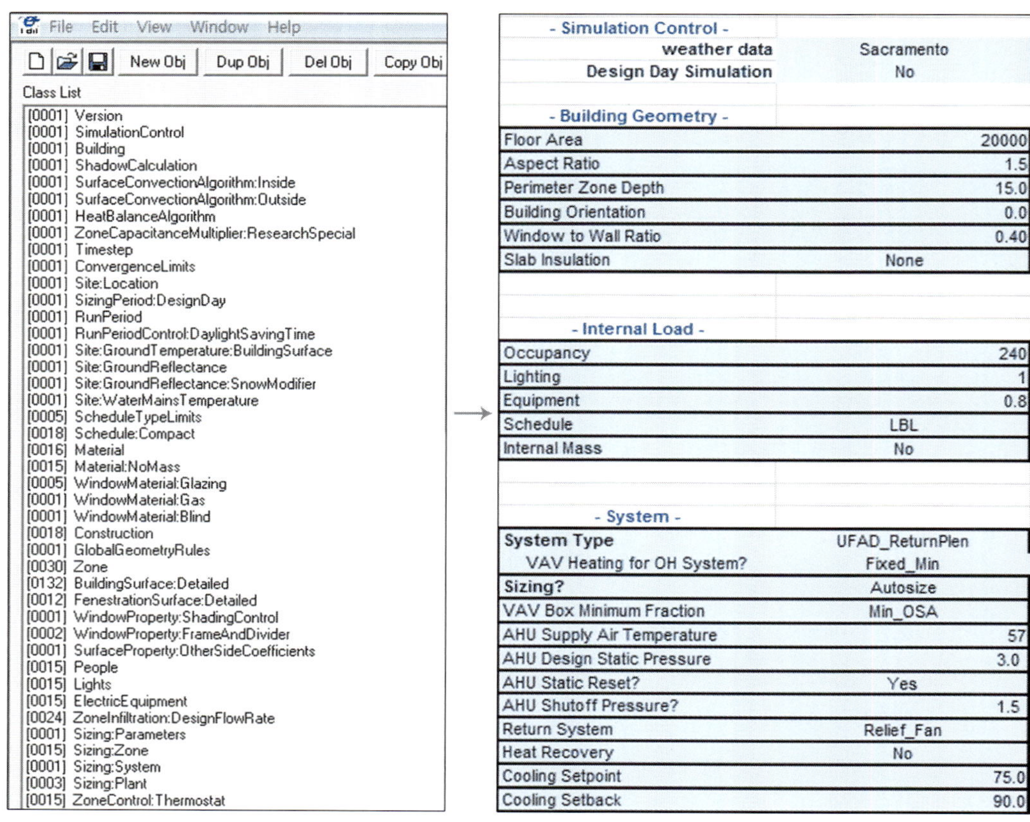

그림 7-3. EnergyPlus 입력요소들 중에서 선별된 주요 입력변수 설정용 Excel 화면[21][34]

Parameter Text	Value	Format	Units
StartMonth[]	8	0	-
StartDay[]	1	0	-
EndMonth[]	8	0	-
EndDay[]	1	0	-
RadiantSimulation[]	No	0	
RunType[]	UFAD_C	0	-
Weather_Location[]	Sacramento	0	
Supply_Plenum[]	Series		
UFAD_NumDiffsPerZone_E[]	25.115	0.000	-
UFAD_NumDiffsPerZone_W[]	33.487	0.000	0
UFAD_NumDiffsPerZone_S[]	26.365	0.000	/sf
UFAD_NumDiffsPerZone_N[]	22.599	0.000	-
UFAD_PowerPerPlume[]	250	0.000	-
UFAD_DiffEffectiveArea[]	0.01170	0.00000	m2
UFAD_DiffSlotAngle[]	15	0	deg
UFAD_TStatHeight[]	0.20	0.00	m
UFAD_ComfortHeight[]	0.61	0.00	m
UFAD_TempDiffReporting[]	0.001	0.000	C
UFAD_DiffType[]	LINEARBARGRILLE		-
UFAD_TransitionHeight[]	1.70	0.00	m
UFAD_CoeffA[]	-	0.0000	-
UFAD_CoeffB[]	-	0.0000	-
UFAD_CoeffC[]	0.82	0.0000	-
UFAD_CoeffD[]	(0.03)	0.0000	-
UFAD_CoeffE[]	0.00	0.0000	-
Return_Plenum[]	Yes		

→

```
PARAMETERS START
##SET1 StartMonth[]                  8             ! [-]
##SET1 StartDay[]                    1             ! [-]

##SET1 EndMonth[]                    8             ! [-]
##SET1 EndDay[]                      1             ! [-]
##SET1 RadiantSimulation[]           No            ! []
##SET1 RunType[]                     UFAD_C
##SET1 Weather_Location[]            Sacramento
##SET1 Supply_Plenum[]               Series
##SET1 UFAD_NumDiffsPerZone_E[]      25.115        ! [-]
##SET1 UFAD_NumDiffsPerZone_W[]      33.487        ! [0]
##SET1 UFAD_NumDiffsPerZone_S[]      26.365        ! [/sf]
##SET1 UFAD_NumDiffsPerZone_N[]      22.599        ! [-]
##SET1 UFAD_PowerPerPlume[]          250.000
##SET1 UFAD_DiffEffectiveArea[]      0.01170
##SET1 UFAD_DiffSlotAngle[]          15
##SET1 UFAD_TStatHeight[]            0.20          ! [m]
##SET1 UFAD_ComfortHeight[]          0.61          ! [m]
##SET1 UFAD_TempDiffReporting[]      0.001         ! [C]
##SET1 UFAD_DiffType[]               LINEARBARGRILLE
##SET1 UFAD_TransitionHeight[]       1.70
##SET1 UFAD_CoeffA[]                 0.0000        ! [-]
##SET1 UFAD_CoeffB[]                 0.0000        ! [-]
##SET1 UFAD_CoeffC[]                 0.8214        ! [-]
##SET1 UFAD_CoeffD[]                 -0.0263       ! [-]
##SET1 UFAD_CoeffE[]                 0.0014        ! [-]
##SET1 Return_Plenum[]               Yes           ! []
```

그림 7-4. Excel에서 입력된 변수들이 EnergyPlus Macro 언어로 자동 Coding되는 장면[21]

```
!-   ===========  ALL OBJECTS IN CLASS: RoomAirSettings:UnderFloorAirDistributionInterior ===========

RoomAirSettings:UnderFloorAirDistributionExterior,
GFNorth,                   !- Zone Name
UFAD_NumDiffsPerZone_GFN[],  !- Number of diffusers per zone
UFAD_PowerPerPlume[],      !- Power per plume {W}
UFAD_DiffEffectiveArea[],!- Design effective area of diffuser {m2}
UFAD_DiffSlotAngle[],      !- angle between diffuser slots and the vertical {deg}
UFAD_TStatHeight[],        !- Thermostat height {m}
UFAD_ComfortHeight[],      !- Comfort Height {m}
UFAD_TempDiffReporting[],!- Temperature difference threshold for reporting {deltaC}
UFAD_DiffType[],           !- Floor diffuser type
UFAD_TransitionHeight[],   !- Transition height {m}
UFAD_CoeffA[],             !- Coefficient A in formula Kc = A*Gamma**B + C + D*Gamma + E*Gamma**2
UFAD_CoeffB[],             !- Coefficient B in formula Kc = A*Gamma**B + C + D*Gamma + E*Gamma**2
UFAD_CoeffC[],             !- Coefficient C in formula Kc = A*Gamma**B + C + D*Gamma + E*Gamma**2
UFAD_CoeffD[],             !- Coefficient D in formula Kc = A*Gamma**B + C + D*Gamma + E*Gamma**2
UFAD_CoeffE[];             !- Coefficient E in formula Kc = A*Gamma**B + C + D*Gamma + E*Gamma**2
```

그림 7-5. IMF파일내의 주요 입력변수 Scripting 예시

그림 7-6은 일련의 과정을 통해 도식화된 HVAC 시스템의 Excel Interface 결과 분석 장면의 한 예로서, 바닥공조 시스템의 주요 결과들을 각 Time-step별로 정밀 분석하는 화면이다[34]. 그림 7-6의 우측상단의 그래프 2개는 내주부(좌측)와 외주부(우측) 각 Zone의 취출 풍량, 취출온도, 성층화, 수직 온도 분포를 나타내는데, 수직온도 분포에는 바닥공간(Supply Plenum), 거주역(Lower Occupied Zone), 비거주역(Upper Mixed Zone) 그리고 천장 공간(Return Plenum)의 온도를 모두 포함해서 나타내고 있다. 그림 7-6의 우측하단의 그래프는 4개 외주부와 1개 내주부의 바닥공간 온도 상승을 나타내는 그래프이다. 바닥공간의 온도 상승이란 AHU에서 토출된 공기가 바닥공간(Supply Plenum)을 통과하면서 열취득을 통해 상승하는 온도변화를 의미하는데, 바닥공조 시스템의 전체적인 성능에 막대한 영향을 미치는 주요 결과 중의 하나로서 바닥공조 시스템 성능을 분석하는 데 있어서 반드시 고려되어야 하는 결과이다. 또한, 그림 7-7은 4.11절인 Controller:OutdoorAir에서 살펴본 Economizer의 주요 결과들을 분석하는 화면이다. 외기 댐퍼 작동 상태, 환기(Return Air), 외기(Outside Air), 배기(Relief Air) 그리고 AHU 혼합공기(Mixed Air) 온도와 풍량을 사용자가 보기 쉽게 도식화하고 있다. 이를 통해 확인할 수 있듯이, 본 Excel Interface가 탑재한 또 다른 차별화된 성능은, Excel 혹은 Text의 Spreadsheet형태로 단순 출력된 HVAC System 결과를 사용자가 접하게 되는 그림 7-8의 기존 EnergyPlus 결과파일과 비교했을 때, 각 Time-step별로 Zone, Plant, System 각각의 해석 상황을 손쉽게 파악할 수 있으며 결과에 대한 원인 분석 및 시뮬레이션상의 오류 분석 기능도 탑재하였다는 점이다.

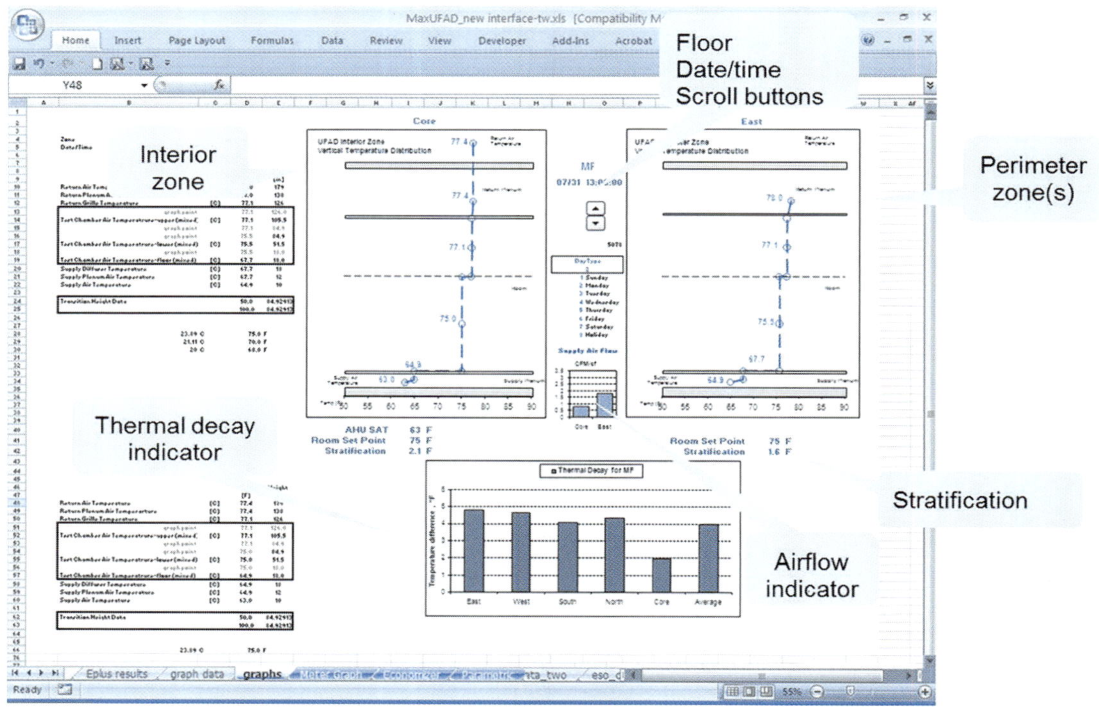

그림 7-6. Excel Interface를 활용한 EnergyPlus 결과 분석 예시1[21][34]

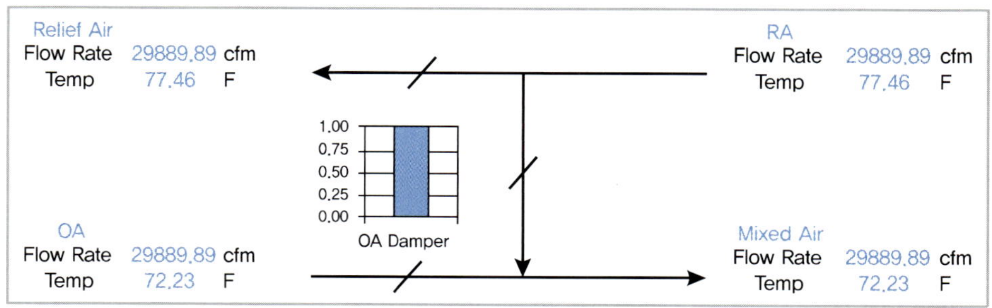

그림 7-7. Excel Interface를 활용한 EnergyPlus 결과 분석 예시2[21]

	A	B	C	D	E	F	G	H	I	J	K	L	M	N	O	P	Q
1	Date/Time	Environment:Outdoor Dry Bulb [C](Hourly)	Environment:Outdoor Wet Bulb [C](Hourly)	GFNORTH:Zone Total Internal Convective Heat Gain [J](Hourly)	GFNORTH:Zone Total Internal Total Heat Gain [J](Hourly)	GFEAST:Zone Total Internal Convective Heat Gain [J](Hourly)	GFEAST:Zone Total Internal Total Heat Gain [J](Hourly)	GFSOUTH:Zone Total Internal Convective Heat Gain [J](Hourly)	GFSOUTH:Zone Total Internal Total Heat Gain [J](Hourly)	GFWEST:Zone Total Internal Convective Heat Gain [J](Hourly)	GFWEST:Zone Total Internal Total Heat Gain [J](Hourly)	GFCORE:Zone Total Internal Convective Heat Gain [J](Hourly)	GFCORE:Zone Total Internal Total Heat Gain [J](Hourly)	MFNORTH:Zone Total Internal Convective Heat Gain [J](Hourly)	MFNORTH:Zone Total Internal Total Heat Gain [J](Hourly)	MFEAST:Zone Total Internal Convective Heat Gain [J](Hourly)	MFEAST:Zone Total Internal Total Heat Gain [J](Hourly)
2	08/01 01	24.625	20.74279	1016504	2076361	645540.4	1318613	1016504	2076361	645540.4	1318613	5242307	10708196	1016504	2076361	645540.4	1318613
3	08/01 02	24.7375	20.86709	1016504	2076361	645540.4	1318613	1016504	2076361	645540.4	1318613	5242307	10708196	1016504	2076361	645540.4	1318613
4	08/01 03	24.15	20.42326	1016504	2076361	645540.4	1318613	1016504	2076361	645540.4	1318613	5242307	10708196	1016504	2076361	645540.4	1318613
5	08/01 04	23.6875	20.33037	1373269	2949910	872107.8	1873369	1373269	2949910	872107.8	1873369	7082217	15213260	1373269	2949910	872107.8	1873369
6	08/01 05	23.3125	20.41091	2174845	4756432	1381156	3020618	2174845	4756432	1381156	3020618	11216097	24529846	2174845	4756432	1381156	3020618
7	08/01 06	23.1375	20.68029	4261645	9453440	2706399	6003498	4261645	9453440	2706399	6003498	21978134	43753234	4261645	9453440	2706399	6003498
8	08/01 07	23.35	21.07938	8227080	18577747	5224686	11797977	8227080	18577747	5224686	11797977	42428655	95809061	8227080	18577747	5224686	11797977
9	08/01 08	24.125	21.6446	9116699	20443693	5789648	12982964	9116699	20443693	5789648	12982964	47016595	1.05E+08	9116699	20443693	5789648	12982964
10	08/01 09	24.5625	21.95539	9275662	20804971	5890598	13212397	9275662	20804971	5890598	13212397	47836396	1.07E+08	9275662	20804971	5890598	13212397
11	08/01 10	24.6625	21.87708	9275662	20804971	5890598	13212397	9275662	20804971	5890598	13212397	47836396	1.07E+08	9275662	20804971	5890598	13212397
12	08/01 11	25.3875	21.91292	9077859	20292701	5764982	12887075	9077859	20292701	5764982	12887075	46816288	1.05E+08	9077859	20292701	5764982	12887075
13	08/01 12	26.55	21.68946	9077859	20292701	5764982	12887075	9077859	20292701	5764982	12887075	46816288	1.05E+08	9077859	20292701	5764982	12887075
14	08/01 13	27.375	22.03205	9275662	20804971	5890598	13212397	9275662	20804971	5890598	13212397	47836396	1.07E+08	9275662	20804971	5890598	13212397
15	08/01 14	27.725	22.46227	9275662	20804971	5890598	13212397	9275662	20804971	5890598	13212397	47836396	1.07E+08	9275662	20804971	5890598	13212397
16	08/01 15	27.8	22.22216	9275662	20804971	5890598	13212397	9275662	20804971	5890598	13212397	47836396	1.07E+08	9275662	20804971	5890598	13212397
17	08/01 16	27.675	21.72108	8989815	20233277	5709069	12849337	8989815	20233277	5709069	12849337	46362228	1.04E+08	8989815	20233277	5709069	12849337
18	08/01 17	27.6625	21.27008	6698450	15023870	4253915	9541053	6698450	15023870	4253915	9541053	34545209	77481026	6698450	15023870	4253915	9541053

그림 7-8. Excel Interface 사용하기 전의 EnergyPlus 프로그램의 결과 출력화면

그림 7-9와 그림 7-10은 그림 7-6의 일부로서, 바닥공조 시스템에서 내주부와 외주부의 취출풍량, 취출온도, 성층화, 수직 온도 분포를 나타내는 그래프들인데, 동일한 결과 변수들이 Time-step이 변함에 따라 어떻게 변화하는지를 도식화한 분석 장면의 예시이다. 그림 7-9는 오전 5시, 그림 7-10은 1시간 뒤인 오전 6시의 결과를 나타내고 있다. 내주부 결과를 나타내는 각 그림의 좌측 그래프를 보면, 오전 5시(그림 7-9)에는 HVAC 시스템이 작동하기 시작한 직후라서 거주역(Lower Occupied Zone)의 공기온도가 냉방 설정온도인 24℃보다 높은 25℃(77.3F)로 유지됨을 알 수 있지만, 1시간 뒤인 오전 6시(그림 7-10)에는 거주역의 공기온도가 24℃로 안정화되었음을 확인할 수 있다. 내주부의 공급풍량도 HVAC 시스템이 작동하기 시작한 직후인 오전 5시(그림 7-9)에 비해서 안정화가 어느 정도 진행된 오전 6시(그림 7-10)에 풍량이 낮아짐을 확인할 수 있다. 이처럼 시간이 변화함에 따라 주요결과들의 변화 패턴을 손쉽게 파악할 수 있는데, 그림 7-6의 "Data/Time Scroll Button"을 통해 사용자가 분석하고자 하는 날짜와 시간을 바꾸면 자동적으로 각 Time-step별 결과로 전환된다. 이러한 Excel Interface의 차별화된 결과 분석 기능을 통해 EnergyPlus의 난해한 HVAC 시스템 결과의 정밀 분석, Debugging 및 검증이 가능하다.

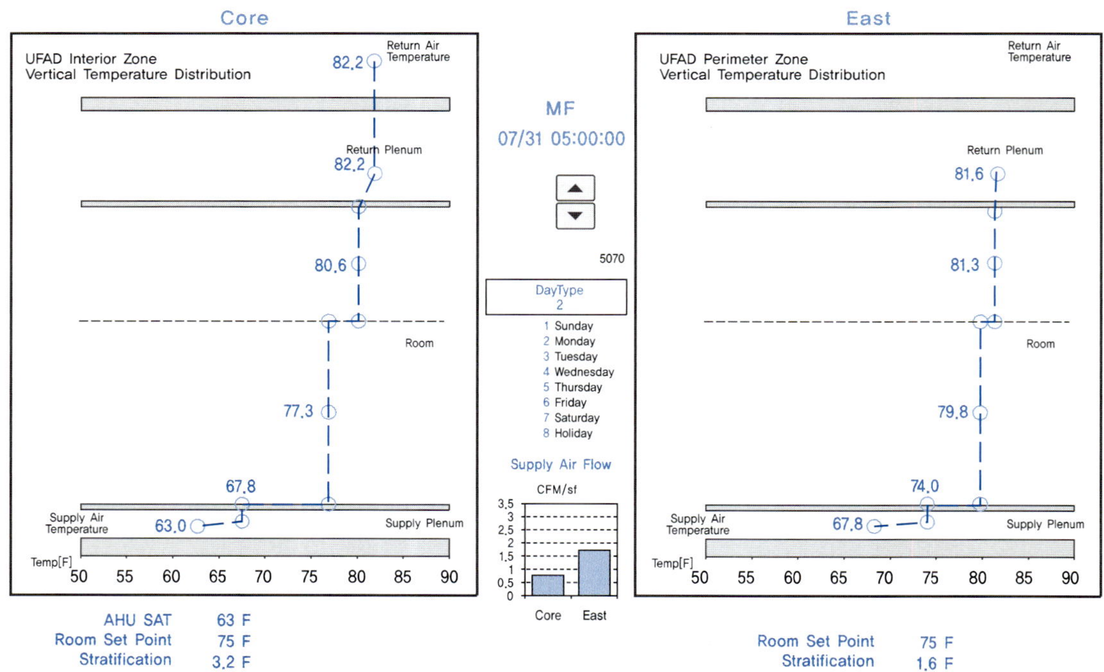

그림 7-9. Excel Interface로 분석한 결과의 예 - 7월31일 오전 5시[21]

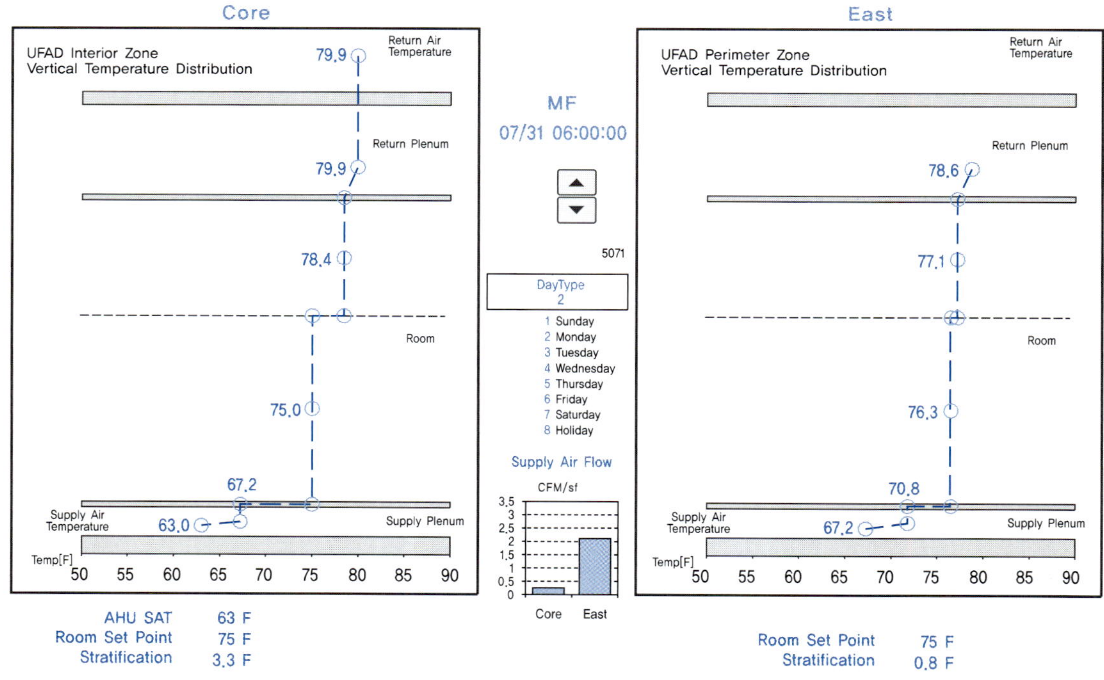

그림 7-10. Excel Interface로 분석한 결과의 예 - 7월31일 오전 6시[21]

7.2 jEPlus

jEPlus 프로그램은 EnergyPlus를 이용하여 민감도 분석과 같은 반복 작업 수행 시에 해석 대상 주요 변수들을 자동적으로 변화시킴으로써 빠른 시간 안에 원하는 작업을 수행할 수 있게 해주는 유용한 Tool이다. 다른 공학 분야와 마찬가지로 필자가 몸담고 있는 환경 설비분야에서도 민감도 분석을 수행해야 하는 경우가 많은데, 해석해야 하는 Case들의 수가 적을 경우에는 큰 문제가 되지 않지만, 해석해야 하는 Case들이 많을 경우에 민감도 분석을 위해 사용자가 일일이 주요 변수들을 바꿔 가면서 반복적으로 시뮬레이션을 실행한다는 것은 매우 지루하고 비효율적인 작업이 될 수 있다. jEPlus는 이러한 민감도 분석과 같은 반복 작업을 손쉽게 수행할 수 있게 해주는 기능을 탑재하고 있다. 그림 7-11은 jEPlus와 EnergyPlus 프로그램의 연결 구조를 나타내는데, EnergyPlus IDF 파일을 jEPlus와 연결한 후 추출하고자 하는 출력 변수들을 정의하는 RVI 파일과 기상 데이터 파일(확장자 EPW)을 설정함으로써 jEPlus 사용을 위한 기반이 다져진다.

전술하였듯이, jEPlus 실행을 위해서는 EnergyPlus IDF 파일, RVI 파일 그리고 기상 데이터 파일 등 3가지 주요파일이 설정되어야 한다. 이중에서 EnergyPlus IDF 파일과 기상파일은 EnergyPlus 사용 시에 사용자가 이미 작성하였거나 보유하고 있는 파일들이지만, RVI 파일의 경우에는 jEPlus 사용을 위해 사용자가 별도로 작성해야 하는 파일이다. RVI 파일은 메모장에서 작성가능하며, 그 형식은 다음과 같다.

```
eplusout.eso
eplusout.csv
Heating:DistrictHeating
Cooling:DistrictCooling
0
```

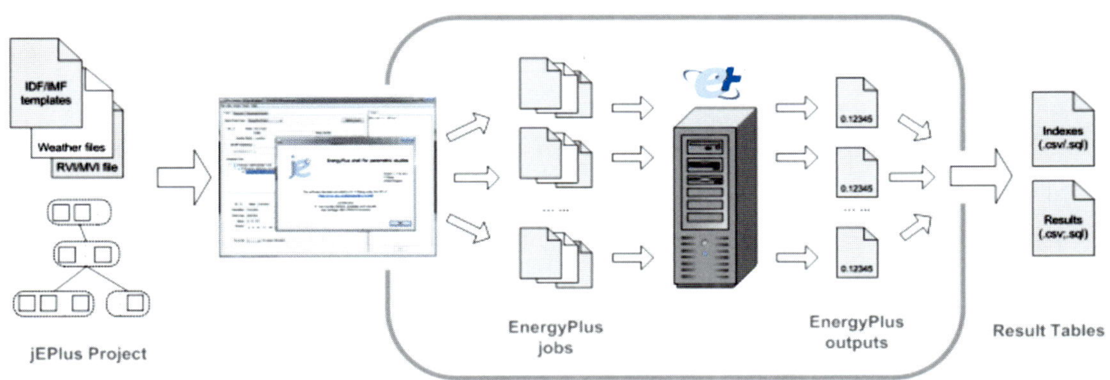

그림 7-11. jEPlus와 EnergyPlus 프로그램의 연결 구조[23]

위의 형식으로 작성한 후, filename.rvi처럼 확장자를 RVI로 저장해야 한다. 첫 두 줄인 eplusout.eso와 eplusout.csv는 항상 고정으로 동일하게 입력해야 하며, 그 밑에 예시로 작성한 Heating:DistrictHeating과 Cooling:DistrictCooling은 사용자가 추출하고 싶은 결과 변수들의 정확한 이름을 작성하는 부분이다. 추출하고자 하는 결과 변수들을 모두 작성한 후 마지막 줄에 0을 입력함으로써 rvi파일 입력은 완료된다. 여기서 입력한 결과 변수들(Output Variable)은 반드시 EnergyPlus IDF파일의 결과 출력 관련된 Object들인 Output:Variable Object나 Output:Meter Object 등과 동일하게 입력되어야 한다. 예를 들어, 위의 경우처럼 Heating:DistrictHeating을 추출하고자 할 경우 EnergyPlus IDF 파일의 Output:Variable Object에 Heating:DistrictHeating이라는 Output Variable이 설정되어 있어야 한다. 첫 번째 단계로서 생성한 RVI 파일을 바탕으로 본격적인 jEPlus 입력 작업을 수행하게 된다. jEPlus 입력은 Project, Execution 그리고 Utilities 등 총 3개의 Tab으로 구성되어 있는데, 그림 7-12는 Project Tab의 입력화면을 나타내고 있다. 좌측은 Control Panel, 우측은 Output/Editor Panel을 나타낸다.

그림 7-12를 보면, 우선 Select Project Type에서 EnergyPlus Project를 선택한다. jEPlus는

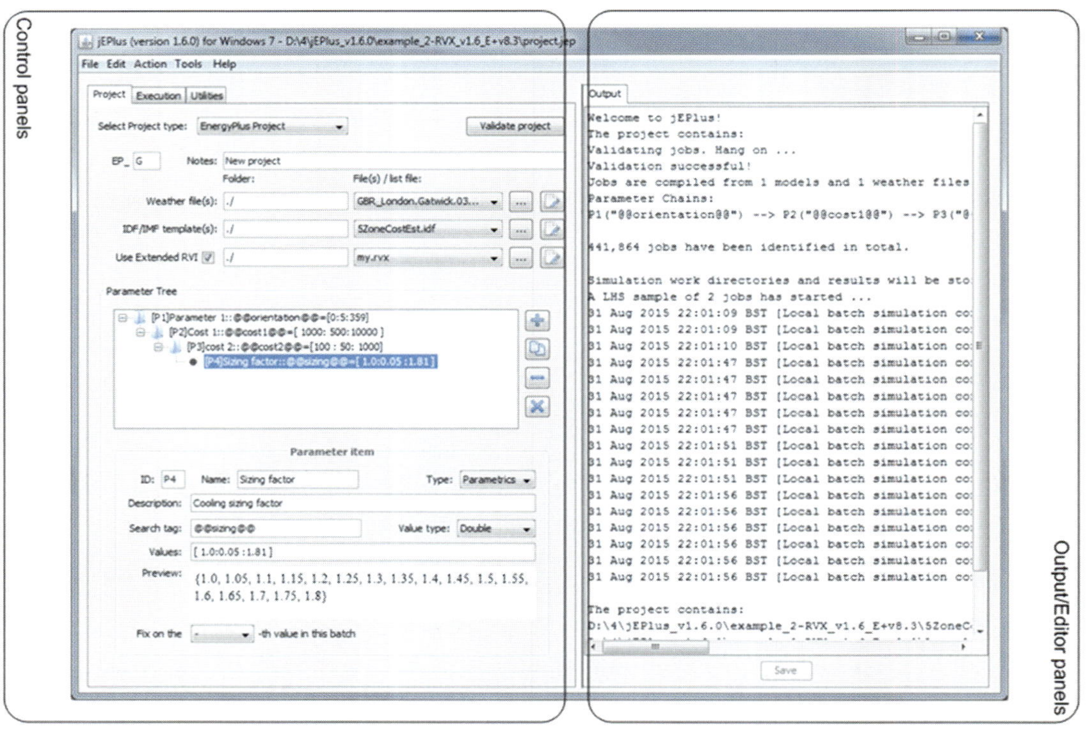

그림 7-12. jEPlus의 Project Tab 입력화면[23]

EnergyPlus 프로그램뿐만 아니라 TRNSYS 프로그램과도 연동이 되기 때문에 EnergyPlus를 이용한 민감도 분석 수행을 위해서는 EnergyPlus Project를 선택해야 한다. 그 다음 단계로서 그림 7-12 좌측그림의 2번 입력란에서, 분석하려는 EnergyPlus 프로그램의 버전을 입력한다. 만약 6.0 버전의 EnergyPlus 프로그램을 사용하고자 한다면 EP_6을 입력하게 된다. 이후 3번 입력란에서 Weather File을 입력한다. 4번 입력란에서는 분석하고자 하는 IDF 파일을 입력하고, 5번 입력란에서 앞서 사용자가 생성한 RVI 파일을 입력하게 된다. Weather File, IDF File 그리고 RVI File 입력을 완료하면, 민감도 분석의 대상이 되는 변수를 설정해야 한다. 분석 대상 변수들이 정확히 생성되었는지는 6번 입력란의 화면에서 확인할 수 있다. 8번 입력란을 Parameters로 선택한 후 9번 입력란에서 해당 변수에 대한 설명을 간략히 적는다. 9번 입력란의 경우 실질적인 분석과정에서 직접적인 관여를 하지 않기 때문에 사용자가 임의로 부담 없이 작성하면 된다. 10번 입력란은 Search Tag로서 실질적으로 IDF 파일 안에서 민감도 분석의 대상이 되는 입력 Field를 자동대체하게 되는 입력 Field 설정 값의 이름을 삽입하는 곳인데, 해당 Search Tag 고유의 이름 앞뒤에 @@가 입력되어야 한다. 예를 들어, 슬랫형 블라인드의 슬랫 각도 변화에 따른 민감도 분석을 위해 슬랫 각도를 자동으로 변화시키고자 할 때, IDF 파일에서 슬랫 각도를 입력하는 해당 입력 Field에 특정 슬랫 각도나 스케줄 대신에 @@BlindAngle@@로 입력해야 한다. Cooling Sizing Factor와 건물의 향 변화에 따른 민감도 분석 수행을 위한 IDF 파일 입력 화면을 나타내는 그림 7-13을 보면, Cooling Sizing Factor의 입력에 해당하는 Sizing:Parameters Object의 Cooling Sizing Factor Field에 특정 입력 값 대신에 @@Sizing@@, 건물의 향 입력에 해당하는 Building Object의 North Axis Field에 특정 입력 값 대신에 @@Orientation@@으로 대체되어 있음을 확인할 수 있다. 이와 같이 민감도 분석의 대상이 되는 해당 변수 이름들을 IDF 파일에서 대체시킨 후, 그림 7-13 왼쪽 상위에 위치한 저장 아이콘을 클릭한다.

그림 7-12의 11번 입력란에서 Value Type은 12번 입력란의 Values를 어떻게 설정할 것인지에 대해서 선택하는 곳이다. 만약 그림 7-12처럼 [1.0:0.05:1.81]을 입력하고자 한다면, 이는 1.0을 시작으로 0.05 간격으로 1.81이 될 때까지 해당변수를 자동으로 변화시켜서 민감도 분석을 실시한다는 것을 의미한다. 12번 입력란에서 입력한 방식이 사용자가 의도했던 대로 정확하게 입력되었는지 확인하는 곳이 13번 Preview이다. 그림 7-12와 같이 12번 입력란을 [1.0:0.05:1.81]의 형태로 입력하였다면 11번의 Value Type은 Double로 선택되어야 한다. 반면, {} 기호는 민감도 분석 대상 변수를 사용자가 수동으로 입력하는 Option으로서, {0, 1, 2, 3}을 12번 입력란에 입력하게 되면 0, 1, 2, 3을 해당 변수로 사용하게 된다. 이 때 11번의 Value Type은 Discrete로 선택해야 한다. 12번 입력란을 반드시 숫자로 입력해야 하는 것은 아니고 문자로도 입력이 가능하다. 예를

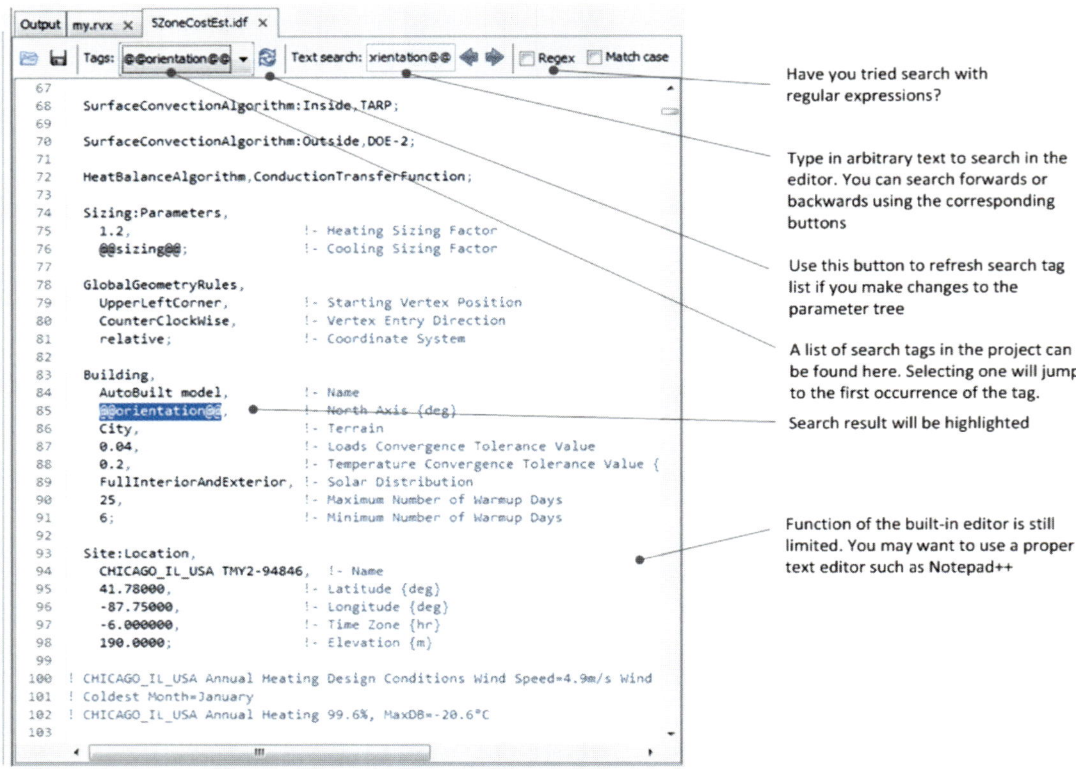

그림 7-13. Search Tag 입력 예시[23]

들어, EnergyPlus IDF 파일 내 Building Object의 Terrain Field에서 선택할 수 있는 사항이 Country, Suburbs, City, Ocean 그리고 Urban인데, 해당 Field에서 입력가능한 모든 Case에 대해서 민감도 분석을 수행하고자 한다면 12번 입력란에 {Country, Suburbs, City, Ocean, Urban}으로 변수를 입력하면 된다. 또한, 기입력 된 상위의 변수들을 이용하여 다음의 하위 변수들에 대한 자동설정이 가능하다. 예를 들어, 12번 입력란을 @calc(P2/10)으로 입력하게 되면 P2 변수의 값을 10으로 나눈 값을 해당 변수로 사용하게 되며 이때 11번의 Value Type은 Integer로 입력해야 한다.

이와 같이 Project Tab을 모두 입력한 후에 Output/Editor Panel에서 반드시 저장 버튼을 눌러야 하며, 그 후 Control Panel의 우측 상단에 Validate Project를 클릭하여 민감도 분석을 위한 Case들이 정확히 몇 개인지 확인해야 한다. 만약 1번 변수 5개, 2번 변수가 5개, 3번 변수가 3개이면, 5*5*3으로 총 75개의 Case들이 생성되게 된다. Project Tab을 모두 입력하였으면, Execution Tab을 입력해야 하는데 그 입력화면은 그림 7-14와 같다. 해당 Tab에서는 사용자가

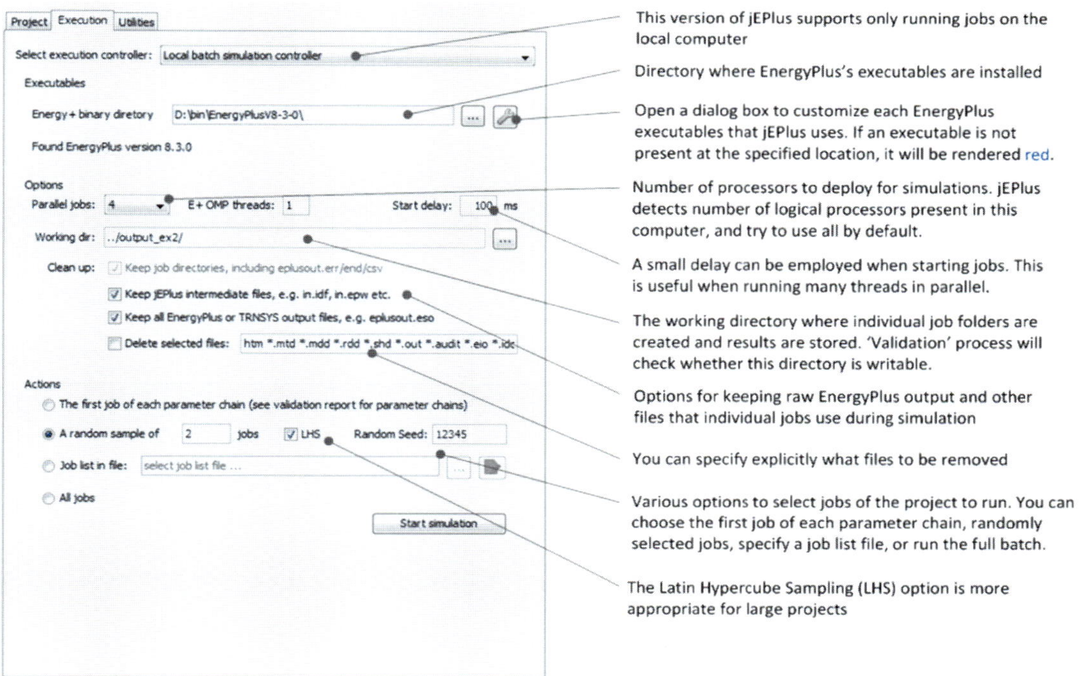

그림 7-14. jEPlus의 Execution Tab 입력화면[23]

입력한 IDF 파일을 작동시킬 작동 프로그램을 선택해야 하는데, Project Tab에서 선택한 EnergyPlus 버전과 동일 버전의 실행파일을 Energy+ binary directory에 선택하면 된다. 또한, 민감도 분석 완료 후 생성되는 결과 파일들을 저장할 경로를 Working dlr에서 선택완료 후, Start Simulation을 클릭하여 jEPlus를 실행한다. 이 이외에도 jEPlus 실행을 위한 기타 자세한 사항들은 jEPlus 공식 홈페이지인 http://www.jeplus.org에서 제공하고 있다.

jEPlus로 민감도 분석을 실행하면, 사용자가 지정한 위치에 Output 폴더가 생성되고 G_0-T_0-W_0-P1_1-P2_1-P3_1 형태의 파일들이 생성된다. 이는 사용자가 입력한 민감도 분석 대상 변수들을 이용한 파일명으로서, P1_1-P2_1-P3_1은 P1, P2, P3 등 3개의 대상 변수들의 첫 번째 입력변수에 대한 결과 값을 의미한다. 각각의 폴더 안에는 민감도 분석 대상 변수들이 자동 설정된 EnergyPlus IDF 파일과 결과 파일들이 존재하는데, 해당 폴더 아래에 Runtimes, SimJobIndex 그리고 SimResults 파일들이 생성되며 Excel 프로그램을 통해 확인 가능하다. Runtimes 파일은 해당 변수에 대해 분석을 진행할 때 변수별로 Error Message가 몇 개 발생하였는지, 시뮬레이션 수행에 소요된 시간 등에 대한 기본 정보들이 포함되어 있다. SimJobIndex 파일은 각각의 기호들이 무엇을 의미하는지에 대한 설명이 포함되어 있다. 예를 들어,

P1_1-P2_1-P3_1이라는 이름의 파일이 무엇을 의미하는지 설명되어 있으며, 적용된 기상데이터와 분석 완료한 IDF 파일에 대한 설명이 포함되어 있다. SimResults 파일은 각 해당 변수들에 대해서 사용자가 RVI 파일에 입력했었던 출력 변수(Output Variable)들을 보여준다. 전술하였듯이, EnergyPlus를 이용한 민감도 분석을 위해 사용자가 일일이 주요 변수들을 바꿔 가면서 반복적으로 시뮬레이션을 실행한다는 것은 상당히 지루하고 비효율적인 작업이 될 수 있는데, jEPlus는 이러한 민감도 분석과 같은 반복 작업을 손쉽게 수행할 수 있게 해주는 유용한 기능을 탑재하고 있다. 미국 정부의 전폭적인 지원 하에 개발된 EnergyPlus는 차별화된 성능과 강점을 지닌 프로그램임은 주지의 사실이기는 하지만, 본 부록에서 살펴본 주요 보조 프로그램들을 함께 사용한다면 EnergyPlus를 활용한 보다 효율적인 분석이 가능할 것으로 판단된다.

8. 부　록

8 부 록

본 부록은 본 저서와 함께 첨부된 VAVSystemOffice.idf 파일에 대한 간략한 설명과 공랭식 VRF(냉매유량가변형, Variable Refrigerant Flow) 시스템 성능곡선 산출 프로세스에 대해서 소개하고자 한다. VAVSystemOffice.idf 파일은 독자들의 이해를 돕기 위해 필자가 작성하였고 본 저서 전체적으로 자주 언급되고 있는 예제파일이다. 또한, 본 부록의 8.2절에서 다루는 공랭식 VRF 시스템의 성능곡선 산출 프로세스는 EnergyPlus의 다른 열원장치들의 성능식 산출에 비해서 고려되어야 하는 입력조건도 훨씬 많고 복잡하기 때문에, VRF 성능곡선 산출 프로세스에 대해서 확실히 이해를 한다면 EnergyPlus의 다양한 열원장치들에 대한 성능곡선 산출 과정을 이해하는 데 많은 도움이 될 것으로 판단된다.

첨부 파일 Download 경로
: 한솔아카데미 베스트북(www.bestbook.co.kr) ⇨ 자료실 ⇨ 도서자료 ⇨ energyplus 검색

8.1 VAVSystemOffice.idf 첨부 파일

본 절에서 설명할 VAVSystemOffice.idf 파일은 필자가 독자들의 이해를 돕기 위해서 작성한 예제파일로서, 사무소 건물에서 가장 흔히 운용되는 냉난방 시스템의 하나인 보일러-온수코일, 냉동기-냉수코일 및 AHU로 구성된 VAV 시스템이다. 해석모델은 직사각형(53x35m) 형태의 3층 규모 프로토 타입 사무소 건물을 선정하였다. 그림 8-1과 같이 각 층은 4개의 외주부와 1개의 내주부로 구성되어 있으며 창면적비는 40%, 내외주부 동일한 층고 3.8m로 설정하였다. 또한 해석대상 시스템의 구성요소로는 이코노마이저와 냉동기를 포함한 중앙공조시스템으로서, AHU 안의 냉난방 코일 및 공급 팬은 정적압력으로 제어된다. 중앙 열원장치로는 2단 냉각탑과 2대의 보일러 및 냉동기가 대수 제어되고 있으며, 1대의 AHU 설비를 통해 각 실의 VAV(Variable Air Volume) Unit 으로 실내 설정온도를 조절한다. 또한 시스템의 작동시간은 오전 05시부터 오후 20시까지 설정하였으며, 냉방 시 실내 설정온도 26℃, 난방 시 20℃로 설정 하였다. 표 8-1에 냉난방 시스템 입력조건이 요약되어 있는데, AHU 토출온도는 연중 13.9℃로 제어되도록 설정하였다. 그림 8-2는 해석모델에 적용한 내부발열 스케줄을 나타낸다.

VAVSystemOffice.idf 파일에서 냉난방 설비 모델링에 사용된 주요 Object들은 다음과 같다.

– 각 실의 Terminal Unit: AirTerminal:SingleDuct:VAV:Reheat

- Coils: Coil:Cooling:Water, Coil:Heating:Water
- Fans: Fan:VariableVolume
- Pumps: Pump:VariableSpeed
- Boilers: Boiler:HotWater
- Chillers: Chiller:Electric:EIR
- Towers: CoolingTower:TwoSpeed

(a) 건물 외형

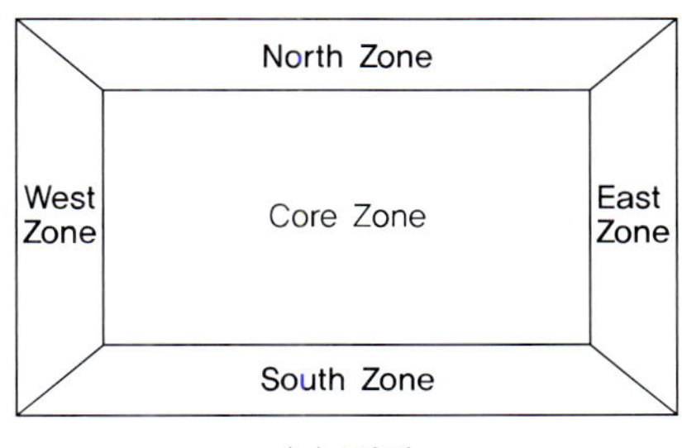

(b) 평면

그림 8-1. Simulated Building Model

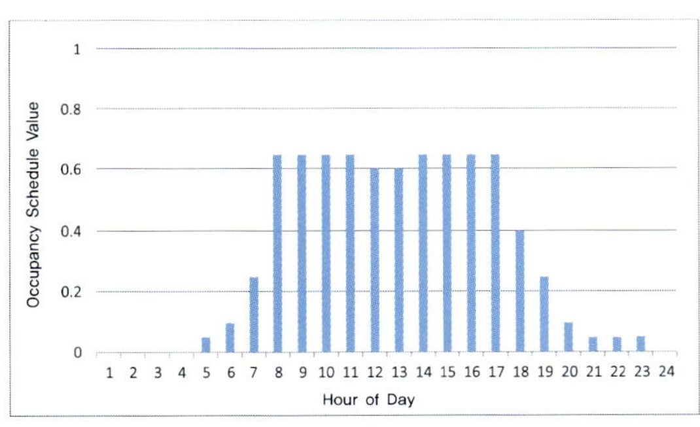

(a) 재실인원

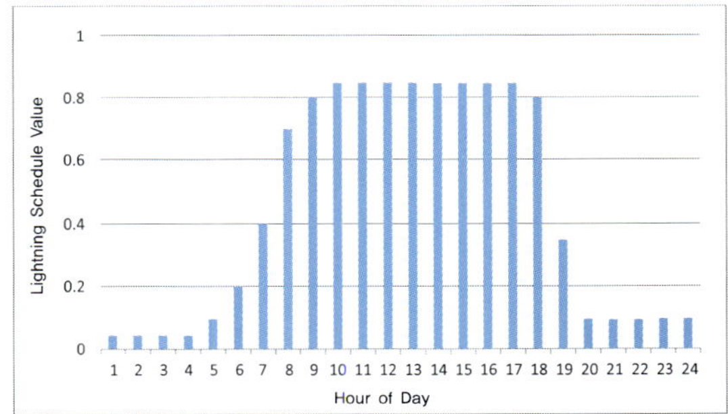

(b) 조명

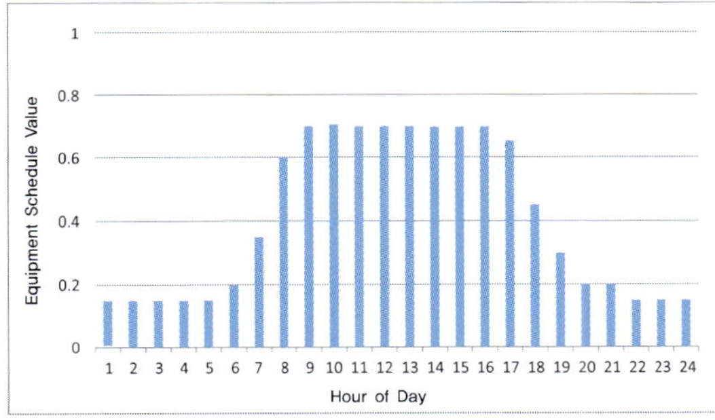

(c) 전기(플러그) 기기

그림 8-2. 내부발열 스케줄

HVAC	
AHU Discharge Air Temperature (℃)	13.9
AHU Fan Design Static Pressure (Pa)	1125
AHU Fan Efficiency (%)	63
AHU Fan Part Load Shut Off (Pa)	150
Minimum Outside Air Rate ($L/s/m^2$)	0.762
Plant	
Chiller Design COP	5.5
Boiler Design Efficiency (%)	78
Internal Gain	
Peope (m^2/person)	9.3
Lighting (W/m^2)	9.1
Equipment (W/m^2)	14.4

표 8-1. 냉난방 시스템 및 내부발열 입력조건

전술하였듯이, 각 층당 4개의 외주부와 1개의 내주부로 이루어졌는데 각 Zone의 상부에 천장 공간(Return Plenum)이 별도로 존재함으로써, 3층 규모의 해석대상 건물은 총 30개(= 3개 층 × 5개 Zone × 2개 수직 공간) Zone으로 구성되어 있다. GF(Ground Floor)는 1층, MF(Middle Floor)는 2층, 그리고 TF(Top Floor)는 3층을 의미한다. 또한, East, West, South, North, Core는 각각 동측 외주부, 서측 외주부, 남측 외주부, 북측 외주부, 그리고 내주부를 의미한다. 예를 들어, GFWest VAV Reheat은 1층의 서측 외주부에 설치된 VAV Unit 고유의 이름을 의미하며, MFCore Reheat Coil은 2층 내주부의 VAV Unit에 내장된 재열코일 고유의 이름을 의미한다.

8.2 VRF 시스템 성능식 산출 프로세스

EnergyPlus에는 냉동기, 히트펌프, 보일러 그리고 VRF 등 다양한 열원장치가 존재하는데, 이러한 열원장치들은 전체 냉난방 에너지의 가장 큰 비중을 차지한다. 하지만 이러한 열원장치들의 중요성에 비하여, 대부분의 사용자가 열원장치들의 성능식을 제대로 도출하지 않고 해당 계수들을 EnergyPlus IDF 파일에 입력하는데 많은 시간을 할애하지 않을 뿐만 아니라, EnergyPlus에서 제공하는 Default 값을 그대로 사용하는 경우가 많다. 예를 들어, 5.7절에서 살펴본 냉동기를 정확히 모델링하기 위해서는 냉수 출수 온도, 냉각수 입수 온도, 부분부하율 등 3가지 변수의 변화에 따른 냉방 능력 및 에너지 소비량의 변화를 고려해야 한다. 이를 위해 CapFT(냉수 출수 및 냉각수 입수 온도에 따른 용량 변화 곡선), EIRFT(냉수 출수 및 냉각수 입수 온도에 따른 에너지 소비량 변화 곡선), EIRFPLR(부분부하에 따른 에너지 소비량 변화 곡선)의 3가지 성능 곡선을 입력 값으로 요구하고 있고, 그로 인해 이러한 3가지 성능 곡선에 대한 사용자들의 확실한 이해가 뒷받침되어야 한다. 무엇보다, 냉동기 제조사에서 제공하는 성능 데이터를 바탕으로 EnergyPlus 입력용 3가지 곡선의 계수들을 산출하는 것이 매우 중요하기에, 이러한 성능곡선 산출 프로세스에 대한 자세한 설명을 본 절에서 제공하기로 한다. 본 절에서는 냉동기의 성능곡선 산출 프로세스가 아닌, 공랭식 VRF(냉매유량가변형, Variable Refrigerant Flow) 시스템 성능곡선 산출 프로세스를 다루고 있는데, 냉동기보다는 VRF 성능곡선들에 대한 입력사항이 더 많고 복잡하다. 따라서 VRF 성능곡선 산출 프로세스에 대해서 확실히 이해를 하면, 냉동기 성능곡선 산출 과정을 이해하는 데 별 어려움이 없을 것이다. 본 절에서 다루게 될 공랭식 VRF 시스템의 성능식 산출 기법은 국립 한밭대학교와 삼성전자(주)가 협력 진행했던 "히트펌프 VRF 기반 신규 설비모델과 라이브러리 개발 및 검증" 연구과제의 일부로서, 삼성전자(주)에서 제공하는 TDB(Technical Data Book)의 데이터를 바탕으로 서술하였다. 또한, 해당 과제를 바탕으로 작성되었던 참고문헌 [31]과 [32], 그리고 Florida Solar Energy Center에서 작성한 보고서 [33]의 내용을 본 절에서 상당 부분 발췌 및 인용하였음을 미리 밝힌다. 냉방과 난방 모드에서의 성능식 산출은 상호 유사하기 때문에 본 저서에서는 냉방 모드에서의 성능식 산출 프로세스만 다루기로 한다. 난방 모드에서의 성능식 산출에 대한 자세한 프로세스는 참고문헌 [31]과 [32]를 참고하면 된다.

EnergyPlus에서의 VRF Heat Pump 시스템의 성능은 여러 가지 성능특성을 기반으로 한다. 냉방모드에서 VRF Heat Pump의 성능(COP)은 식 (8-1)에 나타난 바와 같이 Heat Pump의 압축동력에 대하여 조건에 따라 변화하는 냉방능력(증발기에서 냉매가 흡수한 열량)을 의미하며,

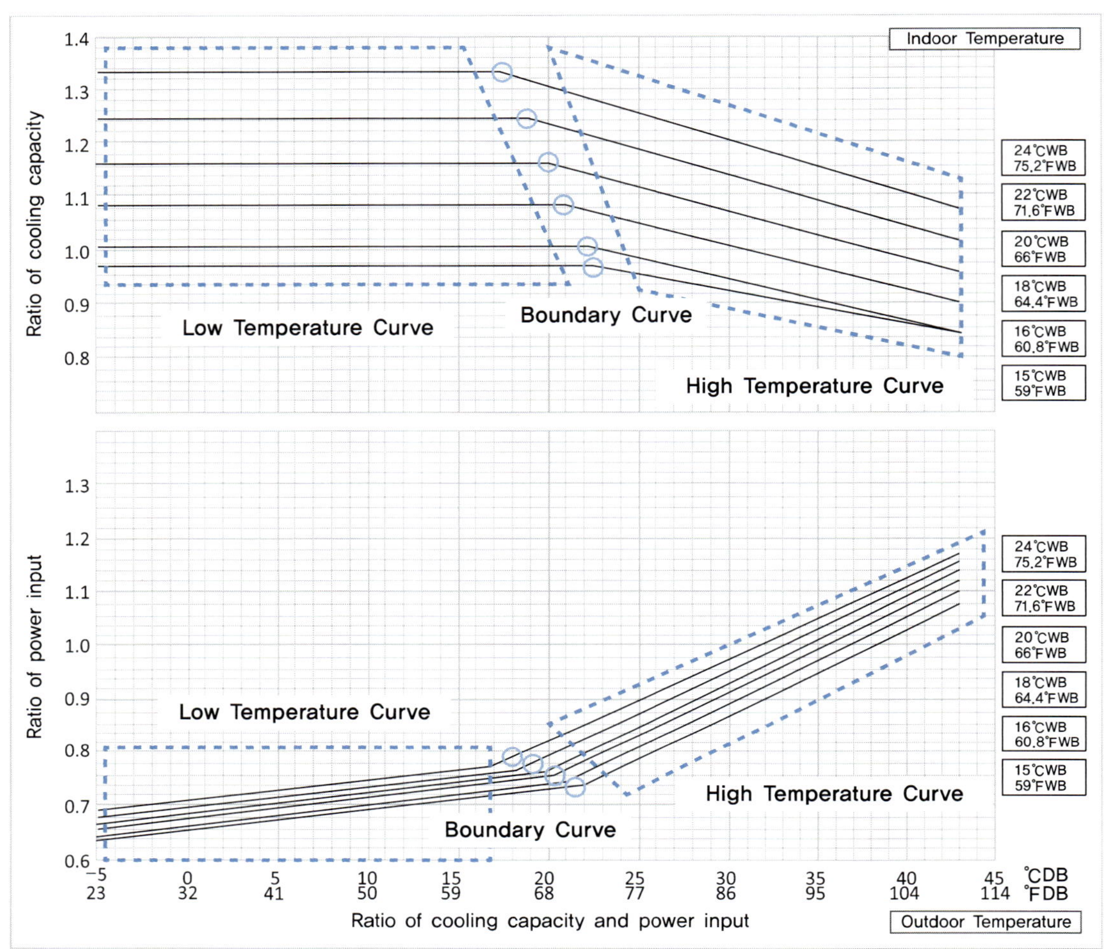

그림 8-3. EnergyPlus Engineering Ref.의 VRF Heat Pump Cooling Capacity & Power Input Curve[6]

이러한 성능곡선을 추출하기 위해서는 각각의 압축동력 및 냉방능력을 알고 있어야 한다. 따라서 국립 한밭대학교가 진행하였던 산학과제의 일부로서 삼성전자(주)에서 공개하고 있는 DVM S 표준형 냉·난방 실측 능력표를 토대로 EnergyPlus Engineering Reference의 VRF Heat Pump 성능식을 적용하여 성능곡선을 추출하였다. 이는 EnergyPlus Engineering Reference에서 제공하는 VRF Heat Pump의 성능곡선의 형상이(그림 8-3) 삼성 측 데이터와 동일한 거동을 하는 것으로 나타나(그림 8-4), 동일한 함수식을 통해 적용이 가능하다는 것을 확인하였다[31][32].

한편, VRF Heat Pump의 냉방 모드에서 냉방능력 및 압축동력에 대한 성능곡선의 경우 응축기로 들어가는 외기 건구온도와 실내 습구온도에 의해 결정이 되는데, VRF Heat Pump

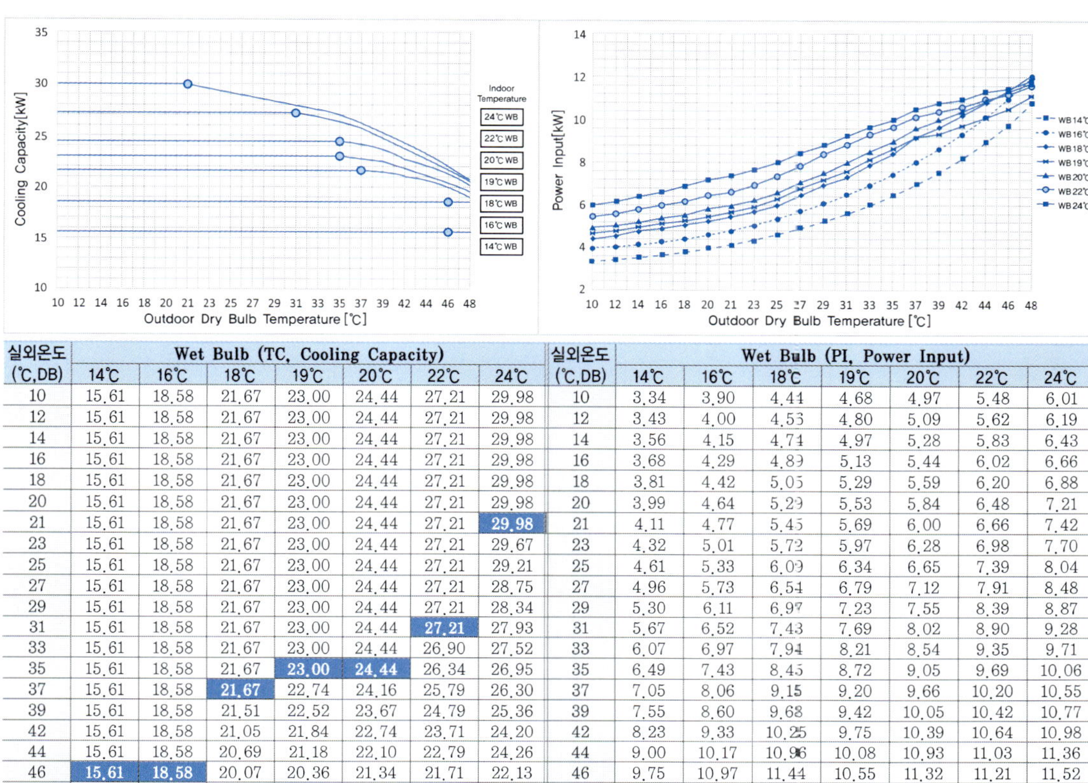

실외온도	Wet Bulb (TC, Cooling Capacity)						
(℃,DB)	14℃	16℃	18℃	19℃	20℃	22℃	24℃
10	15.61	18.58	21.67	23.00	24.44	27.21	29.98
12	15.61	18.58	21.67	23.00	24.44	27.21	29.98
14	15.61	18.58	21.67	23.00	24.44	27.21	29.98
16	15.61	18.58	21.67	23.00	24.44	27.21	29.98
18	15.61	18.58	21.67	23.00	24.44	27.21	29.98
20	15.61	18.58	21.67	23.00	24.44	27.21	29.98
21	15.61	18.58	21.67	23.00	24.44	27.21	29.98
23	15.61	18.58	21.67	23.00	24.44	27.21	29.67
25	15.61	18.58	21.67	23.00	24.44	27.21	29.21
27	15.61	18.58	21.67	23.00	24.44	27.21	28.75
29	15.61	18.58	21.67	23.00	24.44	27.21	28.34
31	15.61	18.58	21.67	23.00	24.44	27.21	27.93
33	15.61	18.58	21.67	23.00	24.44	26.90	27.52
35	15.61	18.58	21.67	23.00	24.44	26.34	26.95
37	15.61	18.58	21.67	22.74	24.16	25.79	26.30
39	15.61	18.58	21.51	22.52	23.67	24.79	25.36
42	15.61	18.58	21.05	21.84	22.74	23.71	24.20
44	15.61	18.58	20.69	21.18	22.10	22.79	24.26
46	15.61	18.58	20.07	20.36	21.34	21.71	22.13
48	15.50	18.48	19.05	19.55	20.12	20.47	20.76

실외온도	Wet Bulb (PI, Power Input)						
(℃,DB)	14℃	16℃	18℃	19℃	20℃	22℃	24℃
10	3.34	3.90	4.44	4.68	4.97	5.48	6.01
12	3.43	4.00	4.53	4.80	5.09	5.62	6.19
14	3.56	4.15	4.74	4.97	5.28	5.83	6.43
16	3.68	4.29	4.89	5.13	5.44	6.02	6.66
18	3.81	4.42	5.05	5.29	5.59	6.20	6.88
20	3.99	4.64	5.29	5.53	5.84	6.48	7.21
21	4.11	4.77	5.45	5.69	6.00	6.66	7.42
23	4.32	5.01	5.72	5.97	6.28	6.98	7.70
25	4.61	5.33	6.09	6.34	6.65	7.39	8.04
27	4.96	5.73	6.54	6.79	7.12	7.91	8.48
29	5.30	6.11	6.97	7.23	7.55	8.39	8.87
31	5.67	6.52	7.43	7.69	8.02	8.90	9.28
33	6.07	6.97	7.94	8.21	8.54	9.35	9.71
35	6.49	7.43	8.45	8.72	9.05	9.69	10.06
37	7.05	8.06	9.15	9.20	9.66	10.20	10.55
39	7.55	8.60	9.68	9.42	10.05	10.42	10.77
42	8.23	9.33	10.25	9.75	10.39	10.64	10.98
44	9.00	10.17	10.96	10.08	10.93	11.03	11.36
46	9.75	10.97	11.44	10.55	11.32	11.21	11.52
48	10.85	12.18	12.10	11.17	11.84	11.67	11.90

그림 8-4. 삼성전자(주)의 DVM S 표준형 냉방능력표 (AM080FXVGHH1)_Cooling Capacity & Power Input[31][32]

시스템의 경우 외기 건구온도에 따라 Low Temperature, Boundary, High Temperature Curve의 3가지 곡선으로 구분된다[31][32][33].

$$Cooling\,COP = \frac{Cooling\,Capacity\ (\text{냉방능력})}{Power\,Input\,(Heat\,Pump\ \text{압축기 전기에너지 소비량})} \qquad (8\text{-}1)$$

1. Cooling Capacity : Temperature Curve (정격 냉방 100% 기준)

1) Low Temperature Curve

- Low Temperature Curve의 경우 연립 2차 방정식으로 정의되며, 상대적으로 낮은 외기 건구온도의 변화에 따른 TC(Thermal Capacity, 냉방능력) 비 함수로써 거동된다.
- 즉, 함수식에 포함된 독립변수인 VRF Heat Pump의 응축기로 들어가는 외기 건구온도(T_C)와 실내 습구온도($T_{WB,avg}$)의 거동에 따른 냉방능력(TC) 비로 결정된다.

Indoor Wet Bulb Temperature(℃)	Cooling Capacity(KW)	Rate of Cooling Capacity ($CAPFT_{HP,Cooling}$)
14	15.61	0.679
16	18.58	0.808
18	21.67	0.942
19	**23.00**	**1.000**
20	24.44	1.063
22	27.21	1.183
24	29.98	1.303

표 8-2. T_C 35℃, T_{WBAVG} 19℃에서의 정격 냉방 23KW를 기준으로 한 습구온도 변화에 따른 냉방능력 비[31][32]

- 기준이 되는 정격 냉방은 냉방능력(Capacity Index) 100%일 때의 외기 건구온도(T_C) 및 실내 습구온도($T_{WB,avg}$)로, 삼성측 DVM S 표준형 기준으로 T_C는 35℃ DB, $T_{WB,avg}$는 19℃ WB 일 때를 의미한다.
- 따라서 냉방 시 기준이 되는 정격냉방능력은 그림 8-4의 표에서 확인할 수 있듯이 23.00 KW가 된다. 이를 기준 비로 하여 Low Temperature 구간 내에서의 습구온도 변화에 따른 냉방능력 비를 산출한다. 이 때 Cooling Capacity에서 Low Temperature 구간의 경우 외기 건구온도의 변화와 상관없이 냉방능력은 실내 습구온도에 의해서만 변하므로 실내 습구온도만 고려해주면 된다[31][32][33].
  즉, 냉방능력 비는 표 8-2와 같이 나타난다.
- 즉, Low Temperature Curve에서의 Cooling Capacity 함수식은 아래의 식 (8-2)와 같다.

$$CAPFT_{HP,Cooling} = a + b(T_{WB,avg}) + c(T_{WB,avg})^2 + d(T_c) + e(T_c)^2 + f(T_{WB,avg})(T_c) \quad (8-2)$$

- 한편, 앞서 언급하였듯이 그림 8-4와 같이 Low Temperature Curve에서의 Cooling Capacity(냉방능력, TC)는 습구온도(TWB)에 의해서만 변하며, x축인 외기 건구온도(TDB)에 대해서는 일정한 값을 갖는다.
- 따라서 Low Temperature 구간에서는 냉방능력인 Cooling Capacity가 건구온도에 그 어떠한 영향도 받지 않으므로 d, e, f는 0으로 결정된다. 즉, 위의 식 (8-2)는 다시 다음의 식 (8-3)으로 정의될 수 있다[31][32][33].

$$CAPFT_{HP,Cooling} = a + b(T_{WB,avg}) + c(T_{WB,avg})^2 \quad (8-3)$$

CAPFT	$T_{WB,avg}$	$(T_{WB,avg})^2$	T_C	$(T_C)^2$	$(T_{WB,avg})*(T_C)$	CAPFT	$T_{WB,avg}$	$(T_{WB,avg})^2$	T_C	$(T_C)^2$	$(T_{WB,avg})*(T_C)$
1.303	24	576	10	100	240	0.942	18	324	18	324	324
1.303	24	576	12	144	288	0.942	18	324	20	400	360
1.303	24	576	14	196	336	0.942	18	324	21	441	378
1.303	24	576	16	256	384	0.942	18	324	23	529	414
1.303	24	576	18	324	432	0.942	18	324	25	625	450
1.303	24	576	20	400	480	0.942	18	324	27	729	486
1.183	22	484	10	100	220	0.942	18	324	29	841	522
1.183	22	484	12	144	264	0.942	18	324	31	961	558
1.183	22	484	14	196	308	0.942	18	324	33	1089	594
1.183	22	484	16	256	352	0.942	18	324	35	1225	630
1.183	22	484	18	324	396	0.808	16	256	10	100	160
1.183	22	484	20	400	440	0.808	16	256	12	144	192
1.183	22	484	21	441	462	0.808	16	256	14	196	224
1.183	22	484	23	529	506	0.808	16	256	16	256	256
1.183	22	484	25	625	550	0.808	16	256	18	324	288
1.183	22	484	27	729	594	0.808	16	256	20	400	320
1.183	22	484	29	841	638	0.808	16	256	21	441	336
1.063	20	400	10	100	200	0.808	16	256	23	529	368
1.063	20	400	12	144	240	0.808	16	256	25	625	400
1.063	20	400	14	196	280	0.808	16	256	27	729	432
1.063	20	400	16	256	320	0.808	16	256	29	841	464
1.063	20	400	18	324	360	0.808	16	256	31	961	496
1.063	20	400	20	400	400	0.808	16	256	33	1089	528
1.063	20	400	21	441	420	0.808	16	256	35	1225	560
1.063	20	400	23	529	460	0.808	16	256	37	1369	592
1.063	20	400	25	625	500	0.808	16	256	39	1521	624
1.063	20	400	27	729	540	0.808	16	256	42	1764	672
1.063	20	400	29	841	580	0.808	16	256	44	1936	704
1.063	20	400	31	961	620	0.679	14	196	10	100	140
1.063	20	400	33	1089	660	0.679	14	196	12	144	168
1.000	19	361	10	100	190	0.679	14	196	14	196	196
1.000	19	361	12	144	228	0.679	14	196	16	256	224
1.000	19	361	14	196	266	0.679	14	196	18	324	252
1.000	19	361	16	256	304	0.679	14	196	20	400	280
1.000	19	361	18	324	342	0.679	14	196	21	441	294
1.000	19	361	20	400	380	0.679	14	196	23	529	322
1.000	19	361	21	441	399	0.679	14	196	25	625	350
1.000	19	361	23	529	437	0.679	14	196	27	729	378
1.000	19	361	25	625	475	0.679	14	196	29	841	406
1.000	19	361	27	729	513	0.679	14	196	31	961	434
1.000	19	361	29	841	551	0.679	14	196	33	1089	462
1.000	19	361	31	961	589	0.679	14	196	35	1225	490
0.942	18	324	10	100	180	0.679	14	196	37	1369	518
0.942	18	324	12	144	216	0.679	14	196	39	1521	546
0.942	18	324	14	196	252	0.679	14	196	42	1764	588
0.942	18	324	16	256	288	0.679	14	196	44	1936	616

표 8-3. T_C 35℃, T_{WBAVG} 19℃에서의 정격 냉방능력 23KW를 기준 Low Temp. 냉방능력 비[31][32]

- 최종적으로 냉방능력 비인 $CAPFT_{HP,Cooling}$의 성능곡선을 추출하기 위해 필요한 변수들은 실내습구온도인 T_{WB}와 각 계수들인 a, b, c의 2차방정식을 통해 계산되어지며, 그 과정은 아래와 같다.
  ① DVM S 표준형 냉방 능력표를 참고하여 습구온도와 건구온도에 따라 달라지는 냉방능력(TC)확인
  ② 그림 8-4의 동그라미 표시 된 Boundary 구간 왼쪽이 Low Temperature Curve 구간. 즉, Boundary 구간을 기점으로 외기건구온도가 낮은 구간이 Low Temperature 구간이 됨.
  ③ Low Temperature Curve 구간에서는 Cooling Capacity(TC)가 외기 건구온도에 영향을 받지 않기에 외기 건구온도 변화에 따른 냉방능력은 일정한 것을 알 수 있으며, 그 반면 실내습구온도 변화에 따른 냉방능력은 변동되는 것을 확인 (여기서 계수 d, e, f는 0으로 결정됨)
  ④ 외기 건구온도 35℃, 실내 습구온도 19℃에서의 정격 냉방능력을 기준으로 습구온도에 따라 달라지는 냉방능력들의 비율($CAPFT_{HP,Cooling}$)을 산출
  ⑤ 따라서 변동되는 실내 습구온도(T_{wb})및 냉방능력 비($CAPFT_{HP,Cooling}$)를 식 (8-3)에 대입
  ⑥ 계수 a, b 및 c 도출

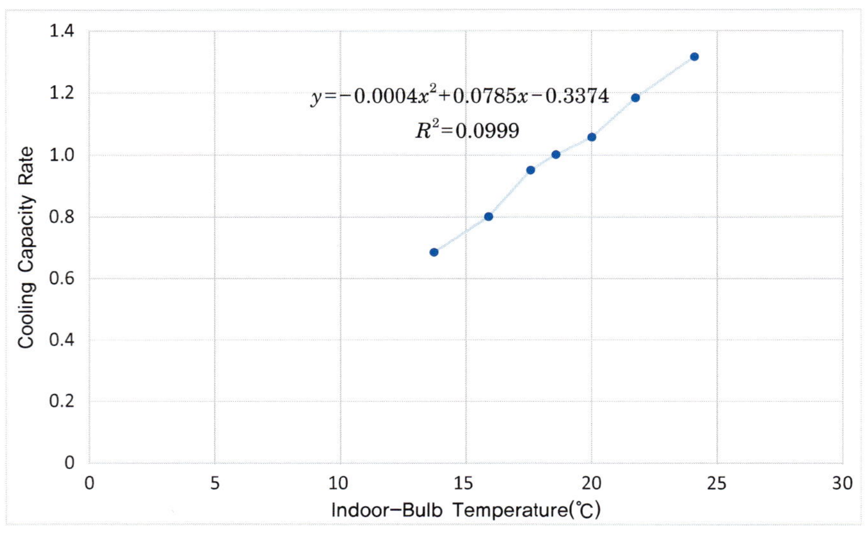

a=-0.3374, b=0.0785, c=-0.0004, R^2=0.9999

그림 8-5. 삼성 Data 기반 Low Temp. Curve의 방정식 계수[31][32]

⑦ 도출된 계수는 EnergyPlus IDF파일의 AirConditioner:VariableRefrigerantFlow Object의 Cooling Capacity Ratio Modifier Function of Low Temperature Curve Name 입력 Field에 해당하는 커브 계수

⑧ 도출된 계수 값들은 IDF파일 Curve:Biquadratic Object의 Coefficient 1~6에 기입[31][32].

2) Boundary Curve

- Boundary Curve의 경우 3차 방정식으로 정의되며, 실내 습구온도에 따라 Low Temperature Curve와 High Temperature Curve의 경계조건이 되는 외기 건구온도의 함수로써 거동된다.
- 즉, 외기 건구온도의 변화에 따른 냉방능력(TC, Cooling Capacity)의 변화패턴이 급격하게 변하기 시작하는 지점에서의 외기건구온도 지점을 3차 방정식의 함수로 표현한 곡선을 일컫는다.
- Boundary Curve가 되는 Cooling Capacity(TC)의 외기 건구온도 지점에 관한 함수식 : 식 (8-4)

$$T_{OA,DB} = a + b(T_{I,WB}) + c(T_{I,WB})^2 + d(T_{I,WB})^3 \quad (8-4)$$

- 그림 8-4에서 나타나듯이, Boundary Curve 구간은 외기건구온도가 증가함에 따라 Cooling Capacity가 갑작스럽게 감소하기 시작하는 지점에서의 외기건구온도를 말하며, 이는 위의 식 (8-4)에 의해 정의되며, 계산과정은 표 8-4와 같다[31][32][33].

Boundary Curve			
$T_{OA,DB}$	$(T_{I,WB})$	$(T_{I,WB})^2$	$(TI_{,WB})^3$
46	14	196	2744
46	16	256	4096
37	18	324	5832
35	19	361	6859
35	20	400	8000
31	22	484	10648
21	24	576	13824

표 8-4. Cooling Capacity Ratio Boundary Curve[31][32]

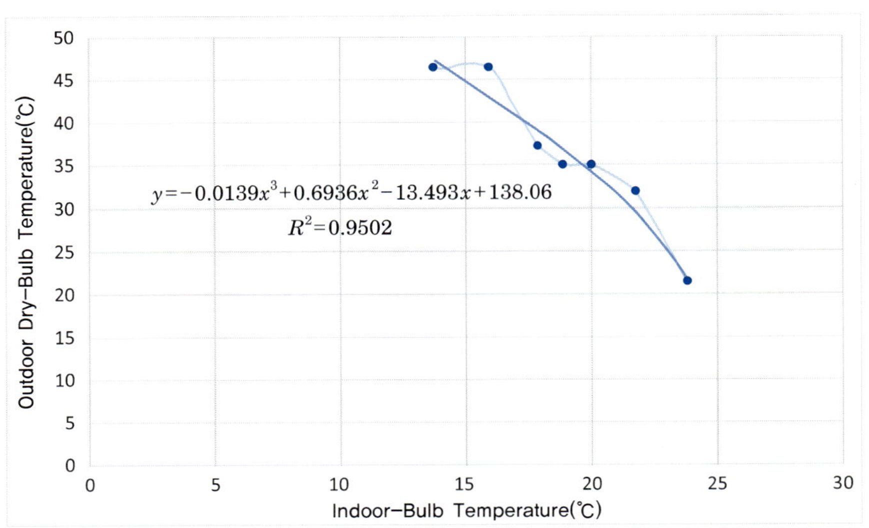

a=138.06, b=−13.493, c=−0.6936, d=−0.0139, R^2=0.9502

그림 8-6. 삼성 Data 기반 Boundary Curve의 방정식 계수[31][32]

- 따라서 변화하는 실내 습구온도($T_{I,WB}$)에 따른 변화하는 외기건구온도($T_{OA,DB}$)를 통해 a, b, c d의 계수 값을 산정 할 수 있다.
  - ① DVM S 표준형 냉방 능력표를 참고하여, 일정하던 Cooling Capacity가 습구온도에 변화에 따라 갑작스럽게 변화하는 지점에서의 외기 건구온도 확인
  - ② 따라서 변동되는 실내습구온도($T_{I,WB}$) 및 갑작스럽게 감소하기 직전의 Cooling Capacity 지점에서의 외기건구온도($T_{OA,DB}$)를 식 (8-4)에 대입
  - ③ 계수 a, b, c, d 도출
  - ④ 도출된 계수는 EnergyPlus IDF파일의 AirConditioner:VariableRefrigerantFlow Object의 Cooling Capacity Ratio Boundary Curve Name 입력 Field에 해당하는 커브 계수
  - ⑤ 도출된 계수 값들은 IDF파일 Curve:Cubic Object의 Coefficient 1~4에 기입[31][32].

3) High Temperature Curve

- High Temperature Curve의 경우 Low Temperature Curve와 동일한 연립 2차 방정식으로 정의되며, 상대적으로 높은 외기 건구온도(T_C)의 변화에 따른 TC(냉방능력) 비의 함수로써 거동된다.
- 즉, 함수식에 포함된 독립변수인 VRF Heat Pump의 응축기로 들어가는 외기 건구온도(T_C)와 실내 습구온도($T_{WB,avg}$)의 거동에 따른 냉방능력 비로 결정된다.
- 그림 8-4에서 확인할 수 있듯이, High Temperature Curve에서의 Cooling Capacity(냉방능력)는 Low Temperature Curve와 달리 실내 습구온도(T_{WB})뿐만 아니라 x축인 외기 건구온도(T_C)에 의해서도 변화한다. 따라서 High Temperature 구간에서의 냉방능력인 Cooling Capacity는 외기 건구온도와 실내 습구온도 모두를 고려해 주어야 한다.
- High Temperature 구간의 기준이 되는 정격 냉방능력은 Low Temperature와 동일하게 삼성측 제품 카탈로그에 따라 정격 냉방(Capacity Index) 100%일 때의 외기 건구온도(T_C) 및 실내 습구온도($T_{WB,avg}$)로서, 삼성측 DVM S 표준형 정격 냉방능력은 T_C가 35℃ DB, $T_{WB,avg}$가 19℃ WB일 때의 23.00KW가 정격 냉방능력이 된다.
- 이를 기준 비로 하여 High Temperature Curve 구간 내에서의 실내 습구온도 및 외기 건구온도 변화에 따른 냉방능력 비를 산출한다. 이 때 High Temperature 구간의 경우 Low Temperature구간과 달리 냉방능력(Cooling Capacity)이 실내 습구온도뿐만 아니라 외기 건구온도에 의해서도 변하므로 실내 습구온도와 외기건구온도 모두 고려해 주어야 하며, 이 때 냉방능력 비 계산과정은 표 8-5와 같다[31][32][33].
- High Temperature Curve에서의 Cooling Capacity 함수 식 : 식 (8-5)

$$CAPFT_{HP,Cooling} = a + b(T_{WB,avg}) + c(T_{WB,avg})^2 + d(T_c) + e(T_c)^2 + f(T_{WB,avg})(T_c) \tag{8-5}$$

- 최종적으로 High Temperature Curve : Cooling Capacity($CAPFT_{HP,Cooling}$)의 성능곡선을 추출하기 위해 필요한 변수들은 실내습구온도인 T_{WB}와 외기 건구온도 T_C, 각 계수들인 a, b, c, d, e, f의 2차방정식을 통해 계산되며, 그 과정은 아래와 같다.
  ① DVM S 표준형 냉방 능력표를 참고하여 High Temperature 구간 내에서 습구온도와 건구온도에 따라 달라지는 냉방능력(TC, Cooling Capacity)확인

$CAPFT_{HP,Cooling}$	$T_{WB,avg}$	$(T_{WB,avg})^2$	T_C	$(T_C)^2$	$(T_{WB,avg})(T_C)$
1.29	24	576	23	529	552
1.27	24	576	25	625	600
1.25	24	576	27	729	648
1.232173913	24	576	29	841	696
1.214347826	24	576	31	961	744
1.196521739	24	576	33	1089	792
1.17173913	24	576	35	1225	840
1.143478261	24	576	37	1369	888
1.102608696	24	576	39	1521	936
1.052173913	24	576	42	1764	1008
1.011304348	24	576	44	1936	1056
0.962173913	24	576	46	2116	1104
0.902608696	24	576	48	2304	1152
1.169565217	22	484	33	1089	726
1.145217391	22	484	35	1225	770
1.121304348	22	484	37	1369	814
1.081304348	22	484	39	1521	858
1.030869565	22	484	42	1764	924
0.990869565	22	484	44	1936	968
0.943913043	22	484	46	2116	1012
0.89	22	484	48	2304	1056
1.050434783	20	400	37	1369	740
1.029130435	20	400	39	1521	780
0.988695652	20	400	42	1764	840
0.960869565	20	400	44	1936	880
0.927826087	20	400	46	2116	920
0.874782609	20	400	48	2304	960
1	**19**	**361**	**35**	**1225**	**665**
0.988695652	19	361	37	1369	703
0.979130435	19	361	39	1521	741
0.949565217	19	361	42	1764	798
0.920869565	19	361	44	1936	836
0.885217391	19	361	46	2116	874
0.85	19	361	48	2304	912
0.935217391	18	324	39	1521	702
0.915217391	18	324	42	1764	756
0.899565217	18	324	44	1936	792
0.872608696	18	324	46	2116	828
0.82826087	18	324	48	2304	864
0.803478261	16	256	48	2304	768
0.673913043	14	196	48	2304	672

표 8-5. T_C 35℃, T_{WBAVG} 19℃에서의 정격 냉방능력 23KW를 기준 High Temp. 냉방능력 비[31][32]

② 그림 8-4에서 표의 파란색 음영으로 표시 된 Boundary 구간 오른쪽이 High Temperature Curve 구간

③ High Temperature Curve 구간에서는 Cooling Capacity(TC)가 외기 건구온도 및 실내 습구온도 두 변수에 따라 변화하므로, 두 변수 모두 고려해 줘야 함.

④ 따라서 외기 건구온도(T_C) 및 실내 습구온도(T_{wb})에 따라 변동되는 냉방능력 비($CAPFT_{HP,Cooling}$)를 식 (8-5)에 대입

⑤ 계수 a, b, c, d, e, f 도출 (엑셀 표현 불가, 통계적 도출)

⑥ 도출된 계수는 EnergyPlus IDF파일의 AirConditioner:VariableRefrigerantFlow Object의 Cooling Capacity Ratio Modifier Function of High Temperature Curve Name 입력 Field에 해당하는 커브 계수

⑦ 도출된 계수 값들은 IDF파일 Curve:Biquadratic Object의 Coefficient 1~6에 기입[31][32].

2. Cooling Energy Input(Power Input) : Temperature Curve(정격용량 100% 기준)

※ Low & High & Boundary Temperature Curve

- 그림 8-4에서 확인할 수 있듯이, Cooling Energy(Power Input)의 경우 냉방능력(Cooling Capacity)과 달리 Low Temperature Curve와 High Temperature Curve를 구분할 수 있는 Boundary Curve가 명확하지 않다.
- 따라서 Cooling Energy 회귀식의 경우, Boundary 구간을 찾아 외기 건구온도가 낮을 때와 높을 때로 나눌 필요 없이 모든 외기 건구온도 구간에 대하여 Low Temperature Curve 하나의 회귀식만 추출하여 모델링을 진행하여도 정확도에는 큰 영향이 없을 것으로 판단된다.
- 한편, 이러한 Cooling Energy의 Low Temperature Curve의 경우 연립 2차 방정식으로 정의되며, 외기 건구온도와 실내 습구온도 변화에 따른 Power Input Ratio(에너지사용비) 함수로써 거동된다. 즉, 함수식에 포함된 독립변수인 VRF Heat Pump의 응축기로 들어가는 외기 건구온도(T_C)와 실내 습구온도($T_{WB,avg}$)에 따라 변화하는 Power Input Ratio(전기에너지 비)으로써 거동된다.

- 전기에너지 비인 $EIRFT_{HP,Cooling}$을 도출하기 위해 우선 기준이 되는 Power Input을 산정해야 하며, 이는 Cooling Capacity와 동일하게 해당 제품에 대하여 T_C가 35℃ DB, $T_{WB,avg}$는 19℃ WB가 될 때의 Power Input이 정격에너지가 된다.
- 따라서 냉방 시 기준이 되는 Power Input은 그림 8-4의 표에서 확인할 수 있듯이 8.72 KW가 된다. 이를 기준으로 Low Temperature 구간 내에서 실내 습구온도 및 외기 건구온도 변화에 따른 Power Input Ratio를 산출한다.
- 그 후 산출된 각각의 Power Input Ratio를 Cooling Capacity(냉방능력)로 나누어서 $EIRFT_{Cooling}$ 산출한다[31][32][33].
- 이상을 정리한 Power Input Ratio 및 $EIRFT_{HP,Cooling}$은 표 8-6과 같다.
- Low Temperature Curve에서의 Cooling Energy 함수 식 : 식 (8-6)

$$EIRFT_{HP,\,Cooling} = a + b(T_{WB,avg}) + c(T_{WB,avg})^2 + d(T_c) + e(T_c)^2 + f(T_{WB,avg})(T_c) \tag{8-6}$$

- 최종적으로 Cooling Energy($EIRFT_{Cooling}$)의 성능곡선을 추출하기 위해 필요한 변수들은 실내 습구온도인 $T_{WB,avg}$ 및 외기 건구온도 T_C, 각 계수들인 a, b, c, d, e, f의 연립 2차 방정식을 통해 계산되어지며, 그 과정은 아래와 같다.
  ① DVM S 표준형 냉방 능력표를 참고하여 실내 습구 및 외기 건구온도에 따라 달라지는 Cooling Energy(PI)확인
  ② Cooling Energy(PI)의 경우, Cooling Capacity와 달리 Low Temperature와 High Temperature를 구분할 수 있는 Boundary Curve가 명확하지 않음을 확인
  ③ 따라서 Cooling Energy의 경우 전 구간에 대하여 Low Temperature Curve 회귀식만을 통해 추출
  ④ 또한 $EIRFT_{Cooling}$을 산출하기 위해 정격냉방 지점인 외기 건구온도 35℃, 실내 습구온도 19℃에서의 Power Input(PI)을 기준으로 실내 습구온도 및 외기 건구온도에 따라 달라지는 전기에너지의 비율(Power Ratio)을 산출. 그 후 구해진 각각의 Power Ratio를 Cooling Capacity(냉방능력)로 나누어서 $EIRFT_{Cooling}$ 산출
  ⑤ 최종적으로 전 외기 건구온도(T_C) 구간 내에서 변동되는 실내 습구온도(T_{wb}) 및 도출된 $EIRFT_{Cooling}$을 식 (8-6)에 대입
  ⑥ 계수 a, b, c, d, e, f 도출 (엑셀 표현 불가, 통계적 도출)

Power Ratio	Capacity Ratio	$EIRFT_{Cooling}$	$T_{WB,avg}$	$(T_{WB,avg})^2$	T_C	$(T_C)^2$	$(T_{WB,avg})(T_C)$
0.6892	1.3035	0.528754644	24	576	10	100	240
0.7099	1.3035	0.544590889	24	576	12	144	288
0.7374	1.3035	0.565705883	24	576	14	196	336
0.7638	1.3035	0.585941086	24	576	16	256	384
0.7890	1.3035	0.605296497	24	576	18	324	432
0.8268	1.3035	0.634329614	24	576	20	400	480
0.8509	1.3030	0.653044844	24	576	21	441	504
0.8830	1.2900	0.68451746	24	576	23	529	552
0.9220	1.2700	0.7259987	24	576	25	625	600
0.9725	1.2500	0.777981651	24	576	27	729	648
1.0172	1.2322	0.825534305	24	576	29	841	696
1.0642	1.2143	0.876371794	24	576	31	961	744
1.1135	1.1965	0.930640935	24	576	33	1089	792
1.1537	1.1717	0.984578986	24	576	35	1225	840
1.2099	1.1435	1.058054558	24	576	37	1369	888
1.2351	1.1026	1.120154183	24	576	39	1521	936
1.2592	1.0522	1.196735916	24	576	42	1764	1008
1.3028	1.0113	1.288190144	24	576	44	1936	1056
1.3211	0.9622	1.373037555	24	576	46	2116	1104
1.3647	0.9026	1.511927489	24	576	48	2304	1152
0.6284	1.1830	0.531206484	22	484	10	100	220
0.6445	1.1830	0.544777453	22	484	12	144	264
0.6686	1.1830	0.565133906	22	484	14	196	308
0.6904	1.1830	0.583551649	22	484	16	256	352
0.7110	1.1830	0.601000037	22	484	18	324	396
0.7431	1.1830	0.628141974	22	484	20	400	440
0.7638	1.1830	0.645590362	22	484	21	441	462
0.8005	1.1830	0.676609719	22	484	23	529	506
0.8475	1.1830	0.71635327	22	484	25	625	550
0.9071	1.1830	0.766759725	22	484	27	729	594
0.9622	1.1830	0.81328876	22	484	29	841	638
1.0206	1.1830	0.862757567	22	484	31	961	682
1.0722	1.1696	0.916791719	22	484	33	1089	726
1.1112	1.1452	0.970329774	22	484	35	1225	770
1.1697	1.1213	1.043182231	22	484	37	1369	814
1.1950	1.0813	1.105104341	22	484	39	1521	858
1.2202	1.0309	1.183644883	22	484	42	1764	924
1.2649	0.9909	1.27656384	22	484	44	1936	968
1.2856	0.9439	1.361937381	22	484	46	2116	1012
1.3383	0.8900	1.503710958	22	484	48	2304	1056
0.5700	1.0626	0.536372543	20	400	10	100	200
0.5837	1.0626	0.549323188	20	400	12	144	240
0.6055	1.0626	0.569828376	20	400	14	196	280
0.6239	1.0626	0.587095902	20	400	16	256	320
0.6411	1.0626	0.603284208	20	400	18	324	360
0.6697	1.0626	0.630264719	20	400	20	400	400
0.6881	1.0626	0.647532245	20	400	21	441	420

Power Ratio	Capacity Ratio	$EIRFT_{Cooling}$	$T_{WB,avg}$	$(T_{WB,avg})^2$	T_C	$(T_C)^2$	$(T_{WB,avg})(T_C)$
0.7202	1.0626	0.677750417	20	400	23	529	460
0.7626	1.0626	0.717681572	20	400	25	625	500
0.8165	1.0626	0.768404931	20	400	27	729	540
0.8658	1.0626	0.814811409	20	400	29	841	580
0.9197	1.0626	0.865534768	20	400	31	961	620
0.9794	1.0626	0.921654229	20	400	33	1089	660
1.0378	1.0630	0.976334936	20	400	35	1225	700
1.1078	1.0504	1.05460918	20	400	37	1369	740
1.1525	1.0291	1.119899769	20	400	39	1521	780
1.1915	0.9887	1.20513705	20	400	42	1764	840
1.2534	0.9609	1.30448545	20	400	44	1936	880
1.2982	0.9278	1.399147056	20	400	46	2116	920
1.3578	0.8748	1.55215496	20	400	48	2304	960
0.5367	1.0000	0.5366972	19	361	10	100	190
0.5505	1.0000	0.5504587	19	361	12	144	228
0.5700	1.0000	0.5699541	19	361	14	196	266
0.5883	1.0000	0.5883028	19	361	16	256	304
0.6067	1.0000	0.6066514	19	361	18	324	342
0.6342	1.0000	0.6341743	19	361	20	400	380
0.6525	1.0000	0.6525229	19	361	21	441	399
0.6846	1.0000	0.684633	19	361	23	529	437
0.7271	1.0000	0.7270642	19	361	25	625	475
0.7787	1.0000	0.7786697	19	361	27	729	513
0.8291	1.0000	0.8291284	19	361	29	841	551
0.8819	1.0000	0.8818807	19	361	31	961	589
0.9415	1.0000	0.9415138	19	361	33	1089	627
1.0000	**1.0000**	**1.00000**	**19**	**361**	**35**	**1225**	**665**
1.0550	0.9887	1.0671088	19	361	37	1369	703
1.0803	0.9791	1.1033006	19	361	39	1521	741
1.1181	0.9496	1.1775066	19	361	42	1764	798
1.1560	0.9209	1.2552954	19	361	44	1936	836
1.2099	0.8852	1.3667404	19	361	46	2116	874
1.2810	0.8500	1.5070157	19	361	48	2304	912
0.5092	0.9422	0.540425	18	324	10	100	180
0.5229	0.9422	0.5550311	18	324	12	144	216
0.5436	0.9422	0.5769402	18	324	14	196	252
0.5608	0.9422	0.5951978	18	324	16	256	288
0.5791	0.9422	0.6146725	18	324	18	324	324
0.6067	0.9422	0.6438847	18	324	20	400	360
0.6250	0.9422	0.6633595	18	324	21	441	378
0.6560	0.9422	0.6962232	18	324	23	529	414
0.6984	0.9422	0.7412586	18	324	25	625	450
0.7500	0.9422	0.7960314	18	324	27	729	486
0.7993	0.9422	0.8483698	18	324	29	841	522
0.8521	0.9422	0.9043598	18	324	31	961	558
0.9106	0.9422	0.9664357	18	324	33	1089	594
0.9690	0.9422	1.0285115	18	324	35	1225	630

Power Ratio	Capacity Ratio	$EIRFT_{Cooling}$	$T_{WB,avg}$	$(T_{WB,avg})^2$	T_C	$(T_C)^2$	$(T_{WB,avg})(T_C)$
1.0493	0.9420	1.1139192	18	324	37	1369	666
1.1101	0.9352	1.1869879	18	324	39	1521	702
1.1755	0.9152	1.2843492	18	324	42	1764	756
1.2569	0.8996	1.3972091	18	324	44	1936	792
1.3119	0.8726	1.5034535	18	324	46	2116	828
1.3876	0.8283	1.6753353	18	324	48	2304	864
0.4472	0.8078	0.5536436	16	256	10	100	160
0.4587	0.8078	0.5678395	16	256	12	144	192
0.4759	0.8078	0.5891335	16	256	14	196	224
0.4920	0.8078	0.6090079	16	256	16	256	256
0.5069	0.8078	0.6274627	16	256	18	324	288
0.5321	0.8078	0.6586939	16	256	20	400	320
0.5470	0.8078	0.6771487	16	256	21	441	336
0.5745	0.8078	0.711219	16	256	23	529	368
0.6112	0.8078	0.7566462	16	256	25	625	400
0.6571	0.8078	0.8134301	16	256	27	729	432
0.7007	0.8078	0.8673749	16	256	29	841	464
0.7477	0.8078	0.9255785	16	256	31	961	496
0.7993	0.8078	0.9894604	16	256	33	1089	528
0.8521	0.8078	1.054762	16	256	35	1225	560
0.9243	0.8078	1.1441967	16	256	37	1369	592
0.9862	0.8078	1.220855	16	256	39	1521	624
1.0700	0.8078	1.3244857	16	256	42	1764	672
1.1663	0.8078	1.443732	16	256	44	1936	704
1.2580	0.8080	1.5569648	16	256	46	2116	736
1.3968	0.8035	1.7384279	16	256	48	2304	768
0.3830	0.6787	0.564358	14	196	10	100	1400
0.3933	0.6787	0.579566	14	196	12	144	2016
0.4083	0.6787	0.601532	14	196	14	196	2744
0.4220	0.6787	0.621808	14	196	16	256	3584
0.4369	0.6787	0.643774	14	196	18	324	4536
0.4576	0.6787	0.674189	14	196	20	400	5600
0.4713	0.6787	0.694465	14	196	21	441	6174
0.4954	0.6787	0.729948	14	196	23	529	7406
0.5287	0.6787	0.77895	14	196	25	625	8750
0.5688	0.6787	0.838089	14	196	27	729	10206
0.6078	0.6787	0.895539	14	196	29	841	11774
0.6502	0.6787	0.958057	14	196	31	961	13454
0.6961	0.6787	1.025645	14	196	33	1089	15246
0.7443	0.6787	1.096612	14	196	35	1225	17150
0.8085	0.6787	1.191235	14	196	37	1369	19166
0.8658	0.6787	1.27572	14	196	39	1521	21294
0.9438	0.6787	1.390619	14	196	42	1764	24696
1.0321	0.6787	1.520726	14	196	44	1936	27104
1.1181	0.6790	1.646715	14	196	46	2116	29624
1.2443	0.6739	1.84633	14	196	48	2304	32256

표 8-6. 정격냉방 기준 외기 건구온도 및 실내 습구온도 변화에 따른 전기에너지 비율[31][32]

⑦ 도출된 계수는 EnergyPlus IDF파일의 AirConditioner:VariableRefrigerantFlow Object의 Cooling Energy Input Ratio Modifier Function of Low Temperature Curve Name 입력 Field에 해당하는 커브 계수

⑧ 도출된 계수 값들은 IDF파일 Curve:Biquadratic Object의 Coefficient 1~6에 기입[31][32].

3. Cooling Energy Input(Power Input): Part-Load Ratio Curve

※ Low & High Part-Load Ratio Curve

- 제조업체(삼성 측 데이터)에서는 VRF HP 시스템의 Part Load 성능과 관련된 정보 역시 제공하는데, 이 정보는 시스템 성능과 관련하여 여러 조합 비율(Capacity Index, %)의 형태로 나타난다. 만약 특정 VRF HP 시스템의 실내기가 실외기 용량의 50%로 설치되어 있다면, 제조업체 측에서 제공한 이 시스템에 대한 성능은 50%의 조합비율일 때를 의미한다.
- 한편, Cooling Energy Input Ratio에서 PLR은 2개의 곡선으로 나타나는데, 그 중 하나는 Heat Pump의 PLR이 1 이하(Capacity Index ≤ 100%)일 때, 다른 하나는 1보다 클 때(Capacity index > 100%)를 의미한다.
- 여기서 PLR>1일 때의 PLR 곡선은 필수입력사항이 아닐 뿐만 아니라, 삼성측 데이터의 경우 냉방일 때의 PLR(Capacity Index)은 1(100%)을 넘지 않으므로, 냉방 시의 PLR은 PLR ≤ 1만 고려해주면 된다.
- Cooling Energy Input Ratio에 대한 Part Load Ratio 함수 식 : 식 (8-7)

Cooling EIRFPLR						
	Cooling Power (Kw)	Normalized EIRFPLR	Outdoor Unit Capacity (Kw)	PLR	PLR^2	PLR^3
PLR≤1	2.31	0.264908257	11.71	0.509130435	0.2592138	0.131973635
	3.25	0.372706422	14.02	0.609565217	0.371569754	0.226495998
	4.52	0.518348624	16.33	0.71	0.5041	0.357911
	5.96	0.683486239	18.64	0.810434783	0.656804537	0.532297242
	7.33	0.84059633	20.95	0.910869565	0.829683365	0.755733326
	8.72	1	23.00	1	1	1

표 8-7. Cooling Energy Input Ratio Function of Part-Load Ratio Data Set[31][32]

$$IF(PLR \leq 1)THEN,$$

$$EIRFPLR_{cooling} = a + b(PLR) + c(PLR)^2 + d(PLR)^3$$

$$ELSE,$$

$$EIRFPLR_{cooling} = e + f(PLR) + g(PLR)^2 + h(PLR)^3 \quad (8\text{-}7)$$

- 여기서 PLR은 정격용량(100%)일 때 실외기 냉방능력에 대한 각 부분부하조건하에서의 실외기 냉방능력 비를 의미하며, $EIRFPLR_{cooling}$은 정격용량(100%)일 때의 PI(Cooling Energy)에 대한 각 부분부하별 PI(Cooling Energy) 비를 의미한다[31][32][33].
- 이상을 정리한 냉방 시의 PLR 및 $EIRFPL_{Rcooling}$ 산출과정은 표 8-7과 같다.
- 최종적으로 Cooling Energy에 대한 부분부하율($EIRFPLR_{Cooling}$)의 성능곡선을 추출하기 위해 필요한 변수들은 실외기 용량에 따른 부분부하율(PLR)의 각 계수들인 a, b, c, d의 3차방정식을 통해 계산되며, 그 과정은 아래와 같다.
  ① DVM S 표준형 냉방 능력표를 참고하여 정격냉방용량(100%, TWB=19℃, TDB=35℃)일 때의 Cooling Capacity(TC) 확인
  ② 각각의 조합비인 Capacity Index(부분부하, 100%이하, TWB=19℃, TDB=35℃)에 따른 Cooling Capacity(TC)를 확인하여 정격냉방용량일 때의 Cooling Capacity에 대한 각각의 비율 산출

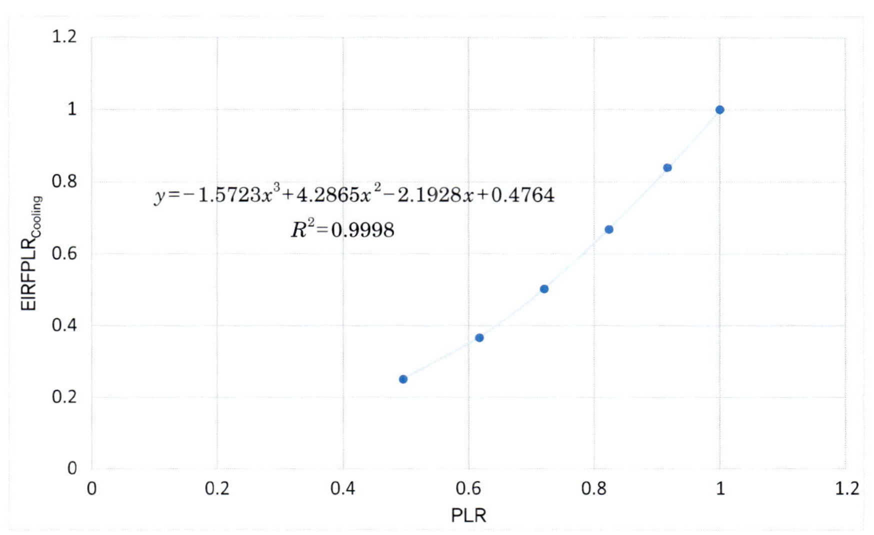

a=0.4764, b=−2.1928, c=4.2865, d=−1.5723, R^2=0.9998

그림 8-7. 삼성 Data 기반 Part Load Ratio Curve의 방정식 계수[31][32]

③ DVM S 표준형 냉방 능력표를 참고하여 정격냉방용량(100%, TWB=19℃, TDB=35℃) 일 때의 Cooling Energy(PI) 확인

④ 각각의 조합비인 Capacity Index(부분부하, 100%이하, TWB=19℃, TDB=35℃)에 따른 Cooling Energy(TC)를 확인하여 정격냉방용량일 때의 Cooling Energy에 대한 각각의 비율 산출.

⑤ 따라서 최종적으로 PLR 및 $EIRFPLR_{Cooling}$을 식 (8-7)에 대입

⑥ 계수 a, b, c, d 도출

⑥ 도출된 계수는 EnergyPlus IDF파일의 AirConditioner:VariableRefrigerantFlow Object의 Cooling Energy Input Ratio Modifier Function of Low Part-Load Ratio Curve Name 입력 Field에 해당하는 커브 계수를 의미함. High Part-Load Ratio의 경우 PLR > 1일 때를 의미하는 것으로, 삼성측 데이터에서는 냉방 시 PLR 1 초과의 자료가 명시되어 있지 않으므로 Low Part Ratio와 동일한 계수를 적용.

⑦ 도출된 계수 값들은 IDF파일 Curve:Cubic Object의 Coefficient 1~4에 기입[31][32].

4. Cooling Part-Load Fraction Correlation Curve

- VRF Heat Pump에서는 Compressors(압축기)가 Cycling (낮은 부분부하율의 부하를 만족시키기 위한 On/Off 반복)의 기준이 되는 PLR_{min}가 존재한다. 즉, PLR_{min}보다 낮은 부분부하율 조건하에서는 Cycling을 반복하고, PLR_{min}보다 높은 부분부하율 조건하에서는 Cycling없이 압축기의 회전수가 부하에 맞게 변속되어서 조절된다.
- 따라서 이러한 낮은 부분부하조건하에서의 압축기 Cycling에 따른 전력손실을 계산하기 위해서는, Compressor Part-Load Fraction Correlation Curve(PLF, 압축기 부분부하 상관곡선)가 필요하다. 즉, 압축기의 Cycling 손실을 극복하는 데 필요한 에너지인 소비전력을 정의하기 위해 사용되는 것이다.
- 일반적으로 최소 PLR_{min}은 제조업체마다 다르긴 하나 보통 0.1~0.4 사이를 합리적인 최소 PLR이라고 본다. 식 (8-8)은 이러한 압축기 순환 손실을 계산하기 위해 정의되는 식이다.

$$CyclingRatioFrac = a + b(CyclingRatio) + c(CyclingRatio)^2 + d(CyclingRatio)^3 \tag{8-8}$$

여기서, CyclingRatio는 $CycllingRatio = PLR/PLR_{\min}$을 의미한다.

- 하지만 제조업체에서는 일반적으로 순환 손실과 관련된 정보를 제공하지 않기 때문에, VRF H.P 모델에서는 압축 시스템의 손실에 대하여 표준 손실 곡선을 일반적으로 사용한다.
- 본 절의 배경이 되는 산학과제에서도 역시 압축기 손실에 관한 정보를 제공받지 않았기 때문에 표준 손실곡선을 적용하였으며, 그 식은 식 (8-9)와 같다[31][32][33].

$$CyclingRatioFrac = 0.85 + 0.15(CyclingRatio) \quad (8\text{-}9)$$

- 이상을 정리한 압축기의 Cycling 손실 곡선(Cooling Part-Load Fraction Correlation Curve)을 구하기 위한 계수 및 과정은 아래와 같다.
  ① 제조업체에서는 일반적으로 압축기 순환손실과 관련된 정보를 제공하지 않으므로 위에서 언급한 식 (8-9)인 표준 손실 곡선 함수식을 적용.
  ② 식 (8-8)이 식 (8-9)로 변환되는 과정에서, 계수 c와 계수 d는 0으로 결정되며, 계수 a는 0.85, 계수 b는 0.15로 결정됨.
  ③ CyclingRatio는 시간에 따른 부분부하를 최소 부분부하로 나눠준 것으로 이는 EnergyPlus 시뮬레이션을 통해 계산되어짐.
  ④ 따라서 최종적으로 계수 a=0.85, b=0.15, c=0, d=0 이 됨.
  ⑤ 도출된 계수는 EnergyPlus IDF파일의 AirConditioner:VariableRefrigerantFlow Object의 Cooling Part-Load Fraction Correlation Curve Name 입력 Field에 해당하는 커브 계수를 의미함.
  ⑥ 도출된 계수 값들은 IDF파일 Curve:Quadratic Object의 Coefficient 1~4에 기입[31][32].

5. Cooling Combination Ratio Correction Factor Curve

- Cooling Combination Ratio(냉방 조합 비)는 총 실내기 정격 용량을 실외기 전체 정격 용량으로 나눈 것으로, 다시 말해 실외기가 담당할 수 있는 용량보다 실내기의 전체 용량이 클 경우에 본 성능곡선이 적용된다.
- 실내기의 총 용량이 실외기 용량 이하인 경우에는 가변 압축기가 정확히 필요한 용량을 제공하기 때문에, 용량 보정 계수(Capacity Correction Factor)는 PLR<1일 때는 요구되지 않는다.

- 삼성측 카탈로그 데이터 상에서는 Cooling Mode일 때의 PLR이 1을 초과하는 경우는 없기 때문에 Cooling Mode에서의 Combination Ratio Correction Factor Curve는 고려되지 않는다[31][32].

6. Cooling Piping Correction Factor in Cooling Mode

- Cooling Mode에서 Variable Refrigerant Flow Air Conditioning System(VRF AC)은 냉매라인(냉매배관)을 통해 실내기와 실외 응축기(실외기)가 연결되며, 냉매라인은 시스템의 특정 구성에 따라 길이가 달라질 수 있다. 하지만 배관길이가 길어질수록, 또는 낙차높이가 높아질수록 배관에서의 열 손실이 발생하기 때문에 배관보정계수(Cooling Piping Correction Factor)를 이용해 배관 길이 및 낙차높이에 따른 배관손실을 고려해 주어야 한다.
- 따라서 VRF AC 시스템에서 배관보정계수를 입력하기 위해서는 배관의 상당길이와 낙차높이를 고려해 주어야 하는 것이다.
- 앞서 언급하였듯이, 이러한 배관보정계수는 냉매라인의 배관 상당 길이에 따른 기초 배관 손실을 결정하는데 사용되며, 일반적으로 실내기와 실외기 사이에서의 배관길이 및 낙차 높이에 따라 배관 손실이 결정된다[31][32][33].

1) Piping Correction Factor for Length in Cooling Mode Curve Name

- Cooling Mode에서 배관길이에 따른 배관 손실을 결정하기 위한 배관보정계수를 산출하기 위해서는 상당배관길이를 알고 있어야 하며, 이때의 상당 배관 길이는 VRF Heat Pump의 실외 응축기에서 가장 멀리 떨어져 있는 실내 터미널 유닛과의 거리를 기준으로 한다.
- 한편, 배관 길이에 따른 배관 손실을 결정하는 데 있어 배관보정계수를 산출하기 위한 방법에는 상당 배관 길이 뿐 만 아니라, Combination Ratio(조합 비) 변화에 따라서도 결정된다. 그러나 Combination Ratio에 따른 배관손실과 관련된 데이터는 일반적으로 제공하지 않기 때문에, 상당배관길이만 고려하여 배관보정계수를 산출한다.
- 따라서 최종적으로 배관보정계수에 관한 성능식은 상당 배관 길이 및 계수 a, b, c, d의 3차방정식으로 정의되며 아래의 식 (8-10)과 같다[31][32][33].

$$P_{correction,cooling} = a + b(T_{EQ,cooling}) + c(T_{EQ,cooling})^2 + d(T_{EQ,cooling})^3 \qquad (8\text{-}10)$$

	7.5	10	20	30	40	50	60	70	80	※90	100	110	120	130	140	150	160	170	180	190	200	210	220
110	–	–	–	–	–	–	–	–	–	–	–	0.92	0.90	0.89	0.88	0.87	0.86	0.85	0.84	0.83	0.82	0.81	0.80
100	–	–	–	–	–	–	–	–	–	–	0.93	0.92	0.91	0.90	0.89	0.88	0.86	0.85	0.84	0.83	0.82	0.81	0.80
90	–	–	–	–	–	–	–	–	–	0.94	0.93	0.92	0.91	0.90	0.89	0.88	0.87	0.86	0.85	0.84	0.82	0.81	0.80
80	–	–	–	–	–	–	–	–	0.95	0.94	0.93	0.92	0.91	0.90	0.89	0.88	0.87	0.86	0.85	0.84	0.83	0.82	0.81
70	–	–	–	–	–	–	–	0.96	0.95	0.94	0.93	0.92	0.91	0.90	0.89	0.88	0.87	0.86	0.85	0.84	0.83	0.82	0.81
60	–	–	–	–	–	–	0.98	0.96	0.95	0.95	0.94	0.93	0.91	0.90	0.89	0.88	0.87	0.86	0.85	0.84	0.83	0.82	0.81
50	–	–	–	–	–	0.99	0.98	0.97	0.95	0.95	0.94	0.93	0.92	0.91	0.90	0.89	0.87	0.86	0.85	0.84	0.83	0.82	0.81
40	–	–	–	–	1.00	0.99	0.98	0.97	0.95	0.95	0.94	0.93	0.92	0.91	0.90	0.89	0.88	0.87	0.86	0.85	0.83	0.82	0.81
30	–	–	–	1.02	1.01	0.99	0.98	0.97	0.96	0.95	0.94	0.93	0.92	0.91	0.90	0.89	0.88	0.87	0.86	0.85	0.84	0.83	0.82
20	–	–	1.03	1.02	1.01	1.00	0.98	0.97	0.96	0.95	0.94	0.93	0.92	0.91	0.90	0.89	0.88	0.87	0.86	0.85	0.84	0.83	0.82
10	–	1.05	1.04	1.02	1.01	1.00	0.99	0.97	0.96	0.96	0.95	0.94	0.92	0.91	0.90	0.89	0.88	0.87	0.86	0.85	0.84	0.83	0.82
0	1.05	1.05	1.04	1.02	1.01	1.00	0.99	0.98	0.96	0.96	0.95	0.94	0.93	0.92	0.91	0.90	0.88	0.87	0.86	0.85	0.84	0.83	0.82
−10	–	1.05	1.04	1.03	1.01	1.00	0.99	0.98	0.96	0.96	0.95	0.94	0.93	0.92	0.91	0.90	0.89	0.88	0.87	0.86	0.84	0.83	0.82
−20	–	–	1.04	1.03	1.02	1.00	0.99	0.98	0.97	0.96	0.95	0.94	0.93	0.92	0.91	0.90	0.89	0.88	0.87	0.86	0.85	0.84	0.83
−30	–	–	–	1.03	1.02	1.01	0.99	0.98	0.97	0.96	0.95	0.94	0.93	0.92	0.91	0.90	0.89	0.88	0.87	0.86	0.85	0.84	0.83
−40	–	–	–	–	1.02	1.01	1.00	0.98	0.97	0.97	0.96	0.94	0.93	0.92	0.91	0.90	0.89	0.88	0.87	0.86	0.85	0.84	0.83

그림 8-8. 삼성 Data 기반 장배관 배관길이에 따른 배관손실 데이터[31][32]

- 여기서 $P_{correction, cooling}$은 배관보정계수, $T_{EQ, cooling}$은 상당 배관 길이로서, 본 저서에서는 삼성 측에서 제공한 자료 중 8HP를 기준으로 성능식에 필요한 계수 a, b, c, d를 산출하였으며 그 과정은 아래와 같다.
  ① 삼성 측 데이터인 DVM S 테크니컬 데이터 북의 능력보정(장배관, 낙차 성능보정)에 관한 표를 참고하여 냉방 시 8HP일 때의 장배관 및 낙차 높이에 따른 보정계수 확인
  ② 여기서, 낙차높이는 정격냉방일 때의 낙차높이인 0m를 기준으로 하고, 배관 길이의 경우 7.5m~220m 까지 변화함에 따라 달라지는 보정계수들을 확인하여, 성능 곡선에 필요한 계수 a, b, c, d 도출

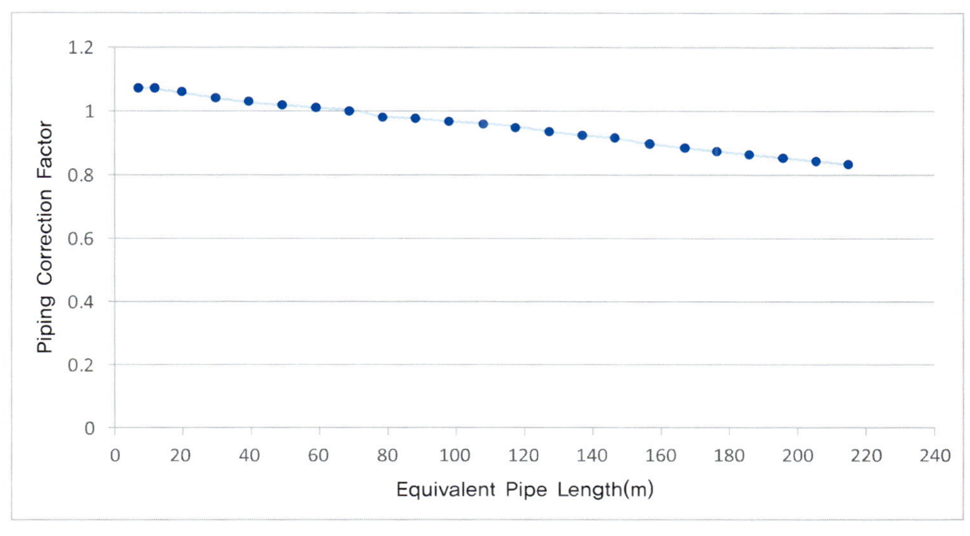

a=1.0603, b=−0.0013, c=0.000002, d=−0.000000006, R^2=0.9977

그림 8-9. 삼성 Data 기반 Piping Correction Factor의 방정식 계수[31][32]

	7.5	10	20	30	40	50	60	70	80	※90	100	110	120	130	140	150	160	170	180	190	200	210	220
110	–	–	–	–	–	–	–	–	–	–	–	0.92	0.90	0.89	0.88	0.87	0.86	0.85	0.84	0.83	0.82	0.81	0.80
100	–	–	–	–	–	–	–	–	–	–	0.93	0.92	0.91	0.90	0.89	0.88	0.86	0.85	0.84	0.83	0.82	0.81	0.80
90	–	–	–	–	–	–	–	–	–	0.94	0.93	0.92	0.91	0.90	0.89	0.88	0.87	0.86	0.85	0.84	0.82	0.81	0.80
80	–	–	–	–	–	–	–	–	0.95	0.94	0.93	0.92	0.91	0.90	0.89	0.88	0.87	0.86	0.85	0.84	0.83	0.82	0.81
70	–	–	–	–	–	–	–	0.96	0.95	0.94	0.93	0.92	0.91	0.90	0.89	0.88	0.87	0.86	0.85	0.84	0.83	0.82	0.81
60	–	–	–	–	–	–	0.98	0.96	0.95	0.95	0.94	0.93	0.91	0.90	0.89	0.88	0.87	0.86	0.85	0.84	0.83	0.82	0.81
50	–	–	–	–	–	0.99	0.98	0.97	0.95	0.95	0.94	0.93	0.92	0.91	0.90	0.89	0.87	0.86	0.85	0.84	0.83	0.82	0.81
40	–	–	–	–	1.00	0.99	0.98	0.97	0.95	0.95	0.94	0.93	0.92	0.91	0.90	0.89	0.88	0.87	0.86	0.85	0.83	0.82	0.81
30	–	–	–	1.02	1.01	0.99	0.98	0.97	0.96	0.95	0.94	0.93	0.92	0.91	0.90	0.89	0.88	0.87	0.86	0.85	0.84	0.83	0.82
20	–	–	1.03	1.02	1.01	1.00	0.98	0.97	0.96	0.95	0.94	0.93	0.92	0.91	0.90	0.89	0.88	0.87	0.86	0.85	0.84	0.83	0.82
10	–	1.05	1.04	1.02	1.01	1.00	0.99	0.97	0.96	0.96	0.95	0.94	0.92	0.91	0.90	0.89	0.88	0.87	0.86	0.85	0.84	0.83	0.82
0	1.05	1.05	1.04	1.02	1.01	1.00	0.99	0.98	0.96	0.96	0.95	0.94	0.93	0.92	0.91	0.90	0.88	0.87	0.86	0.85	0.84	0.83	0.82
−10	–	1.05	1.04	1.03	1.01	1.00	0.99	0.98	0.96	0.96	0.95	0.94	0.93	0.92	0.91	0.90	0.89	0.88	0.87	0.86	0.84	0.83	0.82
−20	–	–	1.04	1.03	1.02	1.00	0.99	0.98	0.97	0.96	0.95	0.94	0.93	0.92	0.91	0.90	0.89	0.88	0.87	0.86	0.85	0.84	0.83
−30	–	–	–	1.03	1.02	1.01	0.99	0.98	0.97	0.96	0.95	0.94	0.93	0.92	0.91	0.90	0.89	0.88	0.87	0.86	0.85	0.84	0.83
−40	–	–	–	–	1.02	1.01	1.00	0.98	0.97	0.97	0.96	0.94	0.93	0.92	0.91	0.90	0.89	0.88	0.87	0.86	0.85	0.84	0.83

그림 8-10. 삼성 Data 기반 낙차높이에 따른 배관손실 데이터[31][32]

③ 최종적으로 배관보정계수인 $P_{correction,cooling}$ 및 상당배관길이인 $T_{EQ,cooling}$를 식 (8-10)에 대입

④ 계수 a, b, c, d 도출

⑤ 도출된 계수는 EnergyPlus IDF파일의 AirConditioner:VariableRefrigerantFlow Object의 Piping Correction Factor for Length in Cooling Mode Curve Name 입력 Field에 해당하는 커브 계수

⑥ 도출된 계수 값들은 IDF파일 Curve:Cubic Object의 Coefficient 1~4에 기입[31][32].

2) Piping Correction Factor for Height in Cooling Mode Coefficient

- Cooling Mode에서 낙차높이에 따른 배관 손실을 결정하기 위한 배관보정계수를 산출하기 위해서는 실외 응축기에 대한 실내기의 낙차높이를 알고 있어야 한다.
- 배관 낙차높이에 따른 배관손실 고려를 위한 배관보정계수를 산출하기 위해서는 정격냉방용량 시의 배관보정계수의 비율 변화량을 전체 낙차높이로 나눠서 산출할 수 있다.
- 즉, 본 저서에서는 전체 정격냉방용량시의 배관길이 50m 및 낙차높이 0m에서의 전체 낙차높이에 따른 배관보정계수의 변화량 비율을 통해 Piping Correction Factor for Height in Cooling Mode Coefficient를 산출하며 그 과정은 아래와 같다[31][32][33].

  ① 삼성 측 데이터인 DVM S 테크니컬 데이터 북의 능력보정(장배관, 낙차 성능보정)에 관한 표를 참고하여 냉방 시 8HP일 때의 장배관 낙차 높이에 따른 보정계수 확인

  ② 여기서, 배관 길이의 경우 정격냉방 시의 배관길이인 50m를 기준으로 전체 낙차높이의 변화에 따른 전체 보정계수들의 변화량을 확인

  ③ 최종적으로 전체 낙차높이는 50m ~ −40m로 90m에 해당하며, 전체 보정계수 변화량은 0.99~1.01로 0.2의 변화량을 보이는 것을 확인할 수 있음.

④ 이에 따라 전체 보정계수 변화량을 전체 낙차 높이로 나눠주면 −0.2/90인 −0.00222222222의 계수 값을 산출할 수 있음.

⑤ 도출된 계수는 EnergyPlus IDF파일의 AirConditioner:VariableRefrigerantFlow Object의 Piping Correction Factor for Height in Cooling Mode Coefficient 입력 Field에 해당하는 커브 계수.

⑥ 도출된 계수 값들은 IDF파일 Curve:Cubic Object의 Coefficient 1~4에 기입[31][32].

■ 참고문헌

1. 윤종호, 2002, 건축물 에너지 소비량 성능평가 프로그램의 최근 기술 동향, 대한설비공학회 설비저널, 제 31권 4호, pp. 7-11.
2. 김석우, 2014, 에너지 시뮬레이션 기술 동향, 대한설비공학회 설비저널, 제 43권 5호, pp. 28-38.
3. Hyun, I. T., Lee, J. H., Yoon, Y. B., Nam, Y. J., Lee, K. H., 2014, The Potential and Utilization of Unused Energy Sources for Large-scale Horticulture Facility Applications under Korean Climatic Conditions, Energies, Vol. 7 Issue 8, pp. 4781-4801.
4. The U. S. Department of Energy, 2010, Getting Started with EnergyPlus, Basic Concepts Manual - Essential Information You Need about Running EnergyPlus
5. The U. S. Department of Energy, 2010, Input Output Reference, The Encyclopedic Reference to EnergyPlus Input and Output
6. The U. S. Department of Energy, 2010, Engineering Reference, The Reference to EnergyPlus Calculations
7. 송두삼, 김강산, 안승현, 2014, 최대부하 계산방법으로 RTS법과 열평형법의 비교, 대한설비공학회 설비저널, 제 43권, pp. 18-28
8. 임병찬, 2004, Ground-Coupled 바닥구조체의 열전달 모델링, 대한설비공학회 논문집, 제 16권 7호, pp. 685-666.
9. 서승직, 2010, 건축설비계획, 일진사
10. 문정우, 김서영, 김원년, 조형희, 2000, 성층화 열용량 모델을 이용한 VAV 시스템 급기 제어 시뮬레이션, 대한설비공학회 논문집, 제 12권 제 7호, pp. 632-641
11. American Society of Heating, Refrigerating and Air-Conditioning Engineers, 2004, ASHRAE Standard 90.1-2004, Energy Standard for Buildings Except Low Rise Residential Buildings
12. 강수현, 조영흠, 2011, VAV 터미널 박스의 최소풍량 설정에 따른 실내 열환경 및 에너지 성능 분석, 한국건축친환경설비학회 논문집, 제 5권 제 3호, pp. 130-136
13. 유병호, 이광호, 2015, 변풍량 유닛 시스템의 최소풍량 제어, 대한설비공학회 설비저널, 제 44권, pp. 42-49
14. Lee, K., H., Chin, K., I., and Yoon, J., H., 2012, Effect of Minimum Airflow Setting of VAV Unit on Building Energy Consumption under Korean Climatic Condition, Advanced Materials Research, Vol. 450-451, pp. 1435-1439
15. 조영흠, 강수현, 성윤복, 2012, VAV 터미널 박스의 최소풍량 제어방식 비교 연구, 한국태양에너지학회 논문집, 제 32권 제 4호, pp. 96-98
16. Son, J. E. and Lee, K. H., 2016, Cooling Energy Performance Analysis Depending on The Economizer Cycle Control Methods in an Office Building, Energy and Buildings, Vol. 120, pp. 45-57
17. 김민용, 김영일, 정광섭, 2011, 외기냉방을 이용한 냉방부하 절감 연구, 한국지열에너지학회 논문집, 제 7권 1호, pp. 51-58.

18. 임상훈, 2002, 사무소건물의 에너지 효율적인 외기도입 제어 방법에 관한 연구, 박사학위 논문, 건국대학교 대학원 건축학과
19. 강수현, 유시완, 조영흠, 2011, Dual Maximum Control Logic이 적용된 VAV 터미널 박스의 에너지 성능 및 실내 열환경 분석, 한국건축친환경설비학회 추계학술발표대회 논문집, pp. 105-108.
20. The U. S. Department of Energy, 2010, Application Guide for EnergyPlus EMS, Energy Management System User Guide
21. Linden, P. F., Yu, J. K., Webster, T., Bauman, F., Lee, K. H., Schiavon, S., 2009, Simulation of Energy Performance of Underfloor Air Distribution (UFAD) Systems. Final Report, Submitted to Building Energy Research Grant (BERG) Program, California Energy Commission
22. 연상훈, 서병모, 이제헌, 문진우, 이광호, 2017, EnergyPlus와 MATLAB 연동을 통한 ANN 기반 공조설비 최적제어 모델링 기법, 한국그린빌딩협의회지, 제 18권 2호, pp. 7-15
23. jEPlus Website; http://www.jeplus.org
24. 김동수, 2013, Box Type 이중외피내 슬랫형 블라인드의 운영방식에 따른 건물에너지 성능평가 연구, 석사학위 논문, 국립 한밭대학교 대학원 건축공학과
25. 주상엽, 김정엽, 신현준, 2010, 열평형법을 이용한 교육시설의 공조부하 시뮬레이션, 대한설비공학회 하계학술발표대회 논문집, pp. 1531-1535.
26. 윤여범, 이광호, 2014, 연간 건물에너지 시뮬레이션 소프트웨어 - EnergyPlus, 대한설비공학회 설비저널 Vol. 43 No. 9, pp. 30-37.
27. Schiavon, S., Lee, K. H., Webster, T. and Bauman, F., 2010, Influence of Raised Floor on Zone Design Cooling Load in Commercial Buildings, Energy and Buildings, Vol. 42 Issue 8, pp. 1182-1191
28. 손정은, 현인탁, 이재호, 이광호, 2015, 이코노마이저 제어 방법에 따른 사무소 건물의 냉방 에너지 성능 비교, 대한설비공학회 논문집, 제 27권 8호, pp. 432-439
29. Seo, B. M. and Lee, K. H., 2016, Detailed Analysis on Part Load Ratio Characteristics and Cooling Energy Saving of Chiller Staging in an Office Building, Energy and Buildings, Vol. 119, pp. 309-322
30. 곽영훈, 천세환, 이상문, 허정호, 2010, 건물에너지 절감을 위하여 시뮬레이션을 이용한 EMS 적용, 대한설비공학회 하계학술발표대회 논문집, pp. 145-150.
31. 현인탁, 2016, EnergyPlus 기반 냉매유량가변형 히트펌프 시스템의 성능 곡선 산출 프로세스 및 검증방법 연구, 석사학위 논문, 국립 한밭대학교 대학원 건축공학과
32. 현인탁, 이광호, 2015, VRF Heat Pump 성능식 추출 프로세스, 최종 보고서, 히트펌프 VRF 기반 신규 설비모델과 라이브러리 개발 및 검증 연구과제
33. Florida Solar Energy Center, 2012, Creating Performance Curves for Variable Refrigerant Flow Heat Pumps in EnergyPlus, FSEC-CR-1910-12, Final Report of DOE/NETL Award DE-EE0003848
34. 서병모, 현인탁, 이광호, 2015, EnergyPlus 이용 HVAC 시스템 모델링의 입출력 간소화 및 정밀 분석을 위한 Excel 기반 Interface 개발, 대한건축학회 춘계학술발표대회 논문집, pp. 293~294

저 자 소 개

이 광 호

이 책의 저자인 이광호 교수는 미국의 일리노이대학교(UIUC)에서 박사학위를 취득하였고, 버클리대학교(UC-Berkeley)의 CBE(Center for the Built Environment)에서 Postdoc과 전임연구원 과정을 역임 후, 2011년 3월부터 국립 한밭대학교 건축공학과 교수로 재직 중이다.

이광호 교수는 EnergyPlus 개발팀에서 Unit Ventilator, VAV Unit Control Logic, Earth Tube, Thermal Chimney, Adaptive Comfort, Dynamic Clothing Insulation 모델 등 다양한 EnergyPlus 모듈 개발 경험을 보유함으로써, 단순히 EnergyPlus 활용 기술뿐만 아니라 EnergyPlus의 모듈 개발을 위한 프로그래밍 구조까지 통달하고 있는 EnergyPlus 전문가이다.

(URL: https://sites.google.com/site/hanbatbesl)

감 수

- **김홍욱** (Able Energy 대표)
- **임필재** (Oak Ridge 국립연구소 R&D Staff)
- **조술연** (North Carolina State 대학교 교수)
- **채영태** (청주대학교 건축공학과 교수)

Acknowledgement

: This work was supported by the Human Resources Development of the Korea Insitute of Energy Technology Evaluation and Planning (KETEP) grant funded by the Korea Government Ministry of Trade, industry & Energy (No. 20184030201900)

ENERGYPLUS

공조설비 이론과 함께 보는 모델링 기법

定價 25,000원

저 자 이 광 호

감 수 김홍욱 · 임필재
조술연 · 채영태

발행인 이 종 권

2018年 7月 2日 초 판 인 쇄
2018年 7月 9日 초 판 발 행

發行處 (주) 한솔아카데미

(우)06775 서울시 서초구 마방로10길 25 트윈타워 A동 2002호
TEL : (02)575-6144/5 FAX : (02)529-1130
〈1998. 2. 19 登錄 第16-1608號〉

※ 본 교재의 내용 중에서 오타, 오류 등은 발견되는 대로 한솔아카데미 인터넷 홈페이지를 통해 공지하여 드리며 보다 완벽한 교재를 위해 끊임없이 최선의 노력을 다하겠습니다.

※ 파본은 구입하신 서점에서 교환해 드립니다.

www.inup.co.kr / www.bestbook.co.kr

ISBN 979-11-5656-627-4 13530

이 도서의 국립중앙도서관 출판시도서목록(CIP)은 서지정보유통지원시스템 홈페이지(http://seoji.nl.go.kr)와 국가자료공동목록시스템(http://www.nl.go.kr/kolisnet)에서 이용하실 수 있습니다. (CIP제어번호 : CIP2018018626)